水环境污染精准溯源与精细管控

熊 文 等 著

水环境污染监测先进技术与装备国家工程研究中心
共建单位湖北工业大学科研平台专项资金资助

科学出版社
北 京

内 容 简 介

本书从破解水环境污染精准溯源与精细管控难点、热点和焦点问题出发，在全面分析梳理水环境污染精准溯源与精细管控现状与新要求、存在的主要问题和短板基础上，从水环境污染精准溯源与精细管控理论、关键技术与装备体系和应用实践三个方面系统阐述和归纳凝练支撑水环境污染精准溯源与精细管控的理论基础、总体技术体系框架、最新关键技术与装备体系以及成功应用典型案例，可为水环境污染精细监测、精准溯源与精细管控提供理论、关键技术与装备体系支持和成功案例的经验借鉴。另本书附有彩图资源，扫封底二维码可见。

本书可供从事水环境监测、监控、预警与评估工作的管理人员、水环境综合治理工程技术人员、科研机构和大专院校教学研究人员阅读参考。

图书在版编目（CIP）数据

水环境污染精准溯源与精细管控 / 熊文等著. -- 北京：科学出版社，2024. 11. -- ISBN 978-7-03-080179-1

I. X52

中国国家版本馆 CIP 数据核字第 20246N8J80 号

责任编辑：徐雁秋　刘　畅/责任校对：高　嵘
责任印制：彭　超/封面设计：苏　波

科学出版社 出版
北京东黄城根北街 16 号
邮政编码：100717
http://www.sciencep.com

武汉精一佳印刷有限公司印刷
科学出版社发行　各地新华书店经销
*

开本：787×1092　1/16
2024 年 11 月第 一 版　印张：14 1/4
2024 年 11 月第一次印刷　字数：340 000
定价：188.00 元
（如有印装质量问题，我社负责调换）

作 者 简 介

　　熊文，湖北工业大学河湖水系与城镇管网水环境监控预警评估研究院（水环境污染监测先进技术与装备国家工程研究中心共建单位）院长、教授，长江经济带大保护研究中心（国家长江生态环境修复联合研究中心主要共建单位依托机构）主任，湖北省长江水生态保护研究院院长，湖北省生态环境执法实战实训基地主任，湖北产业教授，中国环境科学学会理事，中国水利学会生态水利工程学专委会副主任委员，湖北省环境科学学会常务副理事长，长江经济带高质量发展联盟特聘专家、湖北省长江经济带发展智库专家，主要从事智慧环境监控与环境大数据应用、区域及流域生态环境规划理论与实践、环境模拟与区域污染控制、环境生态工程技术集成与应用、自然资源资产评估与生态产品价值实现机制等方面研究。主持完成多项国家及省部级重大生态环境科研项目，主编多部国家技术规范与导则；获得多项省部工程咨询、设计与科技奖励，主编专著 30 余部，发表学术论文 50 余篇。

序

　　水环境既是人类社会赖以生存和发展的重要场所，也是受人为干扰和破坏最严重的区域。水环境污染问题已成为全球关注的焦点，在中国被视为严重制约经济社会高质量发展和生态文明建设的短板，为有效破解水环境污染问题，针对水环境污染防治的紧迫性、复杂性、艰巨性、长期性，坚持精准、科学、依法治理水环境污染是必由之路，实施水环境污染精准溯源与精细管控是最重要最主要的基础工作。

　　作为面向"增强水生态环境监测，深入打好污染防治攻坚战"等国家重大战略创新引领型技术攻关科研平台，水环境污染监测先进技术与装备国家工程研究中心共建单位湖北工业大学河湖水系与城镇管网水环境监控预警评估研究院院长熊文教授牵头组织撰写《水环境污染精准溯源与精细管控》，以更好支撑水环境污染精准溯源与精细管控。该书是作者在 30 多年水资源、水环境、水生态研究与实践工作基础上，凝练和提取水环境污染监测先进技术与装备国家工程研究中心先进技术与装备代表性研发成果，借鉴和吸收当前水环境污染精准溯源与精细管控的最新研究成果，归纳总结而成的一部高水平学术著作。作者在对水环境系统特点、水环境污染现状与水环境质量管控的新要求全面剖析的基础上，结合已有的理论研究成果，分析了支撑水环境污染精准溯源与精细管控的理论基础。自然-社会二元水文循环引发水资源、水环境、水生态效应，导致水环境污染动态永续变化，水环境频繁的时空变化是水环境污染精准溯源与精细管控不可逾越的前置条件。在此条件下，精准溯源与精细管控迫切需要依托水环境系统结构理论、水生态系统完整性理论和时空变化下水平衡理论开展深入剖析、精准估算，同时依托水环境承载力理论，精准动态管控水域纳污能力；利用水环境大数据分析，精细管控水环境质量。在系统分析支撑理论的基础上，结合现实需求，研究总结河湖水系与城镇管网水环境污染精准溯源与精细管控技术体系与关键技术，将精准溯源与精细管控关键技术与核心装备成功应用于武汉市南湖—巡司河全流域总磷污染精细溯源与协同控制研究实例，将集成创新的河湖健康感知智能岛成功应用到长江中游城市典型浅水湖泊健康精准评价与预警实践。典型案例研究丰富了水环境污染精准溯源与精细管控理论与方法，积累了水环境污染精准溯源与精细管控经验和技术适宜性，解决了流域（区域）水环境污染精准溯源的痛点与难点，为全面推行流域（区域）水环境污染精准溯源与精细管控实施提供了可供借鉴参考的示范案例。

　　目前正值加快建立现代化生态环境监测体系的关键时期，水环境精准溯源与精细管控实施急需以监测先行、监测灵敏、监测准确为导向，以保证水环境监测数据"真、准、全、快、新"为目标，通过精细监测与精准溯源科学精准地反映水环境质量状况、水污染负荷时空变化情况，实行高效能监测管理和精细化水环境质量管控，高水平支撑水环境污染科学精准治理、水环境质量精细管控与预警，为水环境质量长期稳定的达标提供保障，为经济社会高质量发展提供保证。《水环境污染精准溯源与精细管控》一书正是面向上述国家战略需求和经济社会的现实需求，立足于水环境污染精准溯源与精细管控理论基础总结、先进技术与装备研发、集成与应用前沿而撰写的一本具有理论深度和实用价值的专著。

中国工程院院士、中国环境监测总站总顾问：

魏复盛

2024 年 5 月于北京

前　　言

　　水是生命之源，生命起源于浩瀚的海洋，中文"海"字是由人、水、母组成，从字的构成就说明了水是万物之母，所有生物都需要水来维持生命活动。无论是植物还是动物，水都是其正常生理功能所必需的。人类的生存与发展离不开水，人类健康与水环境质量密不可分；水是生产之要，被称为工业的血液和农业的命脉，在工业生产过程中，水的用途非常广泛，没有水，工业生产将无法进行。水也是确保农作物生长、维持土壤湿度和解决作物热量问题的关键资源。水是生态之基，是河流、湖泊、湿地和海洋等生态系统的核心组成部分，水生态系统不仅提供丰富的生物多样性，还维持生物物种的生存和繁衍。自然界中水的形成、分布和转化所处的围绕人群的空间环境及可直接或间接影响人类生活和发展的水体统称为水环境，水环境污染与水循环紧密关联，人类活动大规模地调控和改变自然水文循环，流域（区域）水文循环演变使水环境污染随着水循环发生常态化时空变化，水污染物迁移转化与水污染物通量相应发生时空变化；同时水污染物的来源、生成、消除、输移与汇聚在水环境系统也经常性地发生时空变化，导致水环境污染具有复杂性和多变性。如何通过精准溯源与精细监测有效支撑流域（区域）水环境污染精准治理和精细管控成为水环境管理的重点、难点和焦点问题。目前在水环境污染精细监测方面存在的问题较多，如监测代表性不够与监测不同步，导致监测数据不准确；水环境质量监测涉及因子多，导致监测数据不全面；水环境监测技术手段方法受限，导致监测不快速；水污染监测结果不真实、监测不实时与监测数据应用不到位等问题大量存在。

　　水环境污染精准溯源与精细管控重点针对上述问题，采用水环境污染监测先进技术与装备，精准识别污染源种类、形态、路径和关键管控节点，量化水污染物负荷，评估污染物在水环境中迁移转化的行为特征，构建流域（区域）水环境精细化管控网络，通过网络监测数据实时采集与动态更新，综合分析水环境变化，实时计算水污染负荷与核算贡献率，开发模型动态调控污染源，开展水质模拟预测预警、突发水污染事故模拟预测，全过程定量评估水环境治理效果和污染控制和治理策略的效应，构建长效综合决策功能的流域水环境目标精细化管理平台。《水环境污染精准溯源与精细管控》一书面向上述需求应运而生。

　　全书共8章，第1章概述水环境内涵、水环境污染与来源、现状与问题分析、监测与溯源，以及水环境污染精准溯源与精细管控研究进展；第2章从自然-人工二元水文循环理论、水环境系统结构理论、时空变化下水平衡理论、水生态系统完整性理论、水环境承载力理论和水环境大数据分析理论全面归纳分析支撑水环境污染精准溯源与精细管控理论基础；第3章深入剖析水环境污染精准溯源与精细管控难点、热点和焦点问题，构建水环境精准溯源与精细管控总体技术框架；第4章从城镇排水管网关键控制节点、入河湖排污口、监控时空点位选取三个方面创新提出水环境精准监控条件构建技术；第

5 章从天-地-水立体水环境同步智能化监测、高效精准水环境采测装备集成系统构建、多工况下水环境物联网感知、水环境智能模拟分析、智慧水环境精细化管控平台构建五个方面系统总结最新关键技术；第 6 章总结特征有机污染物、重金属、水生态与饮用水水源地等特定条件下水环境污染精准溯源技术与装备体系；第 7 章针对区域精细监测与精准溯源的需求，创新构建河湖健康感知智能岛，并开展应用示范研究；第 8 章结合武汉市南湖—巡司河流域水环境污染精准溯源与精细管控成功应用的典型案例进行分析研讨。

本书由水环境污染监测先进技术与装备国家工程研究中心主要共建单位湖北工业大学熊文教授统稿审定，湖北工业大学熊文、黄羽，力合科技（湖南）股份有限公司张辉，长江水资源保护研究所吴比，武汉生态环境科技中心周超群、丰俊共同撰写；湖北工业大学肖骢、冷一非、常锋毅、廖明军、高健、万亮、马骏、皮科武、李祝、王巍、梁宝文、陈羽竹、张婉莹，力合科技（湖南）股份有限公司李晶晶、陈晓磊、吴金委、陈建华、代强，武汉新烽光电股份有限公司武治、周久，湖北大学王川，湖北省生态环境监测中心站刘真贞，武汉中科水生生态环境股份有限公司申刚、叶晶等做了大量研究工作，参与了部分章节的撰写；中国环境监测总站首席科学家王业耀研究员在本书撰写过程中精心指导并提出宝贵的修改意见，为本书顺利完成给予了大力支持；中国工程院院士、中国环境监测总站总顾问魏复盛先生亲自为本书作序。本书在撰写过程中还得到生态环境部有关单位、水利部有关单位、水环境污染监测先进技术与装备国家工程研究中心有关共建单位、国家长江生态环境保护与修复联合研究中心有关共建单位、河湖健康智慧感知与生态修复教育部重点实验室、湖北省长江水生态保护研究院、湖北省生态环境执法实战实训基地、智慧河湖与生态修复湖北省工程研究中心、湖北省绿智未来科技有限公司等单位及专家学者大力支持和悉心指导。同时，本书出版得到了湖北工业大学科研平台专项资金资助。在此一并致谢。

本书可能存在疏漏，敬请读者指正。

熊　文

2024 年 5 月

《水环境污染精准溯源与精细管控》思维导图

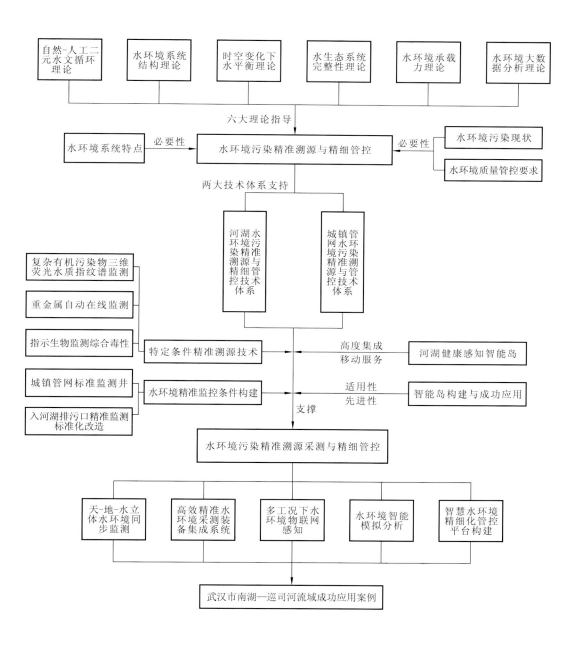

目　　录

第1章 绪 论

1.1 水环境内涵

水环境是指地表水体与地下水体以及与水相关的生态系统和生物多样性组成的空间环境。地表水体包括海洋（海湾、峡湾、海峡、岩池、潟湖、滩涂等）、河流（江、河、涌、沟、溪流、涧、氿、洲、河口等）、湖泊（泽、池、海、荡、淀、湖滨等）、沼泽（湿地）、冰川等各类自然水体，还包括水库、人工湖、景观池塘、渠道、人工湿地、养殖塘等各类人工水体；地下水体包括泉水、浅层地下水、深层地下水等水体。水环境是地球的血脉、生命的源泉、文明的摇篮。水环境对维持全球生态平衡、促进人类社会的可持续发展和满足日常生产生活需要具有基础性和决定性作用。本书研究的水环境是自然水体水环境，具体是指河流、湖泊等地表淡水开放水体。

水环境最主要的要素是水，水在自然界中通过水分蒸发、降水、形成径流汇入河流和湖泊等过程在大气、地表和地下之间形成闭环的水文循环，人类活动和水文气象等自然条件的双重变化改变水文循环，导致水环境与水生态变化。水环境精准溯源与精细管控要重点把控下述特点。

（1）水循环的特点。自然界所有水体形成一个整体，地表水、地下水、大气水、土壤水之间可以相互转化。同时自然界的水是可流动和循环的，以及可不断更新的，水的这种循环特性，使得水环境系统在水量上损失（如蒸发、流失，或者水体被污染）后，能通过大气降水和水体自净等方式得到恢复和更新（图1.1）。水环境系统既与水文、气象、降雨、蒸发等因素关联，又与土壤水、地下水等交换补给关联，水环境系统物质流变化（水量、泥沙、溶质）和能量流（比降、流速、动能）变化导致水环境系统的复杂性。随着经济社会的快速发展，人类活动不仅对水循环过程产生了深远的影响（图1.2），而且人类活动排放的水污染物随着水循环驱动发生迁移转化（图1.3），使影响进一步扩大。

（2）流域性的特点。水在地表流动时形成了区域性水系结构和水流活动的特征，每个流域由高地向低地倾斜，水流从各个支流汇入干流中，最终流入海洋或湖泊。流域内干支流与湖泊水体构成一个河网系统，河网水系按一定的模式相互连接，共同排水。流域内的地形和地貌差异决定了水流的速度、方向以及河流的形成和演变，河湖具有冲刷、淤积动力学特征，流域性特点表明维系良好的水环境不仅需要河流湖泊等水体有一个合适的水动力条件，还要协调处理好流域（区域）水系连通，河湖关系，干支流，左右岸，上下游之间物质、能量、信息关联的系统复杂性。

（3）时空变化的特点。水文气象等要素频繁的时空变化，直接引起降雨径流、水量水质变化，导致不同区域、不同时段的水环境产生时空变化。水环境系统时空频繁变化，引起水量、水质、水生态在时间、空间频繁变化。水环境精准监测必须布设大量时空监测监控点位，构建基于时空变化全工况-全过程-全覆盖的精细化水环境监测监控网络，

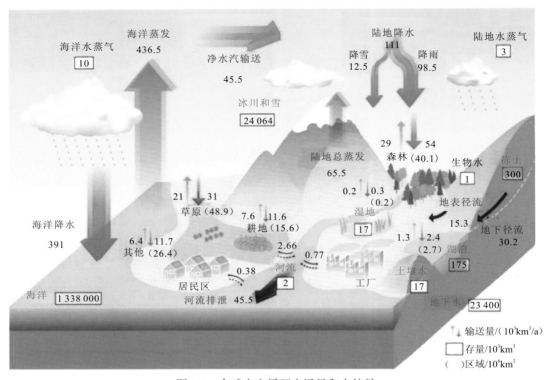

图 1.1　全球水文循环水通量和水储量

扫封底二维码可见全书彩图，后同；引自 Oki 等（2006）

图 1.2　人类活动对全球水循环的影响

引自 Abbott 等（2019）

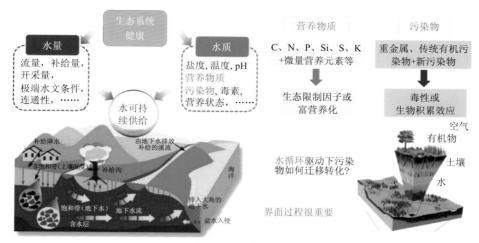

图 1.3　水循环中水污染物的迁移转化

才能实现水环境污染的正向可追踪、反向可溯源。

（4）水环境系统具有完整的结构和功能。依赖水环境生存的各类水生生物及其栖息地，其种群数量合理、群落结构和功能完整，决定水生态系统良性与稳定。系统结构与功能完整性具有不稳定和不确定性。只有通过筛选关键生态指标和感知时空变化的大数据，才能研判水环境系统结构与功能的变化，实施精细有效的调控。

（5）化学、物理、生物特性。天然水体有阴阳离子[如碳酸根（CO_3^{2-}）、重碳酸根（HCO_3^-）、硫酸根（SO_4^{2-}）、氯离子（Cl^-）、钙离子（Ca^{2+}）、镁离子（Mg^{2+}）、钠离子（Na^+）、钾离子（K^+）、铁离子（Fe^{2+}/Fe^{3+}）等]，营养盐[包括硝酸盐（NO_3^-）、磷酸盐（PO_4^{3-}）等]，有机物（天然有机物如腐殖质）和人类活动产生的有机污染物、微生物、生物生成物、生物碎屑等溶质及生源性物质决定水环境质量优劣与健康状况。

（6）一定的水环境承载能力。即水环境具有较强的自净能力，因而它在地球表层环境系统的污染净化过程中起着重要作用。同时水环境对水污染物的自净能力是有限的。向水环境中排放的水污染物负荷超过水体自净能力时，水体就无法自净恢复到以前的状况，使得水质变差，水体使用功能降低，甚至无法使用。

（7）水环境系统管控重点是可利用的水资源质量，尤其是饮用水源质量。江河湖泊水资源可利用量与降水、蒸发、地表径流和地下水补给等水循环过程紧密相关，是维系人类生产、生活和生态用水的根本保障。水环境质量事关人的身体健康和环境安全，满足人类饮用水安全是水环境系统管控重中之重的工作，水环境风险防控压力大，预警要求高，必须建立高效、科学、精细化智能管控系统，精准预警，有效防控。

（8）水环境系统结构与管理复杂，协调管控难度大。以城市水环境为例，涉及降水、城市地表径流、城市小区排污、降雨、管网、截污井、分散处理设施、污水处理厂、入河湖排污口等；此外河流、湖泊、水库、塘、港、渠等水系差异化明显。水环境系统管理既涉及中央与地方，也涉及不同行业和不同部门之间管理，还涉及不同法律法规和管理制度之间协调。

上述特点表明，精细管控水环境，精准溯清水污染源，精准施策治理水环境，必须深入研究水环境特点，结合水环境实际，按照"问题、区位、时间、对象、措施"五个方面精准实施。为便于研究理解，凝练归纳形成水环境内涵思维导图（图1.4）。

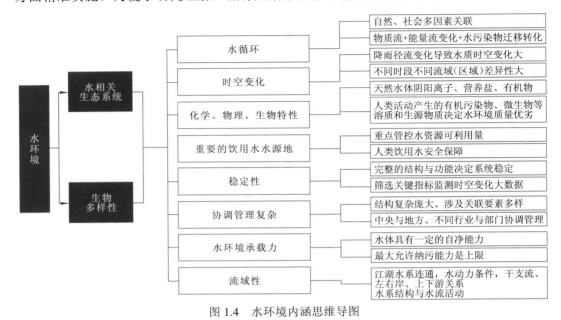

图 1.4 水环境内涵思维导图

1.2 水环境污染与来源

1.2.1 水环境污染

《中华人民共和国水污染防治法》（1996 年、2017 年两次修正，2008 年一次修订）附则第一百零二条规定水污染含义是指水体因某种物质的介入，而导致其化学、物理、生物或者放射性等方面特性的改变，从而影响水的有效利用，危害人体健康或者破坏生态环境，造成水质恶化的现象。水环境污染既包括水体自身的污染，也包括影响水生态系统结构和功能完整性及整体健康的所有因素，不仅限于直接或者间接向水体排放的能导致水体污染的水污染物；还包括那些直接或者间接被生物摄入体内后，可能导致生物或者其后代发病、行为反常、遗传异变、生理机能失常、机体变形或者死亡的有毒水污染物；也包括影响水体温度升高、悬浮物增加等物理因素，以及影响水生物种减少、外来物种入侵、水生生物栖息地破坏等生态因素。

识别水环境污染需要重点关注以下方面。

（1）向水体排放的水污染物超过水体自净能力（或水体允许纳污能力），导致水环境质量劣于水功能区相应的管理目标值。

（2）向水体直接排放油类、酸液、碱液或者剧毒废液；向水体直接排放、倾倒放射性固体废物或者含有高放射性和中放射性物质的废水；将含有汞、镉、砷、铬、铅、氰化物、黄磷等的可溶性剧毒废渣向水体直接排放、倾倒或者直接埋入地下；向水体直接排放含热废水与含病原体的污水等行为，无论排放量多少、排放浓度高低都构成水环境污染。

（3）工业生产排放的废污水、生活污水排放、城市面源污染、河湖内源释放污染物、农业活动产生废污水、矿业开采产生的废水和矿山排水等未经处理或处理不能达到相应的排放标准。

（4）水体氮、磷等营养元素过量导致水体富营养化，引发藻类大量繁殖，发生水华，导致水生态系统结构和功能破坏的水环境污染现象。

（5）水体中持久性有机污染物、内分泌干扰物、抗生素和微塑料 4 类新污染物不同于常规污染物，新污染物对生态环境或人体健康存在风险，尚未纳入管理或者现有管理措施不足以有效防控其风险的污染物，其综合毒性超过相应的标准值。

1.2.2　水环境污染来源

水环境污染来源通常分为两大类：内源污染与外源污染（由外部排入水体的污染物）。外源污染按排放方式又分为点源污染和非点源污染，水环境污染来源及识别如图 1.5 所示。

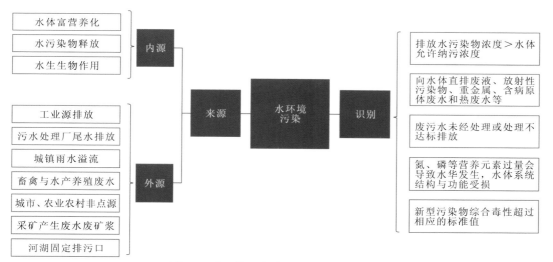

图 1.5　水环境污染来源及识别思维导图

1. 内源污染

内源污染是指江湖自然水体内部产生的污染物，污染物质来源是水生态系统内部的自然过程或者人为活动对生态系统平衡的破坏而产生的物质。水体的内源污染主要来源：①营养物质积累，水生态系统中的氮、磷等营养盐通过生物过程逐渐积累，超过一定的阈值后可能出现富营养化而发生水华；②河湖沉积物（底泥）释放，河湖底部的沉积物（底泥）中含有大量的有机物和营养盐，在温度升高、水动力变化或者微生物活动增强等特定条件下，沉积物（底泥）中的营养盐和其他污染物会释放到上层水体中，导致水体营养盐和其他污染物浓度升高；③水生生物分解，水体中死亡的植物、动物或微生物在分解过程中会消耗溶解氧（dissolved oxygen，DO），产生氮、磷等营养物，可能导致水体溶解氧降低。长期的内源污染可能导致水体富营养化[水体中营养物质（尤其是氮和磷）的过量]，改变藻类和水生植物生长竞争关系，从清水草型稳态系统转化为浊水藻型系统，严重影响水生态系统稳定。

2. 外源污染

1）点源污染

点源污染是指某一特定的、固定的明确排放源排放的污染物，主要有：①工业排放点源，各类工业生产企业生产产生的废污水，经处理后达到相应水污染物排放标准或未经处理或经处理未达标等三种类型废污水排入江河湖泊等水体的工业排放点源；②城镇污水处理厂尾水排放，未完全处理的尾水或处理不达标的尾水会造成水污染；③城镇雨水排口排放的溢流污染；④畜禽养殖和水产养殖尾水排放的污染物；⑤采矿过程中产生的废水、废矿浆等排入水体的污染物；⑥煤炭和石油工业等能源生产排放的水污染物；⑦其他固定排放口排放的水污染物等。

2）非点源污染

非点源污染是指污染物来源分散，没有一个具体的固定排放点，通常是由降雨径流携带污染物进入水体，具体如下：①城市非点源主要通过降雨径流带走城市道路交通、建筑施工、绿地和公园等地表各种污染物及生活垃圾，这些污染物通过径流汇入或排入城市的河流、湖泊和地下排水系统；②农业非点源主要是农田使用的化肥、农药，农田土壤侵蚀产生的污染物等随降雨径流进入水体；③农业灌溉退水带来的水污染物。

1.3　水环境污染现状与问题分析

1.3.1　水环境污染现状

根据生态环境部公布的数据，2023 年全国地表水环境质量持续向好，重点流域水质改善明显。全国地表水 I～III 类水质断面比例为 89.4%，同比上升 1.5 个百分点；劣 V 类水质断面比例为 0.7%，同比持平。黄河流域水质首次由良好改善为优，海河流域水质由轻度污染改善为良好，松花江流域水质持续改善。长江干流连续 4 年、黄河干流连续 2 年全线水质保持 II 类。全国城市生活污水收集率提高到 70.4%，农村生活污水治理管控率达到 40% 以上。重点湖库和饮用水水源水质保持改善态势。重点湖（库）中，I～III 类水质湖库数量占比为 74.6%，同比上升 0.8 个百分点；劣 V 类水质湖库数量占比为 4.8%，同比持平。全国县级及以上城市集中式饮用水水源水质达到或优于 III 类比例为 96.5%，同比上升 0.2 个百分点。地下水水质保持稳定。全国地下水 I～IV 类水质点位比例为 77.8%，同比上升 0.2 个百分点。2022 年，全国监测的 210 个重点湖（库）中，水质优良（I～III 类）湖库数量占比为 73.8%，同比上升 0.9 个百分点；劣 V 类水质湖库数量占比为 4.8%，同比下降 0.4 个百分点。主要污染指标为总磷、化学需氧量和高锰酸盐指数。204 个监测营养状态的湖（库）中，中度富营养的有 12 个，占 5.9%；轻度富营养的有

49 个，占 24.0%；其余湖（库）为中营养或贫营养状态。其中，太湖和巢湖水质均为轻度污染、轻度富营养，主要污染指标为总磷；滇池水质为轻度污染、轻度富营养，主要污染指标为化学需氧量和总磷；洱海和丹江口水库水质均为优、中营养；白洋淀水质为良好、中营养。水生态环境不平衡不协调问题依然突出。部分地区汛期水质出现恶化，河湖生态系统健康水平有待提高，滇池等重点湖泊蓝藻水华仍处于高发态势。

结合历年《中国生态环境状况公报》水环境数据对比分析，水环境污染状况发生了一些变化：全国总体水质已逐步进入"稳中向好"的阶段，劣 V 类水体河流数量明显减少；但湖泊水质富营养化问题仍然突出，水库水质总体趋于稳定，呈向好发展态势；地下水污染状况堪忧，且仍呈恶化态势；近岸海域海水水质基本维持稳定。河湖水环境质量尚不稳定，水环境污染精准溯源任重道远。未来河湖用水总量和废污水排放量仍呈现上升的态势；农业源污染物快速增加，污染控制难度进一步加大；水污染从单一污染向复合型污染转变的态势加剧；非常规水污染物（含新污染物）产生量持续上升，控制难度增大；水环境污染破坏水生态系统，导致生物多样性下降，特定物种（如鱼类和两栖动物）数量减少，甚至功能性灭绝；由于受污染的水体来源多样，新污染物通过饮用水或食物链累积将直接或间接影响人体健康。

1.3.2 水环境污染问题分析

（1）总体水质稳中向好，但河湖用水总量和废污水排放量仍不断增加，提升污水处理能力与改善水环境质量压力增大，全过程精准监测水资源供用耗排和水环境污染负荷排放变化情况迫在眉睫。根据 2020～2022 年水利部发布的《中国水资源公报》和生态环境部发布的《中国生态环境状况公报》数据，2020 年全国供水总量和用水总量均为 5 812.9 亿 m³，其中，地表水源供水量为 4 792.3 亿 m³，地下水源供水量为 892.5 亿 m³，其他水源供水量为 128.1 亿 m³；生活用水 863.1 亿 m³，工业用水 1 030.4 亿 m³，农业用水 3 612.4 亿 m³，人工生态环境补水 307.0 亿 m³。全国耗水总量为 3 141.7 亿 m³，耗水率为 54.0%，城市污水排放量为 576 亿 m³。2021 年全国供水总量和用水总量均为 5 920.2 亿 m³，其中，地表水源供水量为 4 928.1 亿 m³，地下水源供水量为 853.8 亿 m³，其他水源供水量为 138.3 亿 m³；生活用水 909.4 亿 m³，工业用水 1 049.6 亿 m³，农业用水 3 644.3 亿 m³，人工生态环境补水 316.9 亿 m³。全国耗水总量为 3 164.7 亿 m³，耗水率为 53.5%，城市污水排放量为 599.59 亿 m³。2022 年全国供水总量和用水总量均为 5 998.2 亿 m³，其中，地表水源供水量为 4 994.2 亿 m³，地下水源供水量为 828.2 亿 m³，其他水源供水量为 175.8 亿 m³；生活用水 905.7 亿 m³，工业用水 968.4 亿 m³，农业用水 3 781.3 亿 m³，人工生态环境补水 342.8 亿 m³。全国耗水总量为 3 310.2 亿 m³，耗水率为 55.2%，城市污水排放量为 639.3 亿 m³。根据 2020～2022 年数据分析，全国供水总量和用水总量均从 5 812.9 亿 m³ 升高到 5 998.2 亿 m³，全国耗水总量从 3 141.7 亿 m³ 升高到 3 310.2 亿 m³，城市废污水排放量从 576 亿 m³ 升高到 639.3 亿 m³，为确保水质稳定达标，必须严格控制进入水体的污染负荷量，同时对水资源供用耗排全过程开展监测监控，不断精准提升污水处理能力。

（2）河湖水体富营养化，重点湖泊蓝藻水华仍处于高发态势，过量的氮、磷等营养物质导致藻类和水生植物过度生长，消耗水中的氧气，造成水生生物死亡，水体功能退化。过量的氮、磷等营养物质一是来自水体内源污染，如水体沉积物中氮、磷的吸附与解吸、迁移与形态转化，引起水体氮、磷等营养物质变化；二是来自水体外源输入，如城市的生活废水未经处理排入水体，或雨污分流不彻底导致水污染物随雨水溢流进入，遇水体温度升高，导致蓝藻水华暴发。有效防控水体富营养化，须对水体氮、磷等营养物质开展精细溯源并精准监测其时空变化，精准施策协同治理。

（3）农业源污染物快速增加，污染控制难度进一步加大。化肥和农药的过量使用现象仍然存在，使用后残留在土壤和水体中，导致土壤结构破坏、地下水和地表水污染，甚至影响食品安全；畜禽水产养殖污染控制难度大，随着畜禽和水产养殖业的发展，未经处理的畜禽粪便和污水、水产养殖废污水等大量排放成为农业源污染主要来源；含有大量氮、磷等营养物质农业源处理不当会导致水体富营养化。农业源污染面广、点源排放分散、受降雨径流和水文气象影响大，科学防控和有效治理农业污染源实施精细监测和精准估算是必由之路。

（4）新污染物产生量持续上升，控制难度加大。持久性有机污染威胁最大，难以降解的有机污染物产生量升高，主要化学污染物包括邻苯二甲酸酯类、多环芳烃类、取代苯类及烷烃类。持久性有机污染物进入水环境后，通过生物体富集和食物链迁移，对水生生物和人体健康产生潜在的威胁；微塑料污染最为普遍、最为严重，随着塑料和相关制品的大量使用，微塑料等微小粒子在水生态系统中积累将导致污染；人类和兽医用药、畜牧业和水产养殖业用药以及制药厂的废水排放会产生大量抗生素，抗生素在环境中不易降解，在水体、土壤等环境介质中持续存在，甚至在环境中累积；内分泌干扰物通常是持久性化学物质，在环境中不易降解，并能在食物链中累积，产生生物放大效应。新污染物已经成为水环境污染的紧急问题，新污染物的存在对生态系统和人类健康构成重大威胁，及时精准监测其物质的环境水平、认识其行为和影响机制以及制定有效的管控措施至关重要。

（5）河湖水资源开发利用加剧水生态退化，河湖水功能逐渐退化。①河流开发的直线化、堤防建设、过度开发等导致河湖面积萎缩、河流生态系统结构和功能退化，生物多样性降低；②过度抽取地下水、过度拦截和蓄水等行为导致地下水水位下降，河流断流，水生态环境破坏；③水坝、水库的建设导致河流的自然流动受到阻断，降低了河湖的连通性；④全球气候变化导致降水模式变化，极端气候事件频发，如干旱和洪水，对河湖水环境产生不利影响。上述开发导致水资源开发利用现状超过水资源承载力，同时导致水域允许纳污能力降低。水资源开发利用引起河湖水生态和水环境变化，精准监测上述变化，精准确定变化过程的阈值是维系河湖健康重要的基础工作。

1.4 水环境污染监测与溯源

水环境污染监测是依托专用的仪器装备或集成的系统，运用特定的监测技术与方法，针对影响水体环境质量的污染物种类、物理指标、化学指标、生物指标等进行定量或定性监测、分析和评价。水环境污染监测既包括河流、湖泊、海洋等自然地表水环境监测，又包括水库、池塘等人工地表水环境监测，还包括地下水环境监测，监测管理的目标是确保被监测水体的水质稳定达到相应水功能区水质管理目标要求，符合特定的健康和安全标准。

1.4.1 水环境污染监测主要任务与内容

1. 评价水体总体水质或水功能区水质状况

一般情况下，按照《"十四五"国家地表水环境质量监测网断面设置方案》（环办监测〔2020〕3 号）规定，监测指标为"9+X"，基本指标为 9 项：水温、pH、溶解氧、电导率、浊度、高锰酸盐指数、氨氮、总磷、总氮（湖库增测叶绿素 a、透明度等指标）。X 为特征指标：《地表水环境质量标准》（GB 3838—2002）表 1 基本项目中，除 9 项基本指标外，上一年及当年出现过的超过 III 类标准限值的指标，若断面考核目标为 I 或 II 类，则为超过 I 或 II 类标准限值的指标。特征指标结合水污染防治工作需求动态调整。按照水功能区的管理规定，对固定断面的规定指标进行监测评价。通过对水体固定断面（点位）的长期监测分析判定水环境质量的变化趋势，评估水环境治理与保护管理措施的效果，调整改进水环境管理政策，预测水环境变化。

2. 识别水污染源和监控污染源排放情况

针对未知的水污染源，通过监测和量化重金属、特征有机污染物、病原微生物、新污染物、毒性指标等特定指标，精准识别水污染来源。

针对已明确的各种类型的水污染源，实时在线监控水污染源动态排放情况。

3. 支撑水环境污染精准治理与长效评估

通过水环境污染监测，准确查找水环境污染关键问题，精确计算需要削减的水污染负荷，精准制定水污染负荷的治理与削减措施，跟踪监测治理措施实施过程中治理效果及实施后的成效评估。

4. 保障城乡生活饮用水水质安全与及时预警

实时监测饮用水水源地水质和水源地水质综合毒性，确保全面满足饮用水水质标准，预警管控饮用水水源地水质风险。

5. 突发水污染事故应急监测

在发生化学泄漏、有害水华等突发水污染事件时，实施应急监测，实时监测水环境质量变化，及时评估水污染事故的影响范围、影响程度、影响时段及影响对象，以便迅速采取应急处置措施。

1.4.2 水环境污染监测溯源重点与难点

受水环境系统庞大、时空变化频繁、水污染物多源、水污染物迁移转化复杂等因素综合影响，实现水污染物正向可追踪、反向可溯源，需要对水体中的污染物进行追踪分析，明确水污染物来源（空间位置）、种类、形态、特征污染物与污染路径，定量确定不同水污染物及形态的贡献率与时空变化情况。水环境污染精准溯源可准确识别污染源并采取相应的治理与控制措施，维护水环境健康。实施水环境污染精准溯源需要关注重点和难点问题。

1. 水环境污染精准溯源的重点

（1）水环境样品采样点位及断面确定：采样点位及断面要有代表性，关键采样点位及断面不能遗漏，确保空间代表性分布全覆盖。

（2）水环境样品采样频次与指标选取：采样频次应覆盖水环境污染时间变化各种典型工况，必须选择考核管理的关键指标与水体污染的特征指标。

（3）水环境样品采集与保存：采样方法和容器需要严格遵循质量控制标准，样品前处理运输与保存严格按规范实施。

（4）水污染物监测分析：准确分析是精准溯源的核心，采用仪器分析技术对物理指标、无机污染物指标、有机污染物指标、重金属指标、新污染物指标等进行准确快速分析，获得大批量监测数据。

（5）监测数据耦合分析研判：通过统计学和地理信息系统（geographic information system，GIS）等工具，将获得的大批量监测数据和其他相关数据进行时间空间整合，推断水污染源的具体位置、空间负荷分配和可能的传输途径。

（6）精准溯源综合分析：综合多个指标不同参数，如不同水污染物浓度、同位素比值、微生物指标等，进行综合分析评价，提高溯源结果的精确性。

2. 水环境污染精准溯源的难点

（1）水污染物来源多样，水体中的污染物往往来自工业生产、城市生活排放、农业生产活动等多个源头，将特定的污染物与具体的源头精确地关联起来是一项复杂的挑战。

（2）水污染物形态多样，污染物在水体中的迁移和转化过程复杂多变，受水温、流速、地质地貌、化学反应、可溶性和形态（颗粒态和离子结合态）等因素的影响，其复杂性大大增加了水污染物定量溯源的难度。

（3）水污染物空间分布层次多样，沉积物（底泥）、上覆水、底层水、表层水等垂向形态存在明显浓度差异，给精准分层取样和溯源带来了很大难度。

（4）水污染物时空变化频繁，与水文循环和水文情势变化密切相关，从降雨产生地表径流汇入沟渠、排水管网，再汇入湖泊或从支流汇入干流等，水污染物随水流时空变化而变化。不同气象水文条件和不同水污染物排放形式等工况多样，监测获取的溯源数据不完整或工况覆盖不充分，直接导致溯源结果不确定或不精准。

（5）水环境污染相关的水文、气象、供用水、排水等同步资料不完整或不具体，时空污染负荷计算模拟不准确或不完善，导致水污染溯源不精准或不全面。

（6）受水环境污染管理相关政策制度影响，部分水污染源调查和追踪难以进行，给水污染精准溯源带来一定的困难。

综上所述，水环境污染精准溯源的重点是找准水污染物种类与形态、来源与路径，定量计算水污染负荷时空分布及具体变化情况；而难点主要是水污染物来源和形态多样、迁移和转化机理复杂、水污染物时空变化频繁，涉及水环境污染溯源的关联数据资料多等，水环境污染精准溯源成为目前水环境治理、保护与管理最重要和难度最大的核心任务。

1.5 水环境污染精准溯源与精细管控研究进展

水环境精准溯源主要是面对水环境污染物频繁的时空变化、多形态赋存、多途径来源、水体多层次间迁移转化精准识别并量化水污染负荷；水环境精细管控通过覆盖时空变化关键控制点位监测大数据感知和相关数据耦合，构建水环境精细化长效管控平台。本节从水环境污染精准溯源与水环境精细管控两方面分别综述相关研究进展情况。

1.5.1 水环境污染精准溯源

传统的水环境污染溯源技术主要依赖监测水环境污染物浓度，收集相关区域的工业、农业、生活排污信息，再通过统计分析与模型模拟来推测水污染源。随着技术与装备的进步、方法与手段创新，水环境污染精准溯源在水质监测大数据溯源、同位素溯源、三维荧光指纹图谱溯源、光谱遥感溯源、分子生物学技术（如 DNA 条形码）溯源、水质指示生物溯源等方面取得了很大进展（魏潇淑 等，2022），极大地提高了水污染源识别的准确性和效率。

1. 水质监测大数据溯源技术

大数据技术的发展为水质监测带来革命性的变化，不仅提高监测的效率和准确性，还为水质溯源提供新的解决路径。随着大数据技术的不断发展，水质监测的实时性和动态性得到显著提升，对及时发现和应对水污染事件至关重要。利用大数据技术进行水质溯源，能够更准确地识别水污染源，为水环境管理和政策制定提供科学依据。通过对水质监测数据的收集、存储、分析和挖掘，可以更好地了解水质的变化趋势和污染源头，从而采取有效的措施来保障水资源的安全和人体健康。

初始阶段的水质监测主要依赖人工采样和实验室分析。人工监测是以人工现场采样和实验室分析技术为主体的监测方式，通常测定水样的物理、化学和生物特性。例如，通过目视检查水的颜色和透明度，或者使用 pH 试纸或电导率仪来测定水的酸碱度和电导率。化学分析则通过使用滴定法、比色法或色谱法来测定水中的各种化学物质，如营养物质、重金属和有毒有机物。生物分析则主要关注水中的微生物群落和生物多样性。尽管上述方法能够提供准确的数据，但也存在一些局限性。首先，这些方法的实时性较差，通常需要较长的时间才能得到结果。其次，实地采样会受到多种因素的影响，如采样点的选择、采样时间、采样频率等。最后，实验室分析需要专业的设备和操作人员，成本较高。因此人工监测频率低，检测样本数据较少，监测过程费时费力，无法提供实时数据，只能反映采样时点位的水质状况。

随着电子技术和计算机技术的发展，在 20 世纪 70 年代，出现了第一代自动化水质监测设备，能够进行简单的水质参数（如 pH、溶解氧等）测量，可定时记录数据。进入 21 世纪，互联网技术和通信技术的飞速发展使得水质监测设备能够实现在线监测和数据的远程传输。此时监测设备开始具备实时监控水质状况的能力，并通过网络将数据传输到监控中心。随着先进的传感器技术、自动控制技术和数据处理技术引入，能够对多种水质参数进行连续、自动的监测。集成化的水质监测站不仅能够监测常规参数，还能够检测一些特定的污染物，如重金属、有机污染物等。物联网技术的引入让水质监测设备更加智能化，设备可以自动化地进行数据收集、分析和响应。借助大数据分析和人工智能算法，现代水质监测系统不仅能够实时监控水质变化，还能够进行数据挖掘，预测水质趋势，甚至自动识别异常事件并发出预警。水质自动监测现今已发展到可实现高频次、多参数、远程无人操作的智能化监测网络。这些进展极大地提高了监测效率和准确性，为水环境监测大数据溯源提供了强力技术支撑。

我国虽然在自动监测系统上起步较晚，但发展十分迅速，截至目前地表水监测站达到 1.4 万余个，水文监测站网密度已达到中等发达国家水平。目前我国大部分水质自动监测主要通过传感器式、抽水式以及两者相结合的方式借助不同类别的外部传感器对不同参数进行分析监测。传感器式利用玻璃组合电极对 pH 进行测定，利用光敏二极管对浊度进行测定，利用组合电极对溶解氧进行测定。抽水式则是通过水泵将水样输送到预处理室，经过去除泥沙等程序后进入水质自动监测仪监测分析。目前大型水质自动监测站主要支持的监测指标有水温、pH、浊度、电导率、溶解氧、氨氮、高锰酸盐指数、总磷、总氮 9 项。水质自动监测站建设成本较高、无法实现对河流湖泊的全覆盖监测，监测指标较少且精度有限、监测管路容易发生二次污染，部分监测指标难以达到实验室检测的精度。目前正处于人工监测向智能化自动监测转变的关键时刻，人工监测有其优点但其缺点也十分明显，如监测频率较低，无法满足大规模、高频率的监测要求，而自动监测技术智能化程度高，投入大，可靠性和准确度有待进一步加强，将二者优点有机结合，开发成本既低廉，又能大批量、智能化、高频率且精度不受影响的水质监测大数据溯源技术是一个发展方向。

2. 同位素溯源技术

同位素溯源技术是一种利用物质同位素组成的独特性来追踪物质来源、传输途径和转化过程的技术。其原理是具有相同质子、不同中子的稳定同位素，其本身的分馏效益造成不同物质或同一物质不同部分的同位素分布不均匀，进而可实现对污染物的溯源。同位素的概念最早是由英国化学家弗雷德里克·索迪于 1913 年提出的。随后，物理学家发现了自然界中同一元素的不同同位素，为后来的同位素溯源技术奠定了基础；二十世纪五六十年代，随着质谱技术的发展，科学家开始能够准确测量不同同位素的比例，从而使同位素溯源技术在地质学研究中得到实际应用；二十世纪七八十年代，随着环境科学的发展，同位素溯源技术开始被应用于环境监测和保护。例如，氢和氧的稳定同位素被用于追踪水循环过程；进入二十一世纪，随着分析技术的进一步提高，特别是多元素同位素和高精度质谱技术的发展，同位素溯源技术的应用变得更加精确和广泛，在食品安全、生态学、全球变化科学等领域的研究和应用显著增加。随着研究的逐渐深入，有更多的同位素应用于水污染溯源中，包括氮同位素、氧同位素、锶同位素、硼同位素等。

同位素分馏是指在物理或化学过程中，不同同位素之间因质量差异而产生的分离现象。在水环境监测中，同位素分馏是同位素溯源技术的一个重要机制。它可以发生在多种自然过程中，如水的蒸发、降水和渗透，以及生物地球化学循环中的各种反应。同位素分馏会导致不同同位素的比例发生变化，为污染物来源和迁移路径追溯提供重要信息。

传统的同位素溯源技术主要基于同位素比值分析和质量守恒原理。通过测量样品中不同同位素的相对丰度，即同位素比值，可以推断出污染物的来源和迁移路径。质量守恒原理则确保了在物理或化学过程中，同位素的总量保持不变，这为同位素溯源提供了基础。随着科技的不断进步，新型分析仪器在同位素溯源技术中发挥着日益重要的作用。近年来，质谱仪、离子选择电极、激光光谱仪等高精度仪器的出现，极大地提高了同位素分析的灵敏度和准确性。这些仪器的共同特点是高分辨率、高灵敏度、快速分析以及低样品消耗量。例如，多接收器电感耦合等离子体质谱仪的应用，使得微量同位素的精确测量成为可能，极大地拓宽了同位素溯源技术的应用范围。

同位素溯源技术以其独特的精确性和追踪能力，为水环境监测领域提供了有力支持。从基础研究到应用领域的扩展，同位素溯源技术不断突破传统限制，为水环境监测带来了更精确、更高效的解决方案。但同位素溯源技术仍面临一些关键问题需要解决。首先，样品处理的复杂性和分析成本仍是限制同位素溯源技术广泛应用的主要因素之一；其次，同位素溯源技术的分辨率和灵敏度仍有待提高。随着水环境监测溯源需求的不断提高，同位素溯源技术在水环境监测中的应用仍需要更多的跨学科整合和创新，以促进同位素溯源技术的进一步发展。

3. 三维荧光指纹图谱溯源技术

水质指纹图谱溯源是指事先采集各种污染物对其分析并建立污染源指纹数据库，当污染发生时将其与河湖水环境的指纹特征进行对比分析，从而确定污染物的来源，包括三维荧光指纹图谱法和紫外-可见指纹图谱法。三维荧光指纹图谱溯源技术是一种基于荧光光谱技术的新型溯源技术。它利用物质在受到激发光照射后发出的荧光光谱信息，结合多维数据处理和分析方法，构建出具有唯一性和高度特异性的荧光指纹图谱。与传统的二维荧光光谱相比，三维荧光指纹图谱具有更高的信息量和分辨率，能够更准确地反映物质的内在特性和来源信息。

三维荧光指纹图谱溯源技术是近二十年发展起来的新型水污染溯源技术。由于污水中通常含有大量溶解性有机物，这些有机物在特定波长的激发光照射下会产生特定波长的荧光。普通荧光光谱技术只能激发单一波长的荧光，而三维荧光光谱技术可以同时测定多个波长的光谱特征，获得荧光强度与激发波长的荧光谱图，由于不同荧光光谱特征对应不同的污染物，其与污染物一一对应的特点与人体指纹一样具有唯一性，因此可以通过对比分析不同水体的荧光特征差异，进而实现对河湖水环境的污染物溯源。在三维荧光指纹图谱溯源技术中，高维度数据的获取与处理是核心环节。由于三维荧光指纹图谱涉及激发波长、发射波长和荧光强度三个维度，需要采用特殊的光学系统和检测设备来捕捉这些维度的信息。在数据获取过程中，通常使用高灵敏度的荧光光谱仪和快速扫描技术来确保数据的准确性和完整性。这些设备能够在短时间内采集大量的数据点，从而构建出高分辨率的三维荧光指纹图谱。数据处理方面则需要采用专业的算法和软件来进行去噪、背景校正、数据归一化等。这些处理过程旨在消除干扰因素，提高数据的准确性和可靠性。此外，还需要通过多维度的数据分析和统计模型提取出与样本性质相关的关键信息。在处理高维度数据时，降维技术也常被采用。通过降维技术，可以将原本复杂的多维数据简化为易于理解和可视化的低维表示形式。这不仅有助于揭示数据中的潜在结构和规律，还能提高分析效率和准确性。通过不断优化光学系统、检测设备和数据处理算法，可进一步提高三维荧光指纹图谱的分辨率和准确性，推动其在水质溯源领域的应用和发展。

三维荧光指纹图谱溯源技术虽然在多个领域展现出了其独特的优势和潜力，但仍面临着一些技术局限性和挑战。首先，数据采集和处理的过程相对复杂，需要高精度的设备和专业操作人员，限制了该技术在资源有限或技术条件相对落后的地区的应用。其次，尽管三维荧光指纹图谱能够提供更为丰富和准确的信息，但其数据解读和分析依赖复杂的算法和统计模型，使得数据处理的难度加大，对非专业人士来说存在一定的壁垒。当前三维荧光指纹图谱的标准化和规范化研究尚处于初级阶段，缺乏统一的标准和评估体系，对技术的推广和应用构成了一定的障碍。三维荧光指纹图谱溯源技术还面临着样本多样性和复杂性的考验，不同样本之间的荧光特性差异较大，如何准确、快速地识别和分类差异成为一大挑战；同时，对于某些特定样本，如部分水样荧光信号可能受到其他物质的干扰，如何有效地去除这些干扰因素，提高检测的准确性和灵敏度成为另一大挑战。随着科技不断发展进步，新型荧光探针和标记技术的发展，三维荧光指纹图谱溯源技术将实现更高灵敏度和分辨率的检测，为更精细的溯源提供支撑。同时随着人工智能和机器学习等技术的发展，未来的数据分析方法将更加智能和高效，能够快速地从海量数据中提取出有用的溯源信息。此外，随着技术的标准化和规范化程度的提高，三维荧光指纹图谱溯源技术将更广泛地应用于各个领域。

4. 光谱遥感溯源技术

光谱遥感溯源技术，基于物质对光谱的吸收、反射和散射等特性，实现对物质成分、结构和状态的远距离探测。其基本原理在于物质与电磁波的相互作用，电磁波包括可见光、红外、紫外等谱段，不同物质在这些谱段的响应特征各异，从而形成独特的光谱指纹。光谱遥感溯源通过测量和分析这些光谱指纹，实现对目标物质的非接触、快速识别与追溯。光谱遥感技术的基本原理涵盖了电磁辐射与物质相互作用的基本规律，如黑体辐射定律、普朗克辐射定律等，这些定律为光谱遥感提供了理论基础。同时，光谱遥感还涉及光谱分辨率、空间分辨率和时间分辨率等关键技术参数，这些参数直接决定了光谱遥感技术的性能和应用效果。

光谱遥感技术的关键技术主要包括光谱成像技术、光谱解译技术和光谱数据库技术等。光谱成像技术是实现光谱遥感的基础，它通过对目标区域进行高光谱分辨率的成像，获取丰富的光谱信息。光谱解译技术则是对这些光谱信息进行解析和提取，以实现对目标物质的识别和分类。在光谱遥感中，光谱成像技术是最为关键的技术之一。光谱成像技术的主要任务是通过光学系统和光谱仪器获取目标区域的光谱图像，这些图像既包含了目标的空间信息，也包含了其光谱信息。为了获取高质量的光谱图像，需要选择合适的成像方式、光谱仪器和数据处理方法。光谱解译技术则是光谱遥感的核心技术之一。

它通过对光谱图像进行解析和提取，得到目标物质的光谱特征参数，如反射率、吸收率等。这些参数是识别目标物质的关键依据，也是光谱遥感技术应用于溯源领域的基础。光谱数据库技术则是光谱遥感技术的支撑技术之一。通过建立光谱数据库，可以实现对大量光谱信息的存储和管理，为光谱遥感提供数据支持。同时，光谱数据库还可以为光谱解译技术提供参考数据，提高光谱解译的准确性和可靠性。

高光谱遥感的全称为高光谱分辨率遥感，是利用很多狭窄的电磁波波段产生光谱连续的图像数据，相对于多光谱遥感，高光谱遥感可收集处理整个跨电磁波谱的所有信息，具有更高的分辨率，同时也蕴含了更大的信息量。随着遥感技术的快速发展，遥感监测的对象也从海洋延伸到了内陆水体，水质遥感监测也从最开始最简单的定性描述逐步发展为水体各种水污染物浓度的定量分析。基于高光谱分辨率遥感水污染溯源的水质参数反演方法通常有三种：理论法、经验法、半经验法。理论法是最简单的分析方法，基于大气传输模型，根据水体吸收系数、水体散射系数和水面反射率的比值关系进一步实现各水质参数的反演，但模型缺乏精度仅能作为一种基础性研究。经验法是根据遥感波段数据与实测数据间的相关关系，选择最优波段建立数据统计模型进行溯源反演，准确性需要进一步检验；目前光谱遥感水污染溯源技术主要的反演方法是半经验法，实测水质参数数据与遥感数据反演的结果进一步通过各种数学方法（如主成分分析、线性回归、多项式回归、幂函数回归、对数函数回归等）建立最佳的反演模型，对其空间分布进行溯源反演，具有较为不错的反演精度。

卫星遥感因其过顶监测区域时间具有周期性，往往成像时间较长，不能做到对监测区域的及时迅速扫描，因卫星轨道较高，也易受到大气云层影响，导致反演误差较大。无人机的出现有效地避免了这些问题，无人机飞行高度低可以有效避免云层的影响，其搭载的高光谱相机监测波段多、精度高、灵活机动，可随时对河流、湖泊等监测目标进行监测，实现对其污染物的反演溯源。无人机高光谱遥感对河湖水污染反演溯源具有广阔的应用前景。

5. 分子生物学技术溯源

分子生物标记技术在溯源研究中是一个迅速发展的领域，它涉及使用特定的分子序列来追踪和识别生物物种的起源、演化关系及生态分布。分子生物标记的水污染溯源是通过微生物群落结构或特定污染物质与生物体之间的相互作用准确地识别和追踪水污染源。变性梯度凝胶电泳/温度梯度凝胶电泳是通过微生物群落的 DNA 指纹分析，确定污染物对水域微生物群落结构的影响；荧光原位杂交是利用特定的荧光标记探针检测特定微生物，从而确定水污染物的来源；定量聚合酶链反应是通过检测特定的微生物 DNA 序列的数量来追踪特定类型的水污染源；生物标记抗生素抗性基因是通过检测污水处理厂或畜牧业排放的污水中可能存在的抗生素抗性基因，追溯水污染来源；某些微生物能够代谢内分泌干扰化学物质（endocrine disrupting chemicals，EDCs），通过监测这些微生物或其代谢物，追踪与 EDCs 相关的污染；通过识别特定宿主相关的病毒，如嗜人噬菌体或特定动物的病毒，识别水污染是否来自人类活动或是野生动物；也可监测特定的微生物如大肠杆菌群，它们的存在可指示污水污染，特别是粪便污染。

分子生物学技术的 DNA 条形码技术在生物信息学中的应用虽取得了显著进展，但仍面临一系列技术挑战。首先是数据质量问题，在实际应用中，环境样本的复杂性、样本降解等因素，可能导致获得的 DNA 序列质量不高，进而影响后续溯源追踪；其次，物种之间的遗传变异程度是一个关键挑战，某些物种之间可能存在较低的遗传差异，导致 DNA 条形码无法准确区分。此外，一些物种可能存在多态性现象，即不同种群之间存在较大的遗传差异，这也可能给物种鉴定带来困难。另外，DNA 条形码数据库的建设和维护也是一个挑战，需要不断更新和完善数据库。数据库的质量和可靠性是关键，需要确保数据的准确性和完整性。针对复杂环境样本的物种鉴定算法、针对多态性现象的遗传分析算法等也需要进一步研究和开发。

随着新一代测序技术的不断发展，数据质量问题有望得到解决。新一代测序技术具有更高的通量和更低的测序成本，能够获得更长、更准确的 DNA 序列。将为 DNA 条形码技术提供更高质量的数据支持，促进其在生物多样性研究和物种鉴定中的应用。针对物种之间遗传变异程度，通过探索新的遗传标记或结合多个遗传标记来提高物种鉴定的准确性。同时，对于多态性现象，可通过引入更多种群样本或采用更复杂的遗传分析方法来解决。在数据库建设方面，未来的发展方向是构建更加全面、可靠的 DNA 条形码数据库，确保数据库的实时性和准确性。随着技术的不断发展和完善，分子生物学技术（如 DNA 条形码）溯源将在生物物种鉴定、水环境监测溯源方面发挥更大作用。

6. 水质指示生物溯源技术

水质指示生物是指在水环境中生活，其生理、生态和种群数量等指标能够反映水质状况的生物种类。这些生物通常对水环境中的污染物质、溶解氧、温度、pH 等因素的变化敏感，因此可作为水质状况的指示器，是监测和评价水环境的有效工具。水质指示生物能够在特定水质条件下生存和繁殖，它们对水质的变化非常敏感，能够反映水体的污染状况和生态系统的健康状况。通过观察和分析水质指示生物的种类、数量和分布，可以评估水体的营养状况、有毒物质含量和生物群落结构等关键信息，为水质监测和污染治理提供科学依据。此外，水质指示生物还具有预警作用，能够在污染事件发生时及时发出信号，为应急响应和水污染控制提供重要支持。

随着水环境污染问题的不断加剧，水质指示生物溯源技术在溯源调查、风险评估和污染控制等方面的作用越来越重要。通过该溯源技术可追踪污染物的来源和传播途径，为水污染控制和预防提供科学依据。同时，该溯源技术还可为水环境管理决策提供重要支持，保障水质安全、维护生态环境和人类健康。

选取水质指示生物溯源需要重点考虑三个方面问题。①水质指示生物溯源准确性问题。虽然生物标记、遗传标记和化学标记等方法在一定程度上提高了溯源的准确性，但由于环境因素的复杂性、生物体本身的变异以及样本处理和分析过程中的误差，准确地进行水环境污染源识别和追踪仍是一项巨大的挑战。特别是在处理多源水污染事件时，多种水污染源的混合可导致标记信号的混乱，从而影响溯源的准确性。②水质指示生物溯源灵敏度问题。灵敏度是评价水质指示生物溯源技术性能的一个重要指标。在实际应用中，低浓度的水污染物往往难以被有效监测，尤其是在水环境样本中，水污染物的浓度往往很低，这对溯源技术的灵敏度提出了更高的要求。③水质指示生物溯源实用性问题。水质指示生物溯源实用性是水质指示生物溯源技术在实际应用中需要考虑的重要因素，包括技术的可行性、成本效益及用户的接受程度等。目前，一些先进的溯源技术虽然具有较高的准确性和灵敏度，但由于其操作复杂、成本高昂，限制了其在实际应用中的推广。因此，开发操作简便、成本低廉、易于普及的溯源技术，对推动水质指示生物溯源技术的实际应用具有重要意义。

利用水体中细菌发光生物特性筛选菌种作为指示生物定量评估水污染综合毒性。筛选费氏弧菌、青海弧菌或明亮发光杆菌等优良菌株作为受体，利用发光细菌的生物特性，其对重金属、农药等5 000多种有机和无机毒物均有响应，且反应速度快，灵敏度高。发光细菌在接触到某些有害化学物质时发生生物发光现象的变化，比如发光强度的减弱，通过发光强度的变化，可定量地评估水污染源的综合毒性。

选择水体中与人类基因相似度高的鱼类作为指示生物，根据其生理和行为反应定量评估水污染综合毒性。斑马鱼（*Danio rerio*）的基因和人类相似度达到87%，有"水中小白鼠"之称。斑马鱼具有繁殖力强、发育迅速、胚胎透明、体外受精、体外发育等生物学特征，因其透明的胚胎和快速的生命周期，以及遗传学上易于操作，被作为水环境污染监测重要指示生物。通常将斑马鱼的胚胎或幼鱼暴露在待测的水中，然后观察并记录鱼的生理和行为反应，比如存活率、发育异常、行为改变等，以此来评估水环境污染源的综合毒性。

选取对水质的变化非常敏感的水蚤作为指示生物定量评估水污染综合毒性。水蚤是一类小型甲壳类动物，通常在生态学和环境科学中用作指示生物来评估水质的综合毒性。水蚤对环境变化非常敏感，尤其是对有毒物质。监测水蚤对特定污染物的反应，如死亡率、繁殖率或行为变化，从而对水中的潜在综合毒性进行定量评估。

1.5.2 水环境精细管控

水环境精细管控是以组建流域水环境精细化管控网络实时监测数据为基础，耦合相关水环境污染关联数据，运用现代科学技术和管理手段，实行水环境高效、精确的监测和管理，实现水环境污染的有效控制和水环境质量稳定达标。

1. 监测大数据与智能化

通过水环境监测大数据分析和人工智能（artificial intelligence，AI）技术，实现对水环境数据的深度挖掘分析，实时识别水质变化趋势和污染源，及时调控水污染源管控，优化决策支持系统，提高水环境管理的效率和精确度。目前水环境监测大数据与智能化技术的融合面临一些挑战，如数据的准确性、完整性问题，数据时空协调性以及智能化系统的稳定性和可靠性问题。另外因涉及多方面相关数据的共享与合作，数据保护和信息安全等问题亟待解决。随着技术的不断进步和政策支持力度加大，大数据与智能化在水环境管理中的应用将越来越广泛，为水资源的可持续利用和水环境精准治理与有效保护提供强大的技术支撑。

2. 精细化污染控制

依托水环境精细管理平台实时控制水污染源头，通过减少工农业生产中的水污染物排放、实现清洁生产和循环经济，控制水污染物排放总量。目前虽然水污染源管理系统已经基本建立，但是时空数据覆盖不够，功能单一，关联数据耦合缺失，需要完善的空间仍然很大。目前在流域层面水环境污染控制构建了"源-路径-受体"管理模型，同时选取了一些先进治理技术与手段去除水污染物，以便稳定达到水环境管理目标。由于模型系统太复杂，工况多样，支撑数据不足，难以实现精细化污染控制。

3. 水污染物行为与归宿模拟

污染物在水环境中的迁移转化机制、生物可利用性和生态风险是水环境管控的重点和难点，目前随着生态模型和水质模型的发展，如 SWAT（soil and water assessment tool，水土评价工具）模型、WASP（water quality analysis simulation program，水质分析模拟程序）模型等，可模拟污染物在流域尺度的传输与归宿。但模型精度不够、验证不足，主要停留在研究层面。

4. 水环境污染风险评估

目前水环境风险管理机制不健全，水环境污染风险评估与分类新方法不成熟，水环境精细管控需要精准评估风险，动态模拟污染负荷变化，及时预警并采取应急处置措施。目前研究成果尚不能精准评估水环境污染风险。

5. 智慧水环境管理系统

结合大数据分析、云计算和人工智能等技术，建立智慧水环境管理系统，实现水污染实时监测、及时预警和决策支持的自动化。目前虽然构建部分流域（区域）智慧水环境管理系统，但系统很不完善，概念居多，应用很少。全面实现水环境精细管控面临很多挑战，如系统建设运行日常经费保障、新技术推广应用成本、不同流域和区域间政策协调、水环境治理投资的回报期等问题仍很突出。此外，随着新技术的发展和水环境变化的新特点，水环境精细管控需要不断更新和完善。

第2章 水环境污染精准溯源与精细管控理论基础

水环境系统是一个自然水体及其与大气、陆地、生物和人类活动相互作用的复杂系统。不仅包括河流、湖泊、地下水、冰川和海洋水体本身，还包括水体与周围环境的相互关系，相互关系影响水的循环与分布、水环境系统结构、水量利用平衡、水体生物完整性和水环境承载力。这些相互影响的关系经过长期研究形成了相应的理论成果，相关研究理论可以概括为自然-人工二元水文循环理论、水环境系统结构理论、时空变化下水平衡理论、水生态系统完整性理论、水环境承载力理论和水环境大数据分析理论，经大量实践验证，已经成为支撑水环境污染精准溯源与精细管控的理论基础，详细如图2.1所示。

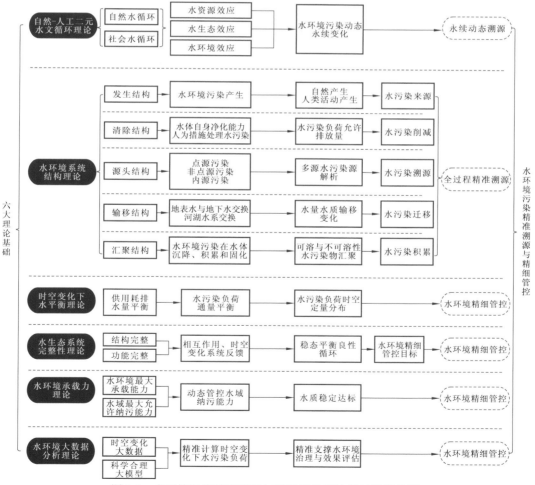

图2.1 水环境污染精准溯源与精细管控理论基础思维导图

水环境污染精准溯源涉及数据采集与收集、水污染物定性和定量分析、构建模型模拟、模型验证和数据分析准确性实证、溯源算法开发和应用、各类数据 GIS 技术空间化等，是一个复杂的过程，需要多学科、多部门的合作和协调。随着科技的进步，特别是在大数据分析、人工智能和环境监测技术方面的快速发展，精准溯源的准确性和效率将不断提高。水环境精细管控是指运用先进的水环境污染监测技术与装备、信息技术和水环境管理策略，通过实时监控和精确的数据分析，及时调控水环境管理措施，确保水环境质量的持续稳定，以实现水环境保护、水资源优化配置和水生态系统稳定的高效精细化的管理。水环境精细管控涉及水环境精细化监测、大数据分析、水环境决策支持系统、水环境综合管理、水环境应急响应和水环境公众参与等方面。综上，实施水环境精准溯源与精细管控，就是在构建水环境污染精细化监测网络的基础上，以上述理论指导为基础，通过水环境监测大数据分析挖掘，达到精细管控的目标。

2.1 自然-人工二元水文循环理论

近几十年以来，由于经济社会的快速发展、人口不断增加、城镇化率提升、农业灌溉面积扩大等强烈的人类活动与全球气候变化，导致流域水循环发生了深刻的变异，具体表现为资源衰减、环境污染、生态退化、供需失衡、地下水超采等，水问题已严重威胁国民经济和生态安全。我国水问题尤为严峻，水多（洪涝）、水少（干旱）、水脏（污染）、水浑（水土流失）、水生态退化等并存，水灾害事件频繁发生。为系统破解上述水问题，中国工程院院士王浩经过多年理论与实践相结合的探索研究，原创性地构建了自然-人工二元水循环理论与方法（王浩 等，2016），不仅广泛应用于中国水利的实践，为破解中国水资源瓶颈和水环境污染溯源提供了强有力的科技支撑，而且为世界上同类地区所使用。自然-人工二元水文循环理论基本内容是：流域水循环由两部分构成，一部分是由自然的降雨、蒸发、入渗、产流、汇流、补给、排泄这些基本环节组成的自然水循环，另一部分是由人为社会活动的取水、输水、用水、排水、再生利用等形成的社会水循环。自然水循环和社会水循环相互依存、相互制约、相互作用，改变了自然水循环的基本模式，并产生了一系列资源、生态和环境效应。因此，要破解水环境污染精准溯源和精细管控的难题，必须从流域水循环演变的机理出发，充分考虑水环境污染与自然水循环和社会水循环的关系，精准识别人类活动大规模地调控和改变自然水文循环，科学核算水环境污染在自然-人工二元水循环中迁移转化与变化，才能实现水环境污染的动态调控和水环境精细管理（图 2.2）。

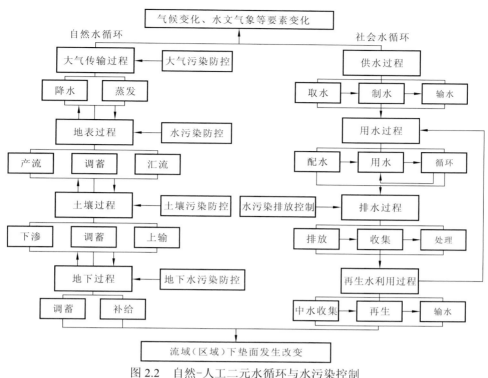

图 2.2　自然-人工二元水循环与水污染控制

2.2　水环境系统结构理论

2.2.1　水环境系统内涵

水环境系统是一个复杂的生态系统，它通常由径流-水质-功能-安全 4 个相互作用的关键亚系统组成。它们相互联系，共同决定了水环境的整体状况和功能。

径流亚系统是水环境系统的基础，在水环境系统中承担输送水体、溶质、悬浮物、泥沙和生源物质的任务，包括河流、溪流、湖泊和地下水的自然流动径流和城市排水系统、水库灌溉渠系等人工影响的人工径流。

水质亚系统是水环境系统影响供用水安全和生态环境质量的最重要的亚系统，包括：水质物理指标，如水温、透明度、悬浮物等；水质化学指标，如 pH、电导率、溶解氧、氨氮、高锰酸盐指数、总磷、总氮等基础指标；水质生物指标，如微生物、浮游动植物和底栖生物的种类和数量等；有机污染物指标、重金属指标、新污染物指标。

功能亚系统是体现水环境系统社会经济与生态功能，在经济社会生活中实际用途，在生产、生活和生态用水方面作用和贡献的亚系统。社会经济服务功能主要有供水、灌溉、发电、航运、景观娱乐等；生态功能主要有提供水生生物栖息地、维持生物多样性、调节气候、水体自净作用。

安全亚系统是防范和管理水环境系统的相关风险，保障人类社会的稳定和可持续发展的亚系统，主要体现在：保证水资源充足和可持续利用的水资源安全；保证水质安全稳定达标，不造成环境和人体健康危害的水质安全；增强防洪、排涝、抗旱的安全。

在水环境管理中，上述亚系统通过水循环和生态系统过程紧密相连。例如径流汇入影响水质（通过携带水污染物）、水质优劣会影响水体的生态功能（如水体富营养化会破坏水生态平衡），供水功能的全面实现取决于水的安全供给。

2.2.2　水环境系统结构

水环境系统是一个动态变化的复杂系统，按照水环境系统中水循环和水质动态变化规律，结合水环境系统结构和功能，构建水环境系统结构理论，水环境系统结构主要分为发生结构、消除结构、源头结构、输移结构与汇聚结构5个部分。

（1）发生结构通常是指水环境污染的生成环节。主要包括：①自然条件下地表的自然侵蚀携带污染物质进入水体，水体中生物代谢产生水污染物，水体中不同污染物质发生富集或化学反应等过程；②在人类活动中，工农业生产、城镇居民生活等经济社会活动产生的废水和水污染物。

（2）消除结构是指水环境系统减少或消除水污染的各种过程和机制。主要包括水体自身自然净化作用，如稀释、沉淀、吸附、生物降解等，以及采取人为措施处理水体污染物的物理、化学、生物过程。

（3）源头结构是指水污染物的来源。主要包括点污染源（如工农业排污口、污水处理厂尾水排口、雨水溢流污染排口）、非点源污染（如农业农村面源、城市地表径流面源）和内源污染（如湖泊底泥释放污染）。

（4）输移结构是指水污染物在水环境中的输移和分布。主要包括河流、湖泊和地下水等水体中水污染物的迁移、扩散、混合和转化过程。

（5）汇聚结构是指水体中污染物的最终汇聚归宿。主要包括水污染物在河流、湖泊或海洋等水体中沉降、累积和最终的稳定固定化。也包括水污染物通过食物链累积生物放大效应。

上述5种结构，与水环境污染物发生、消除、来源、迁移转化和汇聚紧密相关，实施水环境污染物精准溯源，必须系统研究水环境系统结构理论，从"生消源流汇"5个方面，精准定量识别水污染源。

2.3　时空变化下水平衡理论

2.3.1　水平衡理论内涵

水资源的形成过程主要依赖自然降水、融雪、径流汇流及其他自然水文过程。在流域水循环过程中不致发生明显不利改变的条件下，从流域地表或地下允许开发的一次性资源量为水资源可利用量，是在经济合理、技术可能及满足河道内用水并顾及下游用水的前提下，通过蓄、引、提等地表水工程措施可能控制利用的河道外一次性最大水量（不包括回归水的重复利用）。

$$W_{su}=W_q-W_e-W_f \tag{2.1}$$

式中：W_{su} 为地表水资源可利用量；W_q 为地表水资源量；W_e 为河道内最小生态需水量；W_f 为汛期洪水弃水量。

在地表水资源可利用总量和可预见的时期内，统筹考虑生活、生产和生态用水，通过经济合理、技术可行的措施在当地水资源量中可一次性利用的最大水量是区域最大可供总量。区域实际供水量是指在全面满足不同供水用户水质、水量的前提下，将自然水源通过一系列的收集、处理、净化、加压和输送等环节配置给工农业生产、商业活动、居民生活及生态用水等活动的总水量。区域实际用水量是指区域实际供水量在区域经济和社会活动中的直接使用量，合理的用水管理和有效的节水措施可大大提高水资源的使用效率，节约用水量。耗水量指在用水过程中的实际消耗水量，即水资源在使用后转化为工农业产品的一部分或以蒸发、渗漏等形式损失的水量，耗水量是用水和水资源可持续的重要考核指标。排水量是指水资源使用后排出的废污水量，包括城镇生活污水、工业废污水和农业灌溉退水和排水等。排出的废污水经处理满足排污许可要求后达标排放或中水回用。

2.3.2 供用耗排水平衡计算

供用耗排水平衡计算是水资源系统管理的重要内容，即在一个相对封闭系统内，水的总输入量（供水）应该等于总输出量（用水和排水）加上系统内的存储变化。

供用耗排水平衡的计算公式一般可以表示为

$$Q_{供}=Q_{用}+Q_{耗}+Q_{排} \setminus \pm \Delta S \tag{2.2}$$

式中：$Q_{供}$ 为供水量，是指系统接收的所有水量总和；$Q_{用}$ 为用水量，是指系统中所有用水活动消耗的水量；$Q_{耗}$ 为耗水量，是指在用水过程中因蒸发、渗漏等原因造成的水量损失；$Q_{排}$ 为排水量，是指系统排出的所有水量总和；ΔS 为系统内存储变化，如系统内的存储量增加，为正值，如减少，则为负值。

水环境污染物精准溯源不仅与供用耗排水平衡中排水量精确计算紧密相关，而且与水污染物通量平衡密切相关，水污染物通量是指在一定的控制体积或区域内，水污染物的质量变化与区域的边界上水污染物的流入、流出量以及在控制体积或区域内的生成和消耗量保持平衡，对追踪水污染物质量变化过程、评估相应水质状况及精准溯源具有重要意义。

水污染物通量平衡理论通常可以用以下的基本方程式来描述：

$$\frac{\partial M}{\partial t} = Q_{in} - Q_{out} + S_{gen} - S_{dec} \tag{2.3}$$

式中：$\frac{\partial M}{\partial t}$ 为单位时间内控制体积或区域内污染物质量的变化率；Q_{in} 为流入控制体积或区域内的污染物质量流量；Q_{out} 为流出控制体积或区域内的污染物质量流量；S_{gen} 为控制体积或区域内污染物的生成（如生化反应）速率；S_{dec} 为控制体积或区域内污染物的消耗或降解速率。

在水环境污染物精准溯源实际应用中，这个基本方程可根据具体情况进行调整和扩展，可能会包括更多的水污染物通量平衡相关的过程，比如水污染物迁移、沉积、转化、吸附、释放、生物吸收等。

2.4 水生态系统完整性理论

2.4.1 水生态系统内涵

水环境系统与水生态系统密不可分，水环境系统是水生态系统的重要组成部分，水环境系统变化会引起水生态系统变化，水环境系统优良是生态系统健康稳定的保障。水污染物吸附、解吸、迁移、转化与富集会直接影响水生态系统结构与功能完整性，研究水生态系统结构和功能完整性对有效实施水环境污染精准溯源和精细管控具有重大意义，水生态系统结构完整性是精准识别污染源和水污染负荷变化的关键，也是精准治理水污染效果的具体体现。

水生态系统主要包括理化环境、生产者、消费者、分解者4个亚系统。①理化环境亚系统，是水生态系统的重要组成部分，包括水体中的物理和化学因子，这些理化因子是水生态系统健康的基础。②生产者亚系统，是水生态系统中通过光合作用将无机物质转化为有机物质的生物，即初级生产者。生产者主要有：浮游植物（包括各种微小的单细胞藻类和蓝绿藻）是水域生态系统中的主要初级生产者，也是鱼类和其他水生动物的直接或间接食物来源；沉水植物完全或大部分沉在水下，为水下生物提供氧气、食物和栖息地；浮叶植物根部在水中，而叶片在水面上，为许多小型生物和昆虫提供栖息地，其叶片可减少水面光照，有助于控制藻类生长；湿生植物根部在水中，但茎和叶主要在水面之上，对岸线的稳定和为水鸟及其他动物提供栖息地和食物非常重要。生产者亚系统是整个水生态系统中非常重要的一部分，是系统能量流和物质循环的基础。③消费者亚系统，是在水域生态系统中以其他生物为食的生物群体。消费者通常根据它们在食物链或食物网中的位置被分为4个层级。第一层级为初级消费者，通常是食草动物，以水生植物或浮游植物（如浮游藻类）为食。在淡水生态系统中，初级消费者主要包括小型鱼类、甲壳类动物、螺类等。第二层级为次级消费者，主要以初级消费者为食，主要是小型肉食性鱼类、较大的甲壳动物和其他中等大小的水生动物。在某些情况下，次级消费者也可能是杂食性的，既吃植物也吃动物。第三层级为高级消费者，位于食物链的更高层级，通常是较大的肉食性或杂食性动物，如大鱼、鸟类、海豚和海狮。在淡水生态系统中，高级消费者还包括大型鱼类如鲈鱼、鳄鱼和水鸟等。第四层级为顶级捕食者，是在食物链顶端的捕食者，在自然条件下通常没有天敌。在淡水系统中，顶级捕食者主要是大型捕食性鱼类或其他大型水生动物。消费者亚系统是水生态系统中不可或缺的部分，对物质循环和能量流动至关重要。消费者通过捕食和被捕食的关系维持着水生态平衡。④分解者亚系统，是指在水生态系统中，负责分解有机物质，尤其是植物和动物遗体的微生物群体和一些无脊椎动物，分解者对水生态系统物质循环和能量流动至关重要。分解者亚系统主要包括细菌、真菌、原生动物、纤毛虫和无脊椎动物；某些小型无脊椎动物如水生昆虫的幼虫、摇蚊幼虫、蚯蚓和一些甲壳类动物善于分解较大的有机颗粒，它们通常被称为碎屑食者。分解者亚系统在水生态系统中具有净化水体、提供养分循环及支持食物网的其他层级（如初级生产者和消费者）等至关重要的作用。通过分解有机物将水体中复杂的有机物转化为简单的无机物，如二氧化碳、氮、磷等，这些无机物可再次供水生态系统中的生产者（如藻类和高等水生植物）使用，从而维持水生态系统的健康和稳定。

水生态系统可以用草藻鱼虫泥水岸来概括系统组成。草概指水生态系统水生植物，包括浮叶植物、沉水植物和挺水植物等，可为生态系统提供氧气，是食物链的基础，也为小型生物提供栖息地。藻概指水生态系统中的主要初级生产者，通过光合作用产生氧气并提供食物给其他生物，藻类的繁盛程度直接影响水体的健康状况。鱼概指水生态系统中的消费者，在食物链中占据不同的位置，既可以是食草动物也可以是捕食者，对维持水生态平衡有重要作用。虫概指水中的无脊椎动物，如水生昆虫、甲壳类动物等，这些小型生物是食物链中的分解者，可分解有机物，也是鱼类和其他水生生物的食物来源。泥概指湖泊或河流底部的沉积物，包含了丰富的有机物和微生物，是水生态系统中的重要组成部分，泥土中的微生物有助于分解死亡的植物和动物，将养分释放回水生态系统中。水是整个水生态系统的基础，为所有生命提供生存的环境，水质的好坏直接影响水生态系统中所有生物的健康状况。岸概指水体边缘地带，包括湖泊、河流或池塘的边缘，岸边的植被可稳定土壤，减少侵蚀，并为动物提供栖息地和食物。这些组成部分相互依赖，共同构成一个复杂而动态的水生态系统。

2.4.2 水生态系统功能结构

水生态系统按功能结构分为形态结构、水质结构、底质结构、组分结构、营养结构和时空结构 6 个部分。水生态系统功能结构是评估水生态系统完整性的基础工作，是有效实施水环境污染精准溯源与精细管控的关键。

形态结构是水生态系统的物理形态，如湖泊、河流、溪流、湿地面积大小、形状和水体深浅程度。形态结构影响水流模式、沉积物分布和生物栖息地的类型。水质结构包括水中的化学成分，如溶解氧、氮和磷营养盐、pH和有机物质等。水质优劣对水生生物群落的组成和健康状况有重要影响。底质结构是水生态系统底部沉积物的特性，包括颗粒大小、有机物含量、沉积速率及沉积物中的化学物质。底质是许多水生生物的栖息地，并影响水体营养物质循环。组分结构是水生态系统中生物和非生物组分的种类和比例，如不同种类的水生植物、微生物、鱼类、无脊椎动物及其生物量和多样性。营养结构是水生生物在食物网中的位置，即作为生产者（如藻类）、消费者（如鱼类和小型无脊椎动物）或分解者（如细菌和真菌）的角色。营养结构决定了能量和物质在水生态系统中的流动方式。时空结构是水生态系统随时间和空间的变化，包括季节性的变化、日夜循环及不同地理位置之间的差异，如上游与下游、河流的不同弯曲部分等。水生态系统结构特征相互作用塑造了水生态系统的复杂性和动态性。例如，形态结构会影响水流，进而影响水质结构和底质结构；营养结构和组分结构则决定了生物多样性和食物网的复杂性；时空结构则展示了生态系统随时间和空间的变化趋势。研究上述结构完整性对水体污染物精准溯源和精细管控至关重要。

2.5 水环境承载力理论

2.5.1 水环境承载力内涵

水环境承载力是指在一定的经济社会发展水平和环境质量标准前提下，水环境系统通过自然演替作用、自净能力和人工治理等方式，可持续承受外部水污染物质输入最大允许量。水环境承载力的核心在于平衡人类活动与水环境之间的关系，可承受的最大允许量，不仅包括水资源在可持续利用原则下的最大开发和使用水资源量（即水资源承载力），而且包括水体在不降低其水质标准的条件下，能够容纳水污染物的最大量（即水质承载力），还包括水生态系统在保持其结构和功能不受破坏的情况下，能够容纳外来物质和能量输入的最大能力（即水生态承载力）。水环境承载力影响因素包括水资源的数量和质量、水污染物排放量、水环境自净能力、环境政策和管理及其他经济社会因素。

水环境承载力在实际应用中采用水环境容量和水域纳污能力进行定量计算和评估。水环境容量是指一定区域的水体在规定的水功能和环境目标要求下，对排放于其中的污染物所具有的容纳能力，也就是水体对污染物的最大容许负荷量。水环境容量通常以单位时间内区域水体所能承受的污染物总量表示，即在给定水域范围和水文条件，规定排污方式和水质目标的前提下，单位时间内该水域最大允许纳污量。水环境容量的确定是水污染物实施总量控制的依据，是水环境精细管理的基础。水域纳污能力是指在设计水文条件下，某种污染物满足水功能区水质目标要求所能容纳的污染物的最大数量。水域纳污能力通常以单位时间内区域水体所能承受的污染物总量表示。在水环境污染精准溯源与精细管控中，通常采用水域允许纳污能力精准计算水功能区或区域水污染负荷削减量，精准管控水污染负荷和水体水质。

2.5.2 水域纳污能力特征

水域纳污能力具有四大基本特征。①资源性。在满足人们正常生产和生活需求的情况下，由于水体中的物理、化学和生物等多种作用，有容纳一定水平污染物的能力，因此应视为一种自然资源。②条件性。纳污能力的大小与给定水域的水文、水动力学条件、水体稀释自净能力、排污点的位置与方式、水环境功能需求和水体自然背景值等因素有关。③动态性。污染物进入水体后，在水体中的平流输移、纵向离散和横向混合作用下，发生物理、化学和生物作用，使水体中污染物浓度逐渐降低，这是一个动态过程。水域的纳污能力是动态的，不同的水平年、不同的保证率有不同的纳污量：枯水季河道里的水很少，其纳污能力就弱；洪水季节相对来讲纳污能力就强。因此对纳污能力的分析一定要是动态的而不能是静态的。④地区性。受到各类区域的水文、地理、气象条件等因素的影响，不同水域对污染物的物理、化学和生物净化能力存在明显的差异，从而导致水体纳污能力具有明显的地区性。

2.5.3 水域纳污能力设计水文条件

水功能区纳污能力计算的水文设计条件，以计算断面的设计量或水量表示。河流可以用设计流量，湖泊水库采用设计水位或设计蓄水量。

1. 河流设计水文条件

现状条件下，一般河流，采用 90%保证率最枯月平均流量或近 10 年最枯月平均流量作为计算纳污能力的设计流量。季节性河流、冰封河流，宜选取不为零的最小月平均流量作为设计流量，也可选取平偏枯典型年的枯水期流量作为设计流量。流向不定的水网地区和潮汐河流，宜采用 90%保证率流速为零时的低水位相应流量作为设计流量。有水利工程控制的河流，可采用最小下泄流量或河道内生态基流作为设计流量。大中型河流，水功能区按左右岸划分的，可根据岸边污染带影响范围，确定岸边水域的计算宽度，分别计算设计流量和流速。

2. 湖（库）设计水文条件

对于湖泊，可采用近 10 年最低月平均水位或 90%保证率最枯月平均水位相应的蓄水量作为设计水量。对于水库，可采用死库容相应的蓄水量作为设计水量，也可采用近10 年最枯月平均库水位相应的蓄水量作为设计水量。

2.5.4 水域纳污能力计算方法

1. 污染负荷计算法

污染负荷计算法是根据影响水功能区水质的陆域范围内入河排污口、污染源和经济社会状况，计算污染物入河量，确定水域纳污能力的方法。

2. 数学模型计算法

数学模型计算法是根据水域特性、水质状况、设计水文条件和水功能区水质目标值，应用数学模型计算水域纳污能力的方法。数学模型计算法有成熟的水质模型作基础，并在全国水资源综合规划和流域水资源保护规划中得到应用，是计算水域纳污能力的基本方法，适用于所有水功能区的水域纳污能力计算，也适用于未划分水功能区的水域纳污能力计算。考虑水功能区管理的现状，在实际工作中，水质较好、用水矛盾不突出的缓冲区，可采用污染负荷法确定水域纳污能力；需要改善水质的保护区，可采用数学模型法计算水域纳污能力。

在实际操作中，计算水域纳污能力通常需要复杂的模型和大量的数据，包含流域水文、水质、生物学和社会经济等方面的信息。水域纳污能力计算用于评估水体对水污染物的净化能力。在水域管理和水污染物溯源中，了解水域纳污能力对有效控制水污染至关重要。确定水域纳污能力是水环境精细管理和水污染溯源管理的重要环节，有助于科学规划排污许可、精准制订水污染减排目标和措施，保护和提高水环境质量。

2.6　水环境大数据分析理论

2.6.1　水环境大数据内涵

水环境大数据是指收集、存储、管理和分析与水环境相关的大量数据集。其数据包括水质和水量监测数据、排污口监测数据、污水处理厂（一体化污水处理设施）水污染物排放数据、沉积物监测数据、地下水相关数据、水污染源排放与监测数据、水文气象信息、排水管网监测与调度管控数据、土壤和地形数据、水生生物监测与生物多样性数据、区域人类活动如土地使用、工业排放和农业活动的数据等。水环境大数据可用来评估水环境质量现状、水生态系统的健康状况、水环境污染精准溯源与定量计算，为水环境精细管理、精准治理和水资源可持续使用提供技术支撑。

2.6.2　水环境大数据分析主要内容与功能

水环境大数据分析是一个涉及环境科学、数据科学和信息技术的交叉领域（周晓磊 等，2020），主要是从大量的水环境相关大数据中提取有用信息，以支持水环境污染精准溯源与水环境精细管控。水环境大数据分析的核心在于整合多源数据，挖掘数据功能，应用先进的数据处理和分析技术，以实现水环境污染精准溯源、及时预警和精细管控的智能化。水环境大数据分析理论基础和关键要素主要有：水环境大数据收集与预处理；建立强大的数据库和数据管理系统来存储和维护大量的水环境数据；应用描述性统计和推断性统计方法来分析水环境数据的趋势和模式；采用分类、回归、聚类等机器学习算法来预测水质变化或识别污染源；按照时间序列和空间数据来分析水环境变化的时空分布特征；构建水环境模拟模型模拟水文和水质过程，预测环境变量变化。通过实测数据对模型进行校准和验证，确保模型的准确性和适应性；利用 GIS 和其他可视化技术开发直观的可视化工具和用户界面，将大数据分析结果可视化展示，以辅助决策过程；结合专家知识和数据驱动方法，构建水环境精细管控决策支持系统；构建风险评估模型评估水环境污染事件的概率和潜在影响，制订相应的风险管理策略；根据大数据分析结果，建立水环境突发事件快速响应机制；利用云计算资源进行数据存储、处理和分析，提供灵活的计算能力和存储空间；云计算与物联网结合，通过物联网技术实现水环境监测网络的智能化，实现数据的实时收集和传输。

2.6.3　水环境大数据管理

水环境大数据管理主要以水质、水生态和水资源环境数据为主体，同时汇聚其他相关的数据及水务片区站相关数据全面支撑水域智慧监管。依据水环境管理的总体框架，数据库建设主要分为基础数据库、动态数据库、专题数据库、元数据库、空间数据库。基础数据库：主要包含水环境管理所需的基本数据，如地理信息、电子档案、历史记录等，这些数据为后续分析和决策提供了基础支持。动态数据库：用于实时或定期更新的数据存储，主要包括监测数据，如水位、流量、水质、流速等。这些数据通常通过传感器和监测设备自动采集，反映水环境的实时状态。专题数据库：针对特定水环境问题或污染事件进行数据整合与分析的数据库。专题数据库可为特定的水环境问题开展深入研究和决策提供支持。元数据库：记录数据的结构、内容、格式及其关系的信息。元数据库提供数据字典、数据源说明等，有助于数据管理和使用者快速理解和使用数据库中的数据。空间数据库：专注于地理空间数据的管理，支持地理信息系统（GIS）的功能，能够存储和处理与地理位置相关的数据，空间数据库采用 2000 国家大地坐标系（China Geodetic Coordinate System 2000），坐标以经纬度表示，高程基准采用 1985 国家高程基准。空间数据如水系分布、流域范围、污染源位置等，这类数据库对空间分析、水环境影响评价、效果评估等非常重要。

水环境大数据中基础数据库和动态数据库是最原始的数据来源，基础数据库提供了地理和历史背景；动态数据库主要依靠水环境监测取得的数据并提供了实时的水环境状况。业务数据是基础数据库和动态数据库监测数据被采集到相关业务应用系统中，经过业务处理和业务操作后形成的，是反映业务状态和业务处理结果的管理数据，是日常水环境管理工作使用频率最高的一类数据。水环境业务数据依据其专业属性和来源，可分为：与水相关设施、流域与水域数据、水环境数据、水资源数据、水文数据、网络与服务器数据；水环境应用数据和分类数据则是对水环境业务数据进行汇总和各种加工，获得信息资源目录、应用数据和分类数据；水环境管理大数据库的构建不仅仅是数据的存储，更是数据的整合、分析与应用，旨在提高水环境管理的科学性和有效性。通过多种类型数据库的协同工作，能够实现水环境精细化管理与保护。

2.6.4　水环境大数据资源应用

水环境大数据资源应用需要针对数据治理服务进行分布式设计和兼容性设计应用架构设计，数据采用分布式云架构设计，依托大数据基础支撑系统进行开发部署，支持云上部署，分布式架构在前端处理层、任务调度层、集群处理层及任务处理层均采用多点部署方式，避免单点故障导致整个系统不可用。数据处理系统适配各种主流类型的数据存储和处理平台，包括 Oracle、MySQL、SQL Server、PostgreSQL、MongoDB 和 GBase 等，打通各种异构数据系统间的壁垒，进行安全、快速和高效率的数据集中。采用主流成熟的技术、分层解耦的体系结构来构建环境大数据系统，系统整体应用架构可分为数据接入、数据存储、数据计算、数据服务 4 个层次。

2.6.5　水环境大数据管理系统

水环境精准溯源与精细管控感知网数据基于《地表水自动监测系统通信协议技术要求（征求意见稿）》《水资源监测数据传输规约》（SL/T Y427—2021）和《污染物在线监控（监测）系统数据传输标准》（HJ 212—2017）等国家/行业标准协议传输至业务支撑系统，实现水环境、水资源、水生态等各类智能感知数据的采集、传输、入库、实时展示和"采、运、测"全流程分析管理。水环境大数据提供运行管理、质量控制、数据录入、数据审核、数据查询、报表中心、统计分析等功能，以满足水环境精细监控预警监测数据的日常各类应用需求，为大数据分析与可视化展示提供有效的各类基础监测数据。通过物联网及 GIS 等技术，实现数字化管理，无纸化管理，水环境精准溯源与精细管控各业务间数据打通共享，实现智慧管理。

实现精细化监测系统监测数据实时化，通过对监测数据进行汇总、统计和挖掘分析，创造性地将可视化、动态化的计算机数据处理模式同传统的数据表格相结合，为提高设备设施安全稳定运行提供有效的手段。

第 3 章　水环境污染精准溯源与精细管控总体技术框架

实施水环境污染精准溯源和精细管控，精准识别流域（区域）人类活动大规模地调控和改变自然水文循环规律，精细感知水污染物在水循环中迁移转化与变化，利用水平衡理论和水环境结构理论，精细定量核算水环境污染通量时空变化；按照水环境承载力理论，充分考虑水环境自净承载力，高效经济有效精细化管控水环境；通过应用水环境大数据分析，客观精准评价水环境污染时空变化，通过耦合相关数据，精准研判水环境污染负荷时空分布，及时预警水环境污染风险，科学应急处置水环境污染突发事故。

基于水环境污染精准溯源与精细管控相关理论基础，水环境污染精准溯源与精细管控技术的总体框架是在全面分析水环境污染精准溯源与精细管控需求的基础上，精准梳理水环境精准溯源与精细管控难点，科学精细提出水环境精准溯源与精细管控解决方案，从河湖水系和城镇管网两个方面构建水环境污染精准溯源与管控技术体系。

3.1　水环境污染精准溯源与精细管控需求

3.1.1　水环境系统污染影响因素

水环境系统是一个复杂的系统，涉及流域（区域）多个因素，如人口、经济社会、水质、水量、水生态系统等，实施水环境精准溯源与精细管控，必须全面分析水环境系统污染影响因素，目前水环境系统污染来源日益多元化，包括工业排放、农业面源污染、城市生活污水等，水污染多源存在使水环境污染问题变得更加复杂和难以治理。水环境系统污染具有流域（区域）性特点，而且地表水、地下水、大气水、土壤水之间可以相互转化，引起水污染物迁移转化。水污染还会对生态系统造成破坏，对人类健康造成威胁。新污染物大量出现成为水环境系统污染新威胁。

水环境系统污染影响因素总体分为两类。一类是自然因素。自然因素在水环境系统污染中起到不可忽视的作用。气候条件（如降雨、温度和湿度等）、地理条件（如地形地貌、河流走向、水文条件等）、地质环境、自然灾害等自然因素成为影响水环境的重要因素。自然因素在水环境系统污染中有重要影响，为减轻自然因素的影响，需要加强水环境监测和预警，及时采取相应的措施来应对不利的自然因素。另一类是人为因素。首先，工业排放是导致水环境系统污染的重要因素之一。随着工业化的进程加快，大量的工业废污水排放到河流、湖泊等水体中，其中含有大量的重金属、有机物等污染物，严重影响水环境质量。其次，农业活动也是导致水环境系统污染的重要因素之一。农药、化肥的过量使用以及畜禽水产养殖产生的污染物等导致水体污染。再次，城市化进程也是导致水环境系统污染的重要因素之一。随着城市规模的不断扩大和人口的不断增加，城市污水排放量不断增加，直接威胁水环境质量。此外，人类的其他活动（如交通运输、旅游开发等）对水环境系统也会产生负面影响。综上所述，人为因素是水环境系统污染的主要驱动力之一。为减轻人为因素对水环境的影响，需要加强水环境精准溯源与精细管控，全面推行清洁生产和绿色技术，有效保护水环境。

通过系统梳理影响水环境系统污染因素，按污染来源和关联要素，从自然因素和人为因素两个方面细化常见的水质和水量影响因素，如表3.1所示。

表 3.1　水环境系统污染影响因素

类别	水质影响因素	水量影响因素
降雨特征	降雨雨型、降雨强度、降雨间隔时间等	
水文气象	水量、蒸发量、降雨季节	
降雨水质	空气中的污染物	排水系统大小、形状
地面特征	地形地貌、下渗能力、截流能力、植被、调蓄能力	
生活/工业废污水	人口密度、工业排放	生活工作习惯
地市面源	用地属性及社会活动	管网结构、防渗能力
农村污染	人口密度、农村生活污染收集与处理水平	
农业面源	农药、化肥用量	农业用水效率、节水灌溉水平
畜禽水产污染	废污水处理能力与处理水平	养殖规模
内源污染	沉积物（底泥）污染物吸附解吸、迁移转化	
污水处理尾水排口	污水处理厂排放标准	污水处理厂排水量
雨水排口	溢流水量与污染物质通量、截流设施与降雨	
水动力条件	河湖水系连通、水体流速与流态	
水体交换	地表水与地下水交换、污染物质迁移转化	
管道沉积	管理水力特性及地面污染影响	满管、半管或管道淤积
设施能力	截流能力、调蓄能力、处理能力、排放能力	
排水体制	合流制、分流制、管网混接错接	
运行管理	运行水位、调度策略、管道疏通	

常见自然因素影响因子主要有：降雨特征（降雨雨型、降雨强度、降雨间隔时间等）、水文气象（水量、蒸发量、降雨季节）、地面特征（地形地貌、下渗能力、截流能力、植被、调蓄能力）。

常见人为因素影响因子主要有：降雨水质、生活/工业废污水、城市面源、农村污染、农业面源、畜禽水产污染、内源污染、污水处理尾水排口、雨水排口、水动力条件、水体交换、管道沉积、设施能力、排水体制、运行管理等。

总体来说，水环境系统污染影响因素从自然因素来看，通过水环境系统水循环改变流域（区域）水文情势进而引起水量、水质与水生态变化；通过水环境系统流域特点，将水量、水质与水生态变化通过水系连通、水动力条件传导，引起江湖库、干支流、左右岸、上下游水污染变化；自然降雨径流时空变化导致水环境系统水污染的时空变化，进而改变水环境系统结构和功能，当水污染物改变超过水环境允许纳污能力时，导致水质超标，水环境系统结构和功能完整性受损。水环境系统污染影响因素从人为因素来看，人类活动中工农业生产、城镇生活等产生的各类点污染源、面污染源和河湖水体内源等，其中大部分水污染物经处理达标后（目前全国城市污水收集率和处理率均不足70%）排入江河湖库，达标排放废污水仍携带大量水污染负荷，当排放量超过相应的排水功能区的允许纳污能力，也会导致水质超标。精准分析水环境系统污染影响因素和因子，科学估算各种工况下水污染负荷时空变化是缓解水环境系统污染治理与控制重要的基础工作。

3.1.2　水环境污染精准溯源与精细管控总体需求

水环境监测是客观评价水环境质量状况、反映水污染治理成效、实施水环境管理与决策的基本依据。当前正处于水污染防治窗口期、攻坚期与关键期"三期叠加"的重要阶段，需要加大力度精准破解水环境突出问题，系统防范区域性、布局性、结构性水环境风险，需要加快推进水环境监测业务拓展、技术研发、指标核算、标准规范制定、信息集成与数据分析，不断提升水环境监测与技术支撑的及时性、前瞻性、精准性。根据目前水环境监控管理的新要求和水环境的实际情况，需要对水环境进行全面的智慧感知与精准溯源，才能精准施策。目前水环境污染精准溯源与精细管控总体需求主要有以下五个方面。

（1）水污染物来源不精准。水污染的来源很多，总体分为点源污染和非点源污染两大类。点源污染来源主要有工业排放、城市生活污水及农业活动等。非点源污染主要有农业面源、城市径流和空气沉降等。水污染物形态多样，包括溶解态、颗粒态等。水污染物分层分布及时空变化复杂，识别水污染的源头也很复杂，特别是在混合多种污染源的情况下，精准识别各污染源尤为困难。通过大量的水质样品分析，精细监测水体中的污染物质及其浓度，可帮助识别污染的来源。

（2）饮用水水质安全难保障。饮用水水质安全涉及整个供水全过程，从水源地、处理、输送到最终用户，都要达到饮用水卫生和化学安全标准的状态。确保饮用水安全需要通过多个环节的控制和管理，核心是保障水源地水质安全，由于水源地可能会受到各种形式的污染，包括点源与非点源的污染，水源地水质受到城镇生活污水、工业污水、混合污水的超标、溢流、偷排、漏排等影响；有些水源地水质还受到农业面源污染影响。上述因素造成水源地水环境污染风险增大。精细监测水源地水质，包括微生物、化学、放射性和感官特性等指标，保证输水管网的结构完整性和清洁，防止二次污染，是确保饮用水的水质安全、关乎民生和高质量发展的重要措施。

（3）水环境精细化管控不足。例如汛期内涝发生时，水环境监测监控不精细，排口溢流污染时空变化监测不够，河湖内源污染多工况多层次和多形态水污染物精细监测缺乏，农业源污染监测缺失，水污染物时空变化监测点位覆盖不够，监测数据有限，直接导致水环境精细化管控不足。

（4）区域水平衡监测分析不足。针对区域水资源的平衡分析，还需进一步深化。①按照水资源供用耗排结构，相关的水文参数监测缺失；②针对排水管网错接、漏接、混接、入渗入流等相关的水质水量监测数据不够；③城市雨污分流导致污水处理厂进水浓度低、效率低下及超负荷运行等问题分析研究不够。

（5）水环境污染智慧感知源不全，基础数据融合不足，无法支撑决策。水环境监测数据产生、传输、存储、展示没有标准的规范体系，导致水环境数字化建设困难；水环境大数据仍存在信息孤岛、数据壁垒的问题，缺乏多源数据与信息共享平台；在水环境监控和管理方面，环境大数据的应用不足，分析挖掘能力有限，仅仅只是数据整合展示，无法解决现有水环境问题；目前水环境污染监控信息化平台较多，难以共享，导致无法精准支撑决策，水环境精细管控信息化、数字化亟待加强，水环境大数据的收集、分析和应用也需要进一步提升。

水环境精准监测对客观评估水环境质量、评估治理成效、制定管理决策等至关重要。当前正处于水污染治理的关键时期，需要加大力度解决水环境突出问题，防范区域性、结构性水环境风险。为此，需要加快推进水环境精准监测业务拓展、技术研发、标准制定等工作，提高水环境监测与技术支持的效率和精确度。

针对当前的水环境监测管理新要求，结合实际，水环境污染精准溯源与精细管控方面的总体需求有以下几个方面。

（1）水污染物精准溯源。实施更为严格的环境监管和检查，确保所有水污染源都在监管之下。利用先进的传感器和远程监测技术来实时跟踪水污染源，尤其是对工业排放、城市排口溢流和农业面源。发展和应用大数据和人工智能技术，以更准确地识别污染源和及时预警预测潜在水污染物。一旦突发水污染事件，应加强污染源头的准确定位和治理，同时健全应急预案，科学应对可能的突发事件。

（2）饮用水水质安全管控。严格执行饮用水水源保护区的相关规定，限制可能影响水源地水质的活动。同时加强供水水厂处理设施的投资和维护，采用先进的水处理技术提高饮用水的质量，对饮用水供应系统实行定期检测，确保其符合健康安全标准。建立和完善饮用水水源地监测预警系统，根据预警，及时启动应急处理预案。

（3）水环境精细化管控。以河湖流域或区域划分精细管控单元，构建水环境精细化监测监控网络，采用智能化监测手段与人工监测相结合的监测方式，获取水环境监测大数据，构建智慧化水环境精细化管控系统，落实资金渠道，确保精细化管控系统长期正常运行。

（4）水平衡监测分析。针对流域（区域）水资源的开发利用、配置与保护全面分析，评估水资源的持续供应能力。在流域（区域）水资源规划中引入水资源持续性评估，充分考虑水资源供用耗排平衡分析，同步精细监测分析水污染物通量变化，包括工农业用水与污染负荷排放情况、城市生活用水与污染负荷排放情况、污水处理厂的处理能力、城市排水情况等，达到水环境系统精准溯源与精细管控目标。

（5）水环境监测信息化。建立水环境监测数据的产生、传输、存储、应用的标准规范体系，以解决目前存在的水环境数字化建设困难和信息孤岛问题。同时，加强水环境监测信息化平台的共享性和数据的多源融合性分析，以支持水环境管理决策的精准性和科学性。

综上所述，针对水环境的监测监控管理，不断提升水环境监测智能化水平和数据化应用能力，建立和完善水环境监测网络与监控体系，统一数据格式和交换标准，促进不同系统和平台之间的数据互操作。利用云计算和物联网技术，建立一个综合信息平台，实现数据的实时收集、处理和分析。以应对日益复杂的水环境问题，实现水环境污染精准溯源与精细管控。

3.1.3　水环境污染精准溯源与精细管控现实需求

随着水环境质量刚性考核、责任追究的全面推进、环保督察常态化实施，水环境考核断面与考核点位水质稳定达标成为水环境精细管控最重要的目标，目前水环境污染精准溯源与精细管控现实需求主要体现在以下 7 个方面，如图 3.1 所示。

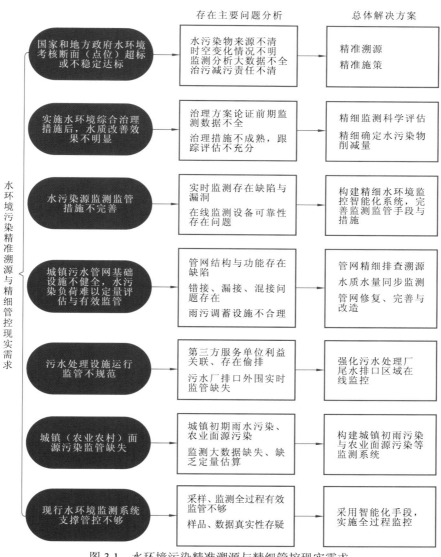

图 3.1　水环境污染精准溯源与精细管控现实需求

（1）国家和地方政府水环境考核断面（点位）超标或不稳定达标。根据国家有关法律法规和政策管理制度的相关规定，须严格追责，认真整改，确保成效。现实工作中由于水环境监测数据有限，针对性采取措施科学性和合理性存疑，主要原因是整改方案采取的措施与断面（点位）水质改善实质性响应关联度不够，溯源不精细不精准；分类水环境污染负荷量化不够，有限资金投入的重点措施不明确；相关各部门、各行业水环境污染治理责任难以厘清，无法实现团结协作有效治污；科学支撑水环境质量稳定达标治理方案的大数据不够，有效解决水环境考核断面（点位）超标或不稳定达标，必须实施水环境精准溯源与精细管控。

（2）水环境综合治理措施实施后，水质改善效果不明显。主要原因是：水环境综合治理措施依据主要是水环境污染监测的时点数据，时空污染现状把握不准，分类污染负荷量化不清，导致治理方案收效甚微；水环境治理方案实施过程中跟踪精准监测监控不到位，难以及时发现问题，优化调整措施缺乏依据与手段；水环境治理技术中试熟化不够，实证验证数据不充分，设计的污染负荷削减量难以达到治理效果；水环境治理措施实施过程中，时间空间数据有限，全面评估不够，水质稳定改善效果不明显。有效解决上述问题必须实施水环境精准溯源与精细管控。

（3）水污染源监测监管措施不完善。目前水污染源在线监测装置主要监测的是常规指标。通常每 4 个小时在线自动检测水质 1 次并上报数据，无同步水量监测数据，水污染源责任单位可通过稀释后排放或在 4 小时间隔内排放等漏洞逃避责任与处罚；工业园区涉及水污染物种类多，实施集中处理后，发现水质（水量）异常时责任难以厘清，甚至影响工业园区污水处理厂正常运行；排污单位通过暗管等非正常排放逃避有效监管并缺乏有效监管措施；生态环境监管执法人员因配置的现代执法监测设备不够，监测手段有限，难以高效精准管控污染源。要完善水污染源精准监管措施，必须实施水环境污染精准溯源和时空变化下精细管控。

（4）城镇污水管网基础设施不健全，水污染负荷难以定量评估与有效监管。目前城镇污水管网配套不完善现象普遍存在，城镇雨污水排水管漏接、错接、混接等缺陷的及时精准诊断与修复；城镇管网漏损与入渗入流的精准监测及科学有效的解决方案；城镇排水管网清淤维护不到位及采取有效的精准监控措施；城镇管网适配性与泵站调度依托大数据的精准匹配等一系列问题亟待解决，解决上述问题的首要任务是针对城镇排水管网实施水环境污染精准溯源与精细管控。

（5）污水处理设施运行监管不规范。①污水处理设施老化失修、不能稳定达标排放的有效监管；②污水处理厂特征水污染物导致活性污泥死亡，污水处理设施不能正常运行的快速排查；③集中或分散污水处理设施运维单位在资金、运行人员不到位，且受经济利益驱使，污水处理设施时开时停，常态化正常运行如何监管。解决上述问题需要对集中或分散污水处理设施实施全过程精细监测监管，同时强化污水处理设施排污口监督性监测监管。

（6）城镇（农业农村）面源污染监管缺失。①如何准确定量监控城镇面源污染（重点是初雨污染）；②如何确定城镇面源污染控制设施合理的溢流设计参数和调蓄设施；③如何定量监测监控城镇垃圾、固体废弃物管理不善对水环境的污染；④如何定量监测评估农业、农村面源（含畜禽养殖污染），并有效管控。有效解决上述问题必须尽快补上面源污染监测监控，推进面源污染精准溯源、科学估算与精细管控。

（7）现行水环境监测系统支撑管控不够。目前地表水环境质量在线实时监测，监测指标基本为常规 5 参数或 9 参数，即 pH、溶解氧、浊度、电导率和温度 5 个参数，再加上高锰酸盐指数、氨氮、总磷、总氮（或叶绿素 a），总共 9 个参数，且 4 小时在线报告一次实时监测数据，频次低、覆盖有限，数据相对少，仅能掌握水环境质量总体情况；现阶段全面实施第三方水环境监测检测，尽管推行了检验检测机构资质认定，但因监测管理水平参差不齐，人为控制因素多，智能化监管措施少，部分检验检测机构追求经济效益，监测数据质量和真实性难以保证，监督监管存在明显短板。河湖作为污水受纳水体，其水量水质时空变化是水环境质量监控预警的根本，单次和一般频次监测难以获取水环境质量真实数据。实施从采样监测起的全过程智能化监测监管是保障环境大数据质量的可靠方式，也是精准监控水环境时空变化和科学预警的根本保障，是水环境监测系统支撑精细管控需完善的重点。

3.2 水环境污染精准溯源与精细管控问题与解决方案

3.2.1 水环境污染精准溯源与精细管控问题分析

根据水环境污染精准溯源与精细管控的需求，结合水环境监测的实际，经调研分析梳理存在的主要问题，体现在 6 个方面，如图 3.2 所示。

（1）水环境污染监测数据不准确。主要表现在：水污染物时间空间变化大，多工况、多场景监测点位与频次代表性不足；水体中污染物种类、形态及来源繁多，现有的监测手段、监测方法和监测模式难以全面满足精准监测的要求，部分数据科学性存疑；影响水环境监测结果准确性涉及的要素众多，要素间相互影响较大，多工况多批次的监测才能保证数据结果精准；水环境污染监测结果与降雨径流和河湖水文情势变化紧密相关，水文水质同步性监测不够，导致水污染物通量监测不准确。

（2）水环境污染监测数据不全面。主要表现在：全面系统监测水环境关联因子多，如水质因子、水生态因子、水体沉积物等，时间同步、空间协调和关联响应关系的精细监测不完整；目前新污染物管控要求高，新污染物与特征污染物监测方法和监测手段有限，全面精细监测难以实现；水体污染物来源不够明确，点源、面源、内源时空变化贡献率不确定，监测数据不全；同一类水污染物形态多，同一监测指标存在形态多样，且转化过程复杂。例如，水体总磷指标是由溶解态总磷与颗粒态总磷 2 种形态构成，其中溶解态总磷由溶解有机磷与溶解态磷酸盐（正磷酸盐）2 种形态组成，只有全面监测多形态磷才能精准监测水体总磷污染负荷。

（3）水环境污染监测不快速。主要表现在：水环境污染监测新技术新方法推广速度慢；现代化高效智能监测仪器设备研发应用耗时长；传统水环境污染监测人工手段模式单一，效率低下，自动化监测采样设备应用不充分；现有的水环境污染监测方法与标准修订调整优化慢，自动化监测标准认定与发布时间过长；智能化监测手段应用有限，多工况全智能监测与异构无人船、无人机、水下机器人等构建多功能智能岛监测系统研发

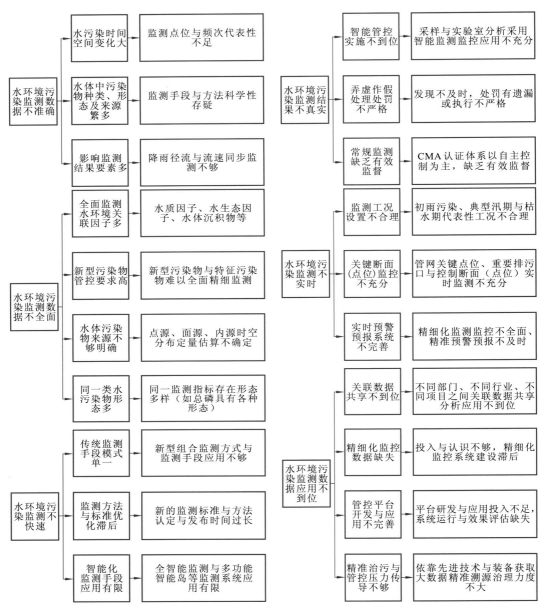

图 3.2　水环境精准监测存在问题与原由分析

应用有限。

（4）水环境污染监测结果不真实。主要表现在：智能采样终端[如智能采样瓶（芯片控制）]、便携智能采样箱、水质 AI 水检系统等智能化高效采测系统，可全程监控采测全过程，确保水质样品和监测过程真实性，但应用推广不到位，管控实施不到位；水环境监测数据弄虚作假处理处罚不严格，发现不及时，处罚有遗漏或执行不严格；常规水环境污染监测缺乏有效监督，仅靠 CMA 检验检测质量认证体系自我约束，无法有效监督。

（5）水环境污染监测不实时。主要表现在：水环境污染监测典型工况设置不合理，城镇初雨污染、典型汛期与枯水期代表性工况、影响水环境污染其他关联因素如蓝藻暴发等工况实时监测难以实现；关键监测断面（点位）与排水管网点、重点排污口与控制性断面（点位）实时监测设施设备布设不全面；实时预警预报系统不完善，精细化监测监控不全面，精准预警预报不及时。

（6）水环境污染监测数据应用不到位。主要表现在：多源数据耦合不够，水环境关联数据共享不到位，不同部门、不同行业、不同项目之间关联数据共享分析应用不到位；水环境污染精细化监控数据缺失，由于投入与认识不够，水环境污染精准溯源与精细管控系统建设滞后，管控平台开发与应用不完善，系统运行与效果评估缺失；水环境精准治污与水环境管控压力传导不够，依靠先进技术与装备获取水环境污染监测大数据推进精准溯源、精细管控与精准治理的力度不大。

3.2.2　水环境污染精准溯源与精细管控重点解决方案

通过全面梳理分析水环境污染精准溯源与精细管控存在的主要问题，逐项提出精准溯源与精细管控的监测优化方案，如图 3.3 所示。其中，水环境污染按来源分为"源"和"汇"，其中"源"主要包括城镇管网、河湖排口、城市面源、农业面源、农村面源和河湖内源，"汇"包括河流、湖泊、动态小水体、静态小水体等。

（1）从城镇管网"源"上，实施精准溯源与精细管控。针对城镇管网雨污合流问题，采取增加雨季与旱季监测的解决方案；针对城镇管网破损与渗漏问题，采取增设节点流量（水量）监测的解决方案；针对城镇管网错接、混接、漏接问题，采取排查监测的解决方案；针对城镇管网不同材质与不同形态交错问题，采取设置标准监测井监测的解决方案；针对城镇污水系统溢流井、沉淀池配置不合理的问题，采取精细监测后改建的解决方案；针对抽排泵站与城镇管网接管容量配置不合理的问题，采取精细监测后改建的解决方案；针对城市小区污水收集处理不到位的问题，采取精细监测后改建的解决方案。

（2）从河湖排口"源"上，实施精准溯源与精细管控。针对城镇河湖排口存在雨污混流的问题，采取设置标准排口监测的解决方案；针对污水处理厂尾水排口问题，采取水量与水质同步监测的解决方案；针对城镇雨洪排口问题，采取雨季及溢流井监测的解决方案；针对工业、生活混流排口问题，采取增加溯源监测仪（三维荧光水质指纹仪）的解决方案；针对全淹、半淹与不淹河湖排口问题，采取设置标准排口监测实施精准监测的解决方案。

（3）从城市面源"源"上，实施精准溯源与精细管控。针对城市初期雨水污染问题，采取初雨前后高频次水量、水质监测的解决方案；针对城市散、乱、污随着降雨汇流进入河湖问题，采取不同降雨径流水质监测的解决方案；针对管网调节设施、截流井溢流污水问题，采取微型自动站监测的解决方案。

（4）从农业面源"源"上，实施精准溯源与精细管控。针对大量农药、化肥等随降雨径流进入水体问题，采取降雨径流和面源模拟验证监测的解决方案。针对农业灌溉退水污染水环境问题，采取退水水质监测的解决方案；针对污水灌溉退水问题，采取进水与退水水质监测的解决方案。

来源		类别	影响因子	解决方案
水环境污染精准溯源与精细管控	源	城镇管网	雨污合流	增加雨季与旱季监测
			破损与渗漏	增设节点流量(水量)监测
			错接、混接、漏接	排查监测
			不同材质与不同形态交错	设置标准监测井监测
			溢流井、沉淀池配置不合理	精细监测后改建
			抽排泵站与接管容量配置不合理	精细监测后改建
			城市小区污水收集处理不到位	精细监测后改建
		河湖排口	雨污混流	设置标准排口监测
			污水处理厂尾水排口	水量与水质同步监测
			雨洪排口	雨季及溢流井监测
			工业、生活混流排口	增加溯源监测仪(三维荧光水质指纹仪)
			全淹、半淹与不淹排口	设置标准排口精准监测
		城市面源	城市初期雨水	初雨前后高频次水量、水质监测
			城市散、乱、污随降雨汇流进入河湖	不同降雨径流水质监测
			管网调节设施、截流井溢流污水	微型自动站监测
		农业面源	农药、化肥等随径流进入水体	降雨径流和面源模拟验证监测
			农业灌溉退水	退水水质监测
			污水灌溉退水	进水与退水水质监测
		农村面源	农村生活污水溢流	流量水质监测
			农村垃圾等随降雨径流进入河湖	降雨水质监测
			农村散、乱、污产生污水	不同降雨径流水质监测
		河湖内源	富营养化等水体累积污染	富营养化发生前后高频次水质监测
			底泥释放水污染	分层多区域高频次采样监测
			地下水污染	地下水与底泥、上覆水同步监测
	汇	河流	污染负荷时空变化	智能采+智能大批量高效测+大数据分析
			污染物来源多样	多源多点位监测+三维荧光水质溯源仪
			水动力条件变化	水文情势变化监测与水质同步监测
		湖泊	水体交换影响	水体交换规律监测
			空间分布变化大	分区多点位无人船(机)配合监测
			受影响因素多	天地水一体化、多因子、多功能智能岛监测
		动态小水体	受外界水动力条件影响大	监测水文参数变化
			水质变幅大	污染源输入监测
		静态小水体	水质受污染负荷排放变化大	治理效果跟踪监测
			水体发生生化反应影响水质	黑臭水体监测

图 3.3　水环境污染精准溯源与精细管控的监测优化方案

（5）从农村面源"源"上，实施精准溯源与精细管控。针对农村生活污水溢流污染问题，采取流量水质监测的解决方案；针对农村垃圾等随降雨径流进入河湖的问题，采取降雨水质监测的解决方案；针对农村散、乱、污产生污水问题，采取不同降雨径流水质监测的解决方案。

（6）从河湖内源"源"上，实施精准溯源与精细管控。针对河湖富营养化等水体累积污染问题，采取富营养化发生前后高频次水质监测的解决方案；针对河湖底泥释放水污染问题，采取分层多区域高频次取样监测的解决方案；针对地下水污染问题，采取地下水与底泥、上覆水同步监测的解决方案。

（7）从河流"汇"上，实施精准溯源与精细管控。针对河流污染负荷时空变化问题，采取智能采+智能大批量高效测+大数据分析的解决方案；针对河流污染物来源多样问题，采取多源点位监测+三维荧光水质溯源仪的解决方案；针对河流水动力条件变化问题，采取水文情势变化监测与水质同步监测的解决方案。

（8）从湖泊"汇"上，实施精准溯源与精细管控。针对湖泊水体交换影响问题，采取水体交换规律监测的解决方案；针对湖泊空间分布变化大问题，采取分区多点位无人船（机）配合监测的解决方案；针对湖泊受影响因素多问题，采取天地水一体化、多因子、多功能智能岛监测的解决方案。

（9）从动态小水体"汇"上，实施精准溯源与精细管控。针对动态小水体受外界水动力条件影响大问题，采取监测水文参数变化的解决方案；针对动态小水体水质变幅大问题，采取污染源输入监测的解决方案。

（10）从静态小水体"汇"上，实施精准溯源与精细管控。针对静态小水体水质受污染负荷排放变化大问题，采取治理效果跟踪监测的解决方案；针对静态小水体发生生化反应影响水质问题，采取黑臭水体监测的解决方案。

3.3　河湖水环境污染精准溯源与精细管控技术体系

3.3.1　总体设计思路

1. 技术体系构思

根据水环境污染精准溯源与精细管控现实需求，重点针对水环境污染精准溯源与精细管控难点与解决方案，全面考虑水环境时空变化的特点，总结提出河湖水环境污染精准溯源与精细管控技术体系，总体思路是：立足流域（区域）水环境保护长效监管的需求，建立"三协同"：测溯协同、治理协同、评估协同，以"查、测、溯"服务"治"与"评"，达到实时动态的跟踪整治效果，达到长效精细监管的目的。河湖水环境污染精准溯源与精细管控主要有以下技术体系构思。

（1）详细排查——河湖流域（区域）污染源详细排查。针对流域（区域）内各类水污染源进行"穷尽式"详细排查，通过统一规划和数据耦合将排查资源进行整合，更好地开展流域和区域现状水污染源排查。

（2）精细监测——河湖流域（区域）时空点位精细监测。对流域（区域）内水环境时空变化特征点位和各种典型工况监控要求的点位，全面精细布点，针对流域（区域）各类典型点位按 9+X 个水环境指标开展全自动监测，同步开展沉积物（底泥）及水生态指标多工况监测，结合无人机、无人船、水下机器人等移动智能采样模式补充监测，达到监测多维度精细化、监测大数据可溯源。

（3）精准溯源——河湖流域（区域）水污染物时空溯源。以水环境监测大数据为依托，耦合相关监测数据，及时预警和发现水污染时空超标定量，结合移动监测车+移动采样终端+智能化监测实验室，通过精准数据支撑，以及 AI、机器学习模型等先进技术支撑，及时对水污染源头进行精准定位定量锁定。

（4）靶向治源——河湖流域（区域）精准管控与治理方案。根据水环境污染精准溯源结果，按照水污染物贡献率大小、水质考核管理的目标要求、河湖水环境变化的工况，精准支撑决策与辅助执法，精准提出治理措施与治理方案，达到靶向治源的目的。

（5）量化评估——河湖流域（区域）水环境治理效果评估。通过水环境时空变化实时精细管控大数据进行量化评估，采用水环境时空变化监测大数据，评估水污染防治攻坚成效、评估补水调水改善水环境成效、评估跨界水环境污染风险、评估水污染源排放水平、评估污水处理达标排放状况、评价水环境纳污容量增容效果。

2. 监测点位选取与布设

按照河湖水环境污染精准溯源与精细管控的要求，全面考虑"点""线""面"的监测点位与断面布局，做到布局合理，代表性好，无人为干扰，全程留痕，确保点位布局的科学性和合理性。"点"需要覆盖重点排口点位、小流量点位、雨水点位、巡测点位等时间与空间点位；"线"以排水管网为主线，建、测、溯结合推进，以点带线，可在重要监测点设立水质自动监测站，全天候实时掌握水环境质量状况；"面"以河湖水域为面，进行网格化区块管理，用线控面，用面控线、找点，分级分层次精准监测管溯。具体实施时遵照监测点位布设原则，紧扣分布式多级防控、网格化区块管理等理念，以水流去向为纲，将监管分为五级：第一级污水管网节点监管、第二级污水分流井监管、第三级污水处理厂进口监管、第四级雨/污水排口监管、第五级入河湖断面监管。对流域排水管网-污水井-污水处理厂-排污口-受纳河湖进行全覆盖水环境监测监控，实现流域（区域）水环境精细化管理。

3. 高效精准监测

水环境污染精准溯源与精细管控必须依托水环境时空变化的大数据，时空全覆盖大数据，水环境大数据产生需要有大量样品采集和监测分析，为保证数据时间同步、空间协调与分析有效性，需采用高效智慧感知终端与人工采样相结合才能完成大规模采样，需采用智慧化实验室及时高效检测大批量样品；为保证数据的统一性和可靠性，需采用标准化分析方法和规范化的操作，并有完善的水环境溯源大数据质控体系保障高效精准监测。

3.3.2 河湖水环境污染精准溯源与精细管控技术体系框架

为满足河湖水环境污染精准溯源与精细管控技术体系设计思路，结合水环境污染精准溯源与精细管控的整体化、实时化、全分析、全应用的四大基本目标，即从单一的、分散的水环境管理，到全流域（区域）、多维度统筹管理；从延迟性的监测服务，到实时性的监测服务；从简单的监测评价管理，到复杂的水污染溯源、应急、监管、决策、水生态修复；从监测常规化工作，到行政监管考核应用。从流域（区域）水环境现状排查、精细化监测、监测质量控制与保障、多源和多维度数据融合、水环境污染精准溯源与精细管控平台 5 个方面构建河湖水环境污染精准溯源与精细管控技术体系，如图 3.4 所示。

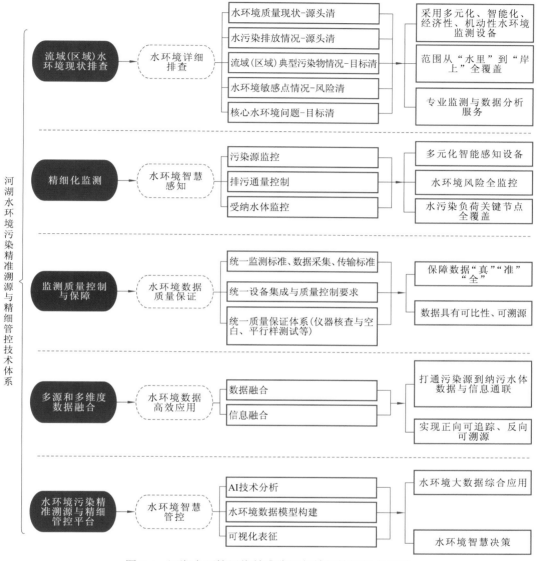

图 3.4 河湖水环境污染精准溯源与精细管控技术体系

3.3.3 河湖水环境污染精准溯源与精细管控关键技术

河湖水环境污染精准溯源与精细管控关键技术主要体现在三个方面：①全面完整的水环境智慧感知与监测体系完善，构建气象、管网、水文、水质、视频等为主的水环境监测监控的完整网络；全面采集基础数据，形成包含流域（区域）地形、河湖地形等空间要素的数字化水环境系统，形成具备数据存储、计算、网络通信等功能的监控与数据中心。②核心计算模型研发，构建区域、管网、流域水环境智能决策支持模型系统，提供可靠的决策支持引擎；基于模型实现对水质预报预警、水污染负荷总量控制、精准治理水污染工程措施等重要问题和决策问题的模拟计算。③智慧水环境污染精准溯源与精细管控平台建设，形成完整的具备水环境数据管理、时空管控、执法监督、水质预判预警、水污染总量控制、数字门户等功能的智慧水环境精细监管平台。

水环境智慧感知与监测体系完善关键技术是通过集成设备（微型站、小型站、固定站、浮船站、智能采样终端）与仪器（移动监测车、无人机、无人监测船、智能化实验室配备）等感知手段全面完整地获取河湖水环境污染相关数据并存入数据库，设备仪器集成是水环境智慧感知与监测的关键技术；智能管控平台功能集成是智慧水环境污染精准溯源与精细管控平台构建的关键技术，总体集成是全面落实河湖水环境污染精准溯源与精细管控的关键技术。

1. 设备仪器功能集成

实现因地制宜采集水样、水样预处理、质控装置、试剂保质、废液处理、数据有效性判别、状态量采集等设备功能集成，仪器集成实现仪器配置优化、仪器模块化设计、标样定期校核、分析过程记录等功能。集成设备仪器功能，针对水环境监测仪器设备传感和自动监测技术及监测需求整合集成。水环境监测仪器设备传感技术包括用于监测水温、流速、流量、水位、深度和浊度等物理特性的物理参数传感器；用于监测水体中溶解氧、pH、导电率、氧化还原电位、营养盐（如氮、磷）、重金属和其他化学物质（如氯化物、硫化物、有机污染物）浓度的电化学传感器；利用生物组分（如微生物、酶、细胞、抗体）与目标分析物之间的特异性相互作用来监测水体中的生物和有机污染物的生物传感器；利用紫外-可见光谱仪、荧光光谱仪、红外光谱仪和拉曼光谱仪等来监测水体中有机物和无机物的浓度，并可用于识别特定的化合物的光学传感器；通过卫星或无人机搭载的传感器，对水体的温度、色度、悬浮物和叶绿素等进行大范围监测的遥感技术，以及用于水环境自动监测集成的多种传感器。通过功能集成可实时连续精准地监测水体，并通过无线通信技术将数据传输到中心数据库。

2. 智能管控平台功能集成

实现远程控制、站点仿真、数据分析、水质评价、运行方式、预警预报等功能，智能管控平台分为：数据质量控制与管理模块、数据综合应用模块和专题分析模块三部分。数据质量控制与管理模块主要实现质控资源管理、数据有效性分析、系统运行指标、第三方比对测试、现场监督检查等功能；数据综合应用模块主要实现数据查询调阅、数据综合分析、数据报表展示、水环境预警、数据发布、数据资源共享等功能；专题分析模块主要实现视频联级调阅、预警决策分析、大数据分析、河湖污染物溯源、河湖库多维度水质评价、网-井-厂多级调阅等功能。将上述三个模块编译至数据库中，同时根据水质自动监测系统通信协议技术要求，结合物联网技术反控设备与仪器，反控设备与仪器获取河湖水环境污染数据传输至数据库。

3. 一体化总体集成

集成设备、仪器、智能管控平台，构建一体化智慧水环境污染监控系统能实现水质综合评价、水质监测预警预报、流域水环境评估、应急监测数据分析、生态补偿数据与评价、流域水污染物通量统计、水污染治理效果评价等功能。

随着技术的发展，水环境智能监测传感器正变得更加小型化、智能化和网络化。加上物联网技术的应用，传感器能够实现互联互通，提供实时数据流，而大数据和人工智能技术的结合则可以用于数据分析和预测，进一步提高水环境监测的效率和准确性。水环境污染精准溯源与精细管控关键技术进一步发展：①水环境大数据采集与处理技术，包括数据采集设备的选择和布置，数据的实时采集、存储和传输，以及数据预处理和质量控制等，其发展趋势主要是确保水环境监测数据的准确性和可靠性；②水污染物分析技术，主要针对水体中的各种污染物，需要开发高灵敏度、高选择性的分析方法，其发展趋势主要是对水污染物进行更精准地定量和定性分析；③水环境大数据挖掘与模型建立技术，主要是通过对水环境监测数据分析和挖掘，建立预测模型和评估模型，用于预测水环境污染的趋势和评估水污染物的风险，其发展趋势主要是帮助决策者更加精准地采取措施来保护水环境；④水环境信息化技术，包括互联网、云计算、大数据等技术的应用，其发展趋势主要是可实现水环境监测数据的共享和交流，提高水环境监测的效率和精度；⑤智能化监测技术，通过引入人工智能、机器学习等技术，其发展趋势主要是可实现水环境自动化监测、智能分析和预警，提高水环境监测的精准度和实时性；⑥水环境遥感技术，主要是利用卫星、无人机等遥感技术，可对大范围水体水环境质量进行远程监测，获取大数据，其发展趋势主要是用于水环境污染精准监测和评估。

3.4 城镇管网水环境污染精准溯源与精细管控技术体系

城镇排水管网就像城镇地下的"血管"，是城镇排水系统的"生命线"，不间断地担负着城镇雨污水的排泄工作，城镇雨污水排水管线是城镇基础设施的重要组成部分，是实现城镇经济社会可持续发展的重要基础保障之一。随着城镇现代化步伐日趋加快，城镇雨污水排水管线数量日益增加、情况错综复杂。长期以来，城镇雨污水排水管线建设与管理滞后于城镇建设发展的总体水平，城镇排水系统与城镇建设、管理与发展的矛盾日益突出，流域（区域）水环境质量受到不同程度的威胁。

3.4.1 城镇排水管网现状与问题分析

系统梳理分析城镇排水管网现状与存在的问题，形成城镇排水管网系统现状图，如图 3.5 所示。

城镇排水管网的问题存在以下几个方面。

（1）城镇雨污水排水管网老化失修严重，缺陷多，问题频发。城镇雨污水排水系统与城市发展历史密切相关，排水管网已使用几十年甚至百年，设施老化，管道破损或腐蚀，管网更新改造慢，未能及时实现动态管理，部分管网由于年限过久甚至缺少管网布局、路线等最基础的资料。

（2）城镇雨污水排水系统设计不合理，随着城镇发展，其排水能力明显不足。城镇排水系统设计时考虑地形、气候条件和人口规模不充分，导致城镇排水系统效率低下，

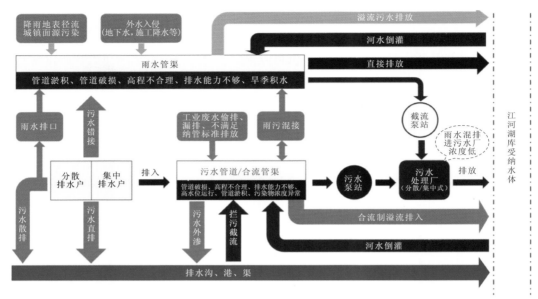

图 3.5　城镇排水管网系统现状

甚至在部分区域容易积水。随着城镇人口的增加和城市化进程的加速，原有的排水系统根本无法满足现有的需求，尤其是在暴雨等极端天气条件下，容易发生内涝。

（3）城镇雨污水排水管网维护不足，管控责任不清。城镇排水系统淤积与调度设施等需要定期清理和维护，受运维经费或人员限制，排水管网运行维护不到位，管网积存的垃圾和沉积物等会阻塞排水管道，大大降低运行效率。排水系统管控责任未厘清，导致协调难度大、维修不及时，超期服役未能及时维护、保养、改造的现象较为普遍。

（4）城镇雨污水排水管网漏接、错接和混接问题突出，严重影响区域水环境质量。排水系统中雨水排水管渠淤积、管道破损、高程不合理、排水能力不够、旱季积水的现象普遍存在；排水系统中污水管渠破损、高程不合理、排水能力不够、高水位运行、管道淤积、污染物浓度异常的现象也普遍存在。上述现象直接导致雨季溢流污染发生，受纳河湖水体倒灌；还导致城镇污水处理厂进水浓度低，处理效率低下，影响城镇排水管网正常运行，给受纳水体造成了极大威胁。

（5）城镇雨污水排水系统水污染威胁未能彻底消除。工业废水偷排、漏排、不满足纳管标准排入雨污水系统未能杜绝、部分集中排水户不经处理直接排放、城镇分散排水户分散排放直接进入排水系统的现象较为普遍；雨水接入污水管道导致雨季溢流污染进入受纳水体；城镇面污染源、外水入侵也会影响城镇雨污水排水系统水环境质量。

（6）城镇雨污水排水系统智能化管理缺乏，现代城镇排水系统越来越依赖智能化管理和实时监控技术来提高效率和响应速度，目前城镇排水系统在智能化管理应用方面非常有限，亟待提升推广。

3.4.2　城镇排水管网系统诊断与评估

随着城镇建设的快速发展，城镇排水管网系统建设发生了多次迭代变化。第一代城镇排水管网系统为直排合流制系统。城镇污水通过合流制管道未经处理直接排入受纳河湖等自然水体；第二代城镇排水管网系统为截流式合流制系统。城镇污水经合流制管道排放，晴天污水通过截流井截流进入集中或分散污水处理厂处理达标后排放。雨天降雨量大时，一方面排水管网底部淤积的沉积物被雨水冲入受纳河湖等水体造成出流污染，同时大量的初雨面源污染和混流污水经雨污合流管网通过截流井溢流进入河湖受纳水体，导致水污染加剧，甚至造成城镇内涝；另一方面初期雨水过后较干净的雨水也会截至污水系统，同时降雨导致河湖水经排口倒灌进入截流井再进入污水处理系统，污水处理系统水量大幅增加，会大幅降低污水处理厂进水浓度，占用污水处理规模，降低污水处理厂效率。第三代城镇排水管网系统是雨污分流制，城镇污水排入污水管道进入集中或分散污水处理厂处理达标后排放，降雨时雨水经雨水管道进入自然受纳水体。但实施雨污分流后，依然存在混接、错接和漏接的现象，同时降雨时"洗天洗地"的雨水进入雨水管网，造成大量的面源污染仍不能解决。针对第三代排水管网系统的问题，目前的第四代城镇排水管网系统对现存的排口、分流制和合流制污水实行"清污分流"。由于城镇排水管网系统改建投资大、施工周期长，对城镇居民生活影响较大，需采用快速准确监测技术诊断，尽快落实城镇排水管网系统改造。

针对城镇排水管网系统存在的问题，结合目前的实际，排水管网系统快速诊断与评估有以下关键技术。

1. 城镇排水管网拓扑结构排查

城镇排水管网拓扑结构排查是城镇管网诊断与评估最重要的基础工作。拓扑结构排查是一个复杂的过程，涉及管网设计、施工、维护和管理全过程。一个有效的排水系统对城镇的可持续发展至关重要，可防止洪涝和水环境污染。排查程序与内容如下。

（1）收集资料（城市排水管网的设计图和施工记录、历史维护和改造记录、GIS 的管网数据等）。

（2）现场调查[现有的排水系统、管道的位置、直径、材质、流向等信息，通过闭路电视（closed circuit television，CCTV）检查关键管段、井盖、检查井、雨水口等排水设施]。

（3）数据建模[构建排水管网数学模型、使用专业软件（如 SWMM、InfoWorks 等）来模拟雨水和污水在管网中的流动情况等]。

（4）分析拓扑结构（确定主管道和支管道、重要节点和关键路径、确定环流和死角优化流动和减少水环境污染）。

（5）问题识别（通过模拟识别可能出现问题区域、识别需要维修或更换的管段）。

（6）更新 GIS 数据库（收集的数据和调查结果更新到 GIS 数据库）。

（7）维护和改进（提出针对性的维护计划和改进方案，优化拓扑结构）。

（8）监测和管理（定期监测排水管网的运行状态，使用在线和远程监控实时获取数据，精准管理和调度管网，及时响应雨水过量或超水污染负荷）。

2. 城镇排水管网监测与溯源

城镇排水管网监测与溯源是城镇管网水污染精细管控的重要环节，主要采用管网系统诊断与溯源技术，通过对排水管网混接点、入渗入流的诊断与本底水质水量监测，对排水管网勘测资料进行整理、复核，提出管网诊断综合方案。

排水管网检测重点在沿河湖排口（包括分流制污水直排口、分流制污水混接雨水排口、合流制直排口）、河道湖泊取水点、初期雨水（包括合流制管网、分流制管网）布设监测点位。旱季加设分流制雨水混接污水监测点、地下水入渗入流监测点；雨季加设分流制污水混接雨水监测点。同时对水质进行定时取样，对水量流量的监测保持与水质水量同步。根据监测数据，精准计算进入河湖水污染负荷、混接量与入渗入流量，通过数据详细分析，编制精准监测诊断报告。

3. 城镇排水管网检测与评估

城镇排水管网检测与评估是城镇基础设施维护的关键环节。综合运用多种技术手段，针对排水管网结构完整性、运行效率和水环境污染防控等开展专业检测，结合专业检测的数据分析，确保排水系统的健康运行和可持续发展。随着技术的进步，智能化、自动化的检测评估方法越来越普及，大大提高了检测与评估工作的效率和准确性。采用缺陷智能识别与鉴定技术、CCTV检测管道内部；通过声波检测评估管道的完整性；通过红外热成像来发现管道中可能的渗漏点；通过地穿透雷达等技术来评估管道的结构状况；通过流速、水位检测，评估管网的输送能力及雨季的变化；利用水文与水力模型模拟分析，评估不同工况下排水管网的状况等，采用上述技术，精准、高效检测现有排水管网系统，根据城镇增长和发展情况，评估现有排水管网的适应性和未来需求。

3.4.3 城镇排水管网监测监控体系构建

1. 城镇排水管网监测监控技术体系构成

城镇排水管网监测监控的是从排水源头至城镇排水管网到最终进入河湖受纳水体的全过程。城镇降雨产生的雨水经雨水管网直至末端雨水排口排入河湖等受纳水体；城镇用水户排出的污水经城镇污水管网进入集中或分散式污水处理厂处理达标后排入河湖等受纳水体。城镇排水管网监测监控体系重点是通过对污水主管节点、雨水支管、面源渗入、受纳水体进行全覆盖布控，对监测点位使用水质自动监测站、移动监测车、自动化实验室、智能终端、手工采样等方式开展采测，结合移动APP、综合监管服务平台、手机端采样记录、电脑端监管服务、云端数据入库，将监测监控体系建成点位布控全覆盖、监测模式多元化、监管服务一张网的"布-测-管"一体化平台。城镇排水管网监测监控涉及排水防洪涝设施、雨污水排水管渠、排水泵站系统、集中或分散式污水处理系统、巡查养护系统，以及在线监测、预警预报、指挥调度等管理系统。为确保城镇排水管网高效稳定达标运行，须全面推进城镇排水管网水环境污染精准溯源与精细管控系统建设，经分析梳理，形成城镇排水管网水环境污染精准溯源与精细管控技术体系，如图 3.6 所示。

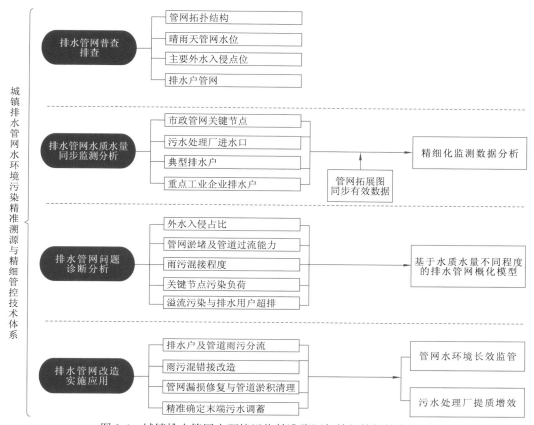

图 3.6　城镇排水管网水环境污染精准溯源与精细管控技术体系

2. 城镇排水管网监测监控主要内容

城镇排水管网水质水量同步监测监控主要内容分为排水管网普查排查、排水管网水质水量同步监测分析、排水管网问题诊断分析、排水管网改造实施应用 4 个部分。通过智能采测终端、移动采样箱、保存运输箱、流量计、水位计等监测设备与水质自动监测系统（常规指标）、全自动多通道水质分析系统（特征指标），最终实施管网水质水量同步监测监控厂网河一张图。

（1）排水管网普查排查，主要包括管网拓扑结构调查、晴雨天管网水位调查、主要外水入侵点位调查、排水户管网调查。

（2）排水管网水质水量同步监测分析，主要包括市政管道水质水量同步监测、污水处理厂水质水量同步监测、典型排水户水质水量同步监测、重点工业企业排放水质水量同步监测，并对管网拓扑图同时段的有效数据进行分析。

（3）排水管网问题诊断分析，主要包括摸清本底、外水入侵占比、雨污混接程度、过流能力、处理能力、管网淤堵、排水用户超排、排口或调蓄设施溢流污染，最终达到"一张图"结合的水质水量成果，形成不同程度的排水管网概化模型。

（4）排水管网改造实施应用，主要包括排水户雨污分流改造、主干管雨污分流、雨污混错接改造、管道淤积清理、管网漏损修复、末端污水调蓄，据此设计完善的污水处理设施运行机制，支撑提质增效，实现排水管网水环境长效监管。

3. 城镇排水管网监测监控分类布点原则

城镇排水管网监测监控点位按固定式监控、智能采样终端、水位监测分三类布设，具体如下。

（1）固定式监控。针对行政区域边界处雨污主干管、重点排水户、大污水量排水管主干节点、污水处理设施进口前端、片区汇流管等进行布点监控。

（2）智能采样终端。针对一般排水户、雨水管及小流量污水管分流井等进行布点监控。

（3）水位监测。针对小、散、乱等排水管渠的面源进行布点监控。通过对管渠监测点位布设，对区域内雨污水管网混错接情况进行系统化监测，通过雨水管网旱季流量及水质特征等情况综合判断管网运行状态，从而高效准确地对水污染源和管网故障点进行溯源和示踪。

4. 城镇排水管网监测监控模式

（1）管网关键节点与排水溢流口监测。针对雨污水主干管节点、重点排水户节点、污水处理设施进口前端节点、片区汇流管节点，采取固定站（一体化户外柜）自动监测模式，监测水质常规 7 参数，分别为 pH、溶解氧、悬浮物（suspended substance，SS）、氨氮、总氮、总磷、化学需氧量（chemical oxygen demand，COD），同时同步监测污水流量与管网运行视频；针对雨水管渠合流管网节点、污水管溢流口、小流量污水管分流井，采取人工智能采样终端+送自动化实验室监测模式，监测参数为透明度、氨氮、总氮、总磷、COD、水位、雨量；针对小、散、乱等排水管渠，采取水位计+人工采样监测模式，监测参数为 COD、氨氮、总氮、总磷、水位。

（2）管网关键节点流量监测。污水管网流量计同时测量正反向流量、流速及液位；适用于非满管测量。其中污水管网流量计主体部分由顶棚、避雷针、摄像头、户外机柜、门及门栓、立柱、护栏、水泥基座构成。地下部分包括防雷接地网、取水管、排水管、污水井盖、活接固定支架、超声波水位计、水位计信号线、取水头。其工作原理是通过超声波水位计发送超声波至污水管液面，液面反射超声波至接收探头，通过超声波声速与接收反射回的时间差计算液面与水位计之间的距离。

（3）排水管网水质流量连续监测。采用水质自动监测微型站、小型站。其中自动监测模式满足连续监测要求，实时掌握管网排水情况。微型站、小型站设计站点具有占地小、节约建筑成本，建设周期短，取水式采样，避免探头与原水样接触，采用低功耗模式设计节能等优点。水质分析采用国标方法，抗干扰性强，准确度高。

（4）间歇性或流量小管网监测。针对间歇性或流量小的管网监测，减少不必要的现场端建设投入。组织专业采样人员到有组织排放口或无组织排放口现场采样，送自动化实验室检测分析，与固定站、移动式水质监测车进行数据联动，对水污染源进行精准溯源。

5. 城镇排水管网诊断溯源体系构建与应用

城镇排水管网诊断溯源体系通过查明污水收集处理设施空白区、弄清入渗外水源头、找准雨污混接和溢流污染节点三种方式构建诊断溯源体系。在监测监控数据"真、准、全"的基础上，通过大数据针对问题管网进行精准溯源。

（1）查明污水收集处理设施空白区。首先建设管网数据中心，通过历史备案、文档、接口等方式完善数据库；其次探查管线，采用实地调查和仪器探查相结合的办法查明明显的管线和隐蔽的管线；再次编制排水管线图，按排水管网点投影中心展绘管线点位置，按实际中心位置绘制，生成雨污水管线图；最后识别空白区，查明空白区基本情况，以指导后期该区域排水系统规划、设计、施工，查明非排水管线的敷设基本状况，主要是地面的投影位置、流向、埋深、走向、属性、材质等基本信息，完成数据建库，以指导后期消除管网覆盖空白区工作。

（2）弄清入渗外水源头。首先布点监测，监测目的在于定位外水入渗问题区域，缩小排查范围，方便排查工作的开展；其次调查排口，弄清江、河、湖泊等水倒灌情况；再次排查污水管网，主要采用潜望镜对城区问题区域排水管道进行内窥检测，针对潜望镜检测发现结构性缺陷严重的管道及重点区域管道，再采用 CCTV 检测系统进行全面摸查。通过潜望镜检测、CCTV 检测、声呐检测，以污水处理厂进水管端为起点，以主干网汇接点为核心，辐射江、河、湖泊排水口，自下而上，采取布点监测、排口调查、管网排查、检测等方法，找出入渗外水源头。

（3）找准雨污混接和溢流污染节点。首先通过管网排查、水质水量监测、管网检测等方法摸清雨污混接节点，定位雨水混接源头；其次通过对区域排水系统存在溢流污染的位置进行全面摸排与统计，通过管网排查、检测等方法查清溢流原因；同时根据水质自动监测数据特定指标浓度和流量的关系生成污水溢流、混接分析模型，定位雨水混接源头，为查明溢流原因提供数据支撑。

（4）监测成果决策应用。在移动端、电脑端、云端基于大数据分析应用，包括 AI 技术可视化视频监控、数据分析及发布、实验室信息管理、数据超标预警流转、运行维护质量统计分析、数据质控统计分析，将城镇排水管网监测监控系统打造为"城镇血管健康听诊器"，对城镇排水管网健康状况进行评价，同时进行模拟计算提出排水管网系统优化方案（图 3.7），为城镇排水管网系统优化修复和稳定运行提供技术支撑。

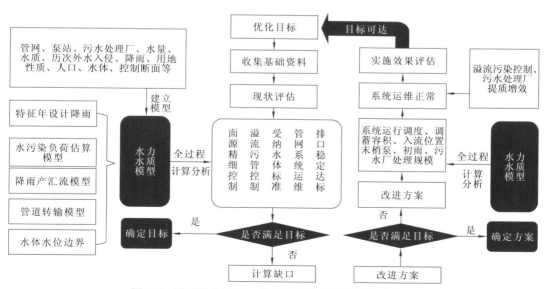

图 3.7　城镇排水管网一体化系统优化模拟技术路线图

第4章　水环境精准监控条件构建技术

河湖水系既是水资源的载体也是水环境污染的受纳水体，城镇管网水环境系统通过降雨径流产水、供水、工农业和城市生活用水再经排水系统进入河湖受纳水体。城镇管网排水系统作为河湖水系水污染负荷外源输入的主要来源，精准监测城镇管网排水污染负荷是实施水环境污染精准溯源与精细管控最重要的基础工作。河湖水系废污水来源有：①城市工业废污水由污水处理设施处理达标后，获得排污许可，通过企业总排放口或工业园区总排口直接排入河湖水系；②城市工业废污水经处理达到市政纳管标准后，再进入污水处理系统后由污水处理系统尾水排口排入河湖水系；③城市生活污水经污水收集系统收集，进入集中或分散污水处理设施处理后再由尾水排口排入河湖水系；④城市雨洪水经降雨径流汇流进入雨水排水系统或经雨水花园、初雨处理设施、生态植草沟等初步净化后再进入雨水排水系统，最后由雨洪水排口进入河湖水系受纳水体。在上述水环境系统中水污染负荷随着雨污水排水系统迁移转化，并伴随降雨径流等时空变化，精准监测雨污水排水系统水污染负荷，必须把握好两个关键节点精细精准监测：①流域（区域）排水系统中关键控制节点；②入河湖排污口。雨污水排水系统中地下排水管网关键控制节点因管型、材质、埋深、管中污水状况（满管或半管）、管道淤积状况等复杂性难以精准监测；入河湖排污口因形态各异、排口不规则、排放不规律、受水位影响（不淹没、半淹没、全淹没）等复杂工况影响也难以精准监测，构建条件精准监测排水管网关键控制节点和入河湖排污口水污染负荷成为水环境污染精准溯源与精细管控急需解决的难题，本章重点研究排水管网关键控制节点和入河湖排污口精准监控条件构建技术。

4.1　城镇排水管网关键控制节点标准监测井构建技术

4.1.1　城镇排水管网系统精细监测问题分析

城镇排水管网是城镇基础设施的重要组成部分，它直接影响城镇的防洪排涝能力和居民的生活质量。但在实际的运行和管理中，排水管网常常面临多方面的问题，主要包括埋深不合理、受地下水位影响、管道老化腐蚀、管道设计不合理、调度运行不匹配、管控维护不智能、应急反应不及时等，给排水管网关键控制节点精准监测带来了困难。由于城镇排水信息化管控起步晚、投入少，排水系统监测设施少，覆盖度不高、管网监测工况复杂、监测条件不满足要求，排水管网监测数据准确性不高、稳定性差、数据质量很低，面临建设难、监管难、维护难"三难"的困境，导致现有的排水监测体系难以支撑实际排水管理的新要求并实现高效监管，主要表现在以下几个方面。

（1）监测工况条件不具备。现有城镇排水管网监测设备均布置在管井或者排口，传统的管网井下的沉沙池破坏原来水流流态，导致污水流速监测数据不具备按流速面积法的计算条件；水质和液位监测环境恶劣，运维困难且成本高。流量、水位监测设备难以找到符合水力学测量标准的安装点位，水质监测设备没有合适的工况环境完成预处理、监测后冲洗等操作，严重影响监测的精准度和可重复性。

（2）监测现场供能条件不满足。排水管网监测井内没有电源，设备使用电池供电或者破路取电，导致布设成本高、维护工作量大、设备运行不稳定。

（3）监测通信条件不畅通。通信设备受排水井盖影响，信号强度衰减严重，降低通信可靠性、增加通信功耗，导致运维成本高。

（4）排水系统运行状态监测条件达不到。雨污水排水系统运行状态监测的需求越来越多，对监测指标的要求也越来越多样化。监测条件必须考虑安全、便于运维，原有管井不具备安全运维条件。原有城镇雨污水排水系统没有考虑精准监测的需求，没有预留"数据接口"、考虑后期方便运维的条件等。

4.1.2 城镇排水管网关键节点标准监测井创新与结构

2022 年 3 月 10 日住房和城乡建设部发布《城乡排水工程项目规范》（GB 55027—2022，2022 年 10 月 1 日起实施）要求在城镇排水工程建设时，应考虑智慧化管理的必要基础条件。在城镇排水工程建设过程中，要考虑相关监测仪表的布设和安装，并通过信息化手段来实现信息服务及有效监控。在城镇排水系统中关键控制节点建设专门用于管网设备安装、水情和水质监测、运营维护和日常管理的构筑物，成为精准监测的标准监测井。

1. 标准监测井构建思路与创新

城镇排水系统中关键控制节点汇集控制区域雨污水，同时也是必须通过的节点，将节点区域拆除重建带有完整监控系统的标准监测井（图 4.1），或者在新建区域规划建设标准监测井，通过监测井与管网上下游无缝通联，为监测排水管网水量水质的仪器仪表提供所需的外部条件，井中配备电源输入、提供 4G 信号传输的配套设施，便于安装监测设备，既保证水量水质等参数的精准监测，又满足管网正常运维的要求，投资少，节约成本，可靠性强。

（1）顺直测量管设计，根据水力学测量要求，提供均匀流态测量条件，为管道流量、水位监测创造水力学测量条件。

（2）布设预埋供电管线，设计专用供电单元，为管道监测设备，尤其是为管道水质监测设备提供良好供电条件，避免破路二次开挖。

（3）布设无线通信专用天线预埋孔设计，绕开金属井盖的屏蔽遮挡，为数据稳定传输、节能降耗创造有利条件。

（4）爬梯和平台设计，为在有限空间内进行监测设备安装调试、设备运行维护、水质人工采样等提供安全便捷的人工作业条件。

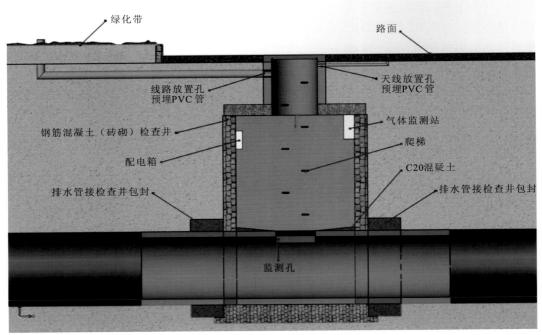

图 4.1　标准监测井结构示意图

武汉新烽光电股份有限公司供图

2. 标准监测井主要技术结构

（1）标准监测井管段位置选取。标准监测井应按布设原则设在管段平直处，平直管段要求不小于 15 倍管道内径，其中标准监测井上游平直管段不小于 10 倍管道内径，下游平直管段不小于 5 倍管道内径。布设标准监测井的管段，应在管道上部开孔，开孔应避开接口处，监测孔大小应根据管道直径调整。

（2）标准监测井设计井内监测设备的无线通信条件。监测井靠近井盖处宜预留过线孔，确保供电线缆能通过，过线孔不宜小于 $\phi 32$ mm；监测井靠近井盖处孔壁预埋能安装无线通信用途天线的孔管，孔管长度确保穿过井盖侧壁铸铁且具有一定的抗压强度。

（3）在设备维护或安装过程中人员可通过爬梯下井作业，检查井爬梯需采用耐腐蚀的钢筋材料，爬梯设置满足：检查井爬梯横向面必须保持平衡水平，竖向排列要整齐；井口、井筒和井室的尺寸应方便保养和检修，爬梯及脚窝的尺寸、位置应方便检修，并确保上下安全；组合式钢筋混凝土检查井中预留接管孔，须在井壁内侧、井壁外侧预留足够的接驳空间；爬梯基座部分与砌墙混凝土充分咬合、密实，与固定墙面要保持直角状态，保证基座受力面不变形；井壁抹面应密实平整，不得有空鼓、裂缝等现象；从井内管顶以上 20 cm 开始安装，踏步爬梯错步布置，上下间距 36 cm，左右中心距 30 cm。

（4）标准监测井内的各种监测设备应安装在管道监测孔内，管道监测孔应符合的要求：设备安装孔应位于测流横管正上方，宜采用方形；设备安装孔应在监测井内居中位置，以便设备安装时施工工人有良好的作业空间；井内作业平台应与设备安装孔位于同一高程并朝向监测孔保证一定的坡度，确保作业平台上积水能排入测流管道。

4.1.3 标准监测井监测解决方案

1. 标准监测井监测方案

1）管网水位流量与安全精准监测

实施排水管网流量统计、管网运行状态诊断分析、汇水效果评估、沿河湖入渗入流高风险管段入渗入流分析等；水位监测采用压力水位计/雷达式水位计；流量监测采用多普勒流量计/投入式超声波流量监测仪/非接触式排水管网流量水位监测仪；安全监测采用有毒有害气体监测仪。

2）管网流量精准监测与基本水质指标实时监测

实施排水规律分析、污水管网运行诊断、分区污水提质增效达标分析、泵站抽排量统计、污水提质增效分析、常规水质特征因子分析等；水位监测采用压力水位计/雷达式水位计；流量监测采用多普勒流量计/投入式超声波流量监测仪/非接触式排水管网流量水位监测仪；水质监测采用电导率传感器、氨氮传感器；安全监测采用有毒有害气体监测仪。

3）管网流量精准监测与多维度水质指标监测

实现管网运行状态分析的基础上可进行雨污水混流评估、管网入渗入流监测等。水位监测采用压力水位计/雷达式水位计；流量监测采用多普勒流量计/投入式超声波流量监测仪/非接触式排水管网流量水位监测仪；水质监测采用电导率、氨氮、pH、COD 传感器；安全监测采用有毒有害气体监测仪。

4）管网流量精准监测，多维度水质指标监测，特征性水质指标监控

实现管网运行状态分析、雨污水混流评估的基础上可针对特定排水户或者排水区域特征实施针对性排污监控。水位监测采用压力水位计/雷达式水位计；流量监测采用多普勒流量计/投入式超声波流量监测仪/非接触式排水管网流量水位监测仪；水质监测采用电导率、氨氮、pH、COD、氟离子、氯离子、钾离子、SS 等指标相应的自动传感器；安全监测采用有毒有害气体监测仪。

通过标准监测井设施保障良好的监测环境；延长水位、水量传感器使用寿命；降低运维频次，节省运维成本；安全监测设施为井下工作安全保驾护航；可最大限度保障数据有效性；多维度监测设备，全方位指标监测，多场景水质监测需求适配；多指标备选因地制宜，针对性制订监测方案。

2. 标准监测井设置与解决方案

1）污水排水管网系统标准监测井

（1）污水处理厂服务范围内排水规律分析、污水管网运行诊断、污水提质增效达标分析、污水处理量统计。

（2）市政干管污水提升泵站服务范围内子排水分区排水规律分析、污水管网运行诊断、分区污水提质增效达标分析、泵站抽排量统计。

（3）2 km² 子排水分区排水规律分析、污水管网运行诊断、分区污水提质增效分析。

（4）重点排水户排水规律分析、偷漏排监测、雨污分流成效分析、排污量统计。

（5）城区地势低洼地段、沿河湖入渗入流高风险管段入渗入流分析。

2）雨水排水管网系统标准监测井

（1）河网水系雨水排水管网流量统计、水质影响评价分析，排放口上游汇水区域雨水管网运行诊断分析、汇水范围内海绵城市建设效果评估。

（2）2 km² 子汇水分区管网运行诊断增效分析、汇水范围内海绵城市建设效果评估。

（3）城区地势低洼地段、沿河湖入渗入流高风险管段入渗入流分析。

3）雨污合流制排水管网系统标准监测井

（1）非降雨溢流工况下，与1）方案污水排水管网系统标准监测井监测一致。

（2）降雨溢流工况下，河网水系排水管网溢流频次、溢流量统计、水质影响评价分析，排放口上游排水区域合流制管网运行诊断分析。

3. 标准监测井构建意义

（1）补短板：建立排水管网监测井技术标准，弥补现行排水管网设计规范中监测井指导文件的盲区，促进健全排水管网设计规范化体系。

（2）强监管：促进排水管网监测技术的推广，通过推行排水管网标准监测井及配套监测方案，有助于广泛推广排水管网监测技术，以提供长期有效的水环境精准监测数据，为城镇排水管网的运行监管提供有力支撑。

（3）保畅通：有效的排水管网监测数据将为管网的科学运维提供数据基础，配合合理的运维养护措施，可确保排水管网处于良好的运行状态，为城镇排水防涝、污水收集处理提供保障。

（4）降成本：通过监测数据分析，结合配套维护措施，增强管网病害发现能力，通过及时有效的维护维修措施，减缓管网老化、降低损坏发生率，在确保排水通畅的同时，降低管网大修、重建频次，降低排水管网系统运营成本。

（5）利发展：建立良好的排水管网监测体系，将为城镇排水规律研究、排水系统的优化建设提供重要依据，排水管网标准监测井和标准监测方案的推广，是"打赢污染防治攻坚战，加快生态文明建设""实现美丽中国和高质量发展"必行措施和必要手段。

4.2 入河湖排污口精准监测标准化改造

4.2.1 入河湖排污口类型与精准监测问题分析

入河湖排污口是流域水生态环境保护的重要节点，是水污染外源输入河湖的主要渠道，加强和规范排污口监测与监督管理，对控制水环境污染、改善水生态环境、促进绿色发展、建设美丽中国具有重要意义。入河湖排污口按分类规程分为工业排污口、城镇污水处理厂尾水排污口、农业排口、其他排口四大类。第一类工业排污口，分为工矿企业排污口（工业企业、矿山与尾矿库排污口）、工矿企业雨洪排口（工业企业、矿山与尾矿库雨洪排口）、工业及其他各类园区污水处理厂排污口、工业及其他各类园区污水处理厂雨洪排口；第二类城镇污水处理厂尾水排污口；第三类农业排口，分为规模化畜禽养殖排污口、规模化水产养殖排污口；第四类其他排口，分为大中型灌区排口、港口码头排口、规模以下畜禽养殖排污口、规模以下水产养殖排污口、城镇生活污水散排口、农村污水处理设施排污口、农村生活污水散排口、城镇雨洪排口、其他排污口。其中矿山排污口包含矿山开采过程中向环境水体排放矿山开采废水和矿井涌水的口门。矿山开采业指开采固体（如煤和矿物）、液体（如原油）或气体（如天然气） 等自然产生矿物的行业；工业固废填埋场、工业废渣堆场、生活垃圾填埋场等向环境水体排放渗滤液等污水的口门参照尾矿库排污口管理；工业固废填埋场、工业废渣堆场、生活垃圾填埋场等向环境水体排放雨洪水的口门参照尾矿库雨洪排口管理；接纳远离城镇、不能纳入污水收集系统的居民区、风景旅游区、度假村、疗养院、机场、铁路车站、医院、学校等，以及其他企事业单位或人群聚集地排水的集中处理设施向环境水体排放污水的口门参照城镇污水处理厂尾水排污口管理；港口码头排口包括港口码头向环境水体排放生活污水、生产废水、雨洪水等的口门；城镇雨洪排口包括通过城镇（园区）雨水收集管网、雨水汇流和行洪通道直接向环境水体排放雨洪水的口门。入河湖排污口监测面临的问题较为复杂，涉及技术、管理、政策等多个方面。实施精准监测面临的主要问题有以下几个方面。

（1）监测点位不足或设置不合理。由于入河湖排污口数量众多，监测点位的设置可能不足以全面覆盖所有排污口，或者监测点位设置不够合理，导致一些关键排污口未被有效监控。

（2）监测技术与设备落后。现有的监测技术和设备可能无法实时、准确地监测排污口的水污染物排放情况。特别是一些难以降解的有毒有害物质，传统的监测手段可能难以准确监测。

（3）水环境数据收集与分析不精确。即便是在安装了监测设备的情况下，数据收集、传输和分析过程中也可能存在误差，导致监测结果不够精确，无法真实反映水污染物排放情况。

（4）监测监管力度与执行不足。即使从排污口监测发现水污染事件，如果相关的监管部门不能及时采取有效措施，或者执行力度不够，将无法有效控制水污染。

（5）政策法规和管理制度不够细化，及时更新不够。导致现行管理规章无法覆盖所有新出现的水污染物种类和排污方式，导致一些水污染物排放活动虽违反环保原则，但在法律上却没有明确的处罚依据。

（6）入河湖排污口监测资金投入不足。排污口监测需要大量的资金支持，包括监测设备的购置、维护，以及数据处理和分析等，资金投入不足会严重影响排污口监测和治理工作的效果。

（7）公众参与度低。废污水排污口作为水环境敏感目标，需要公众的广泛参与，公众对排污口监控与治理监督意识不强，导致社会监督力量不足，排污口相关问题难以被及时发现和解决。

4.2.2　入河湖排污口标准化改造创新与结构

1. 入河湖排污口规范化建设

根据《入河入海排污口监督管理技术指南　入河排污口规范化建设》（HJ 1309—2023），

明确入河湖排污口监测采样点、检查井、标识牌、视频监控系统及水质流量在线监测系统设置，档案建设要求。

（1）监测采样点设置：监测采样点设置在厂区（园区）外、污水入河湖前，根据排污口入河方式和污水量大小，选择适宜的监测采样点设置形式。监测采样点设置应考虑实际采样的可行性和便利性。污水排放管道或渠道监测断面应为矩形、圆形、梯形等规则形状。测流段水流应平直、稳定、有一定水位高度。

（2）检查井设置：检查井设置位置与污水入河湖处的最大间距根据疏通方法等情况确定；检查井满足排污口检修维护工作需求和安全防护要求。

（3）标识牌设置：标识牌设置在污水入河湖处或监测采样点等位置，便于公众监督；标识牌公示信息包含但不限于排污口名称、编码、类型、管理单位、责任主体、监督电话等，可根据实际需求采用文字或二维码等形式展示。标识牌可选用立柱式、平面式等；标识牌应具有耐候、耐腐蚀等理化性能，保证一定的使用寿命；标识牌公示信息发生变化的，责任主体应及时更新或更换标识牌。

（4）视频监控系统及水质流量在线监测系统设置：设置视频监控系统对监测采样点和污水出流状况进行监控和摄录的，视频监控系统基座满足立杆抗风、抗震等稳定性要求；设置防雷及接地系统；优先采用双路供电，可选供电方式包括太阳能供电、风力供电、有线供电等，保证设备稳定持续运行等，具体见 HJ 1309—2023。

2. 入河湖排污口监测设施标准化改造创新

基于入河湖排污口规范化建设的基础，考虑入河湖排污口存在的问题和排放的实际情况，通过对入河湖排污口末端因地制宜进行标准化改造重建，同时按要求安装设置完善的监测设施，确保监测设施在线安全稳定运行、拆卸维护更新便捷、预警预报及时精准。标准化改造后的排污口具备完整的精准监测条件，有效实施排污口精准溯源与精细监测。入河湖排污口监测设施标准化改造结构如图 4.2 所示。

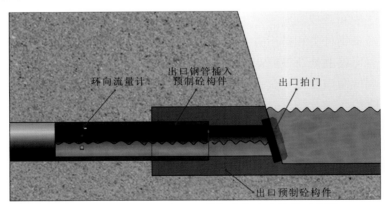

图 4.2　入河湖排污口监测设施标准化改造结构示意图

（1）根据入河湖排污口现场的地形、排口形态和排放方式，临水出口处建设预制砼构件，预制件内预留在线监测设施和线路通道，预制件上端嵌入管道顺接上游排水管道，通过对各类入河湖排污口末端设施进行标准化改建，创造良好的精准监测条件，在预留在线监测设施内安装智能化的监测设备，可实施排污口精准监测与管控。

（2）在入河湖排污口出口预制砼件上设置拍门根据水位变化自动调节开度和关闭，既能准确监测排污口间歇性排放情况，又可防止河湖水倒灌进入排污口，影响监测结果精度。

（3）入河湖排污口末端管壁设置环向流量计和水质自动监测设施，对排水流量、水质进行同步测量，能够直观实时地掌握流量和水质变化规律，提供实时和准确的量化数据。

3. 入河湖排污口监测标准化设施改造实施

（1）入河湖排污口监测设施标准化改造实施充分考虑入河湖排污口受水位变化影响，可能存在全淹没、半淹没和不淹没的工况，精准监测排污口水污染负荷实际排放情况，在排污口末端设置有拍门，拍门外压力大于拍门内压力时，拍门关闭，排污口末端环形流量计不计数。随着压力变化拍门开启度变化，达到准确计量的目的。

（2）入河湖排污口出口砼构件装置和拍门结构设计安装需要能很好地应对排污口水流冲击，确保排污口和监测设施稳定运行。

（3）入河湖排污口出口砼构件装置内充分考虑设置电导率、pH、氨氮、总磷、COD等水质指标监测的传感器和水质自动采样终端取水头的需要，保证实时在线精准监测和及时自动采样特定水污染物。

4.3　精准溯源与精细监控时空点位选取

河湖水系与城镇管网水环境污染精准溯源与精细监控需要定量化、精准化，满足水环境监控 5 个精准的要求，即问题精准、时间精准、区位精准、对象精准和措施精准，还需要实时真实反映水环境时空变化，做到实时监控、及时预警。

4.3.1　精准溯源与精细监控具体要求与关键点位

水环境污染精准溯源与精细监控对标 5 个精准要求，根据收集到的各类型关键点位，按照分布式多级防控体系（图 4.3）的要求，满足点、线、面全覆盖（图 4.4）的原则，结合监测目的与主要任务，再全面分析研判筛选确定各类监测点位，如表 4.1 所示。

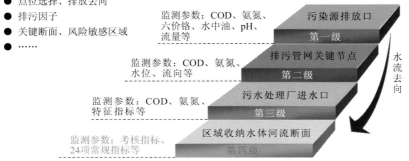

图 4.3　水环境分布式多级防控体系与点位因子选择关系

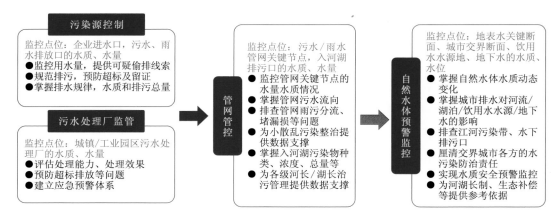

图 4.4　水环境污染精准溯源与精细监控点位全覆盖关系

表 4.1　水环境污染精准溯源与精细监控关键点位设置表

项目	水污染源排放口	排水管网关键节点	污水处理厂进出口	入河流/湖泊排污口	河流/湖泊控制断面	饮用水源地管控点位	城市内河流断面湖泊点位	地下水控制点位
监测主要指标	进口水量,出口水质、水量	水质、液位、水量	进出口水质、水量	流量、水质特征指标	水质、水量、水位	水位、水质等	水质、水量、流速、水位等	水质特征指标、水位等
监测目的与监测任务	1. 监控用水量,提供可疑偷排线索; 2. 规范排污,预防超标及留证; 3. 掌握排水规律、水质和排污总量	1. 监控管网关键节点水量水质情况; 2. 掌握管网污水流向; 3. 排查管网雨污分流、堵漏损等问题; 4. 小散乱污染整治,提供数据支持	1. 评估污水处理厂处理能力与效果; 2. 预防超标排放等问题; 3. 建立应急预警体系	1. 掌握入河湖污染物种类、浓度、负荷总量等; 2. 为各级河长/湖长治污管理提供数据支持	1. 掌握城市排水对河湖水质的影响; 2. 厘清交界各方的水污染防治责任; 3. 为河湖长制、生态补偿等提供数据支持	1. 掌握城市排水对区域内饮用水源的影响; 2. 实现饮用水安全预警监控	1. 掌握城市排水对城市内河水质的影响; 2. 为黑臭水体整治提供数据支持	1. 掌握地下水污染情况; 2. 实现地下水安全预警监控; 3. 为排查地下水污染来源提供数据支持

1. 流域（区域）水环境问题精准

全面收集流域（区域）断面（点位）水质有关的全口径各类信息,针对每个不达标断面（点位）及超标指标开展跨部门数据水环境问题（枯水期水量小,雨季面源污染、水污染源超标排污等）综合分析,精准提出水环境问题清单。

2. 监测监控时间精准

根据流域（区域）水环境不同季节、不同时间节点的变化特点,在全面分析历史水情、雨情和水质资料的基础上,分析筛选各类典型工况,监测监控时间既要覆盖不同季节、不同时间节点变化,又要全覆盖各类典型工况,全过程做到时间精准。

3. 监测监控空间区位精准

分析识别流域（区域）空间上的重点区域。开展水环境质量和水污染源污染物排放时空统计分析，按不同时间、空间对流域水环境质量状况及水污染源排污特征进行分析，找出水污染的重点湖泊、河流、河段及污染排放较重的区域等。涉及内源污染的河湖考虑沉积物、上覆水、底层水、中层水和表层水垂向空间点位。

4. 监测监控对象精准

精确识别流域（区域）水污染来源、计算流域内控制单元网格的污染负荷和断面水环境污染贡献率。明确治理对象，针对重点领域精准发力、持续攻坚。

5. 水污染治理重点措施精准

根据监测溯源结果，提高水污染治理措施的靶向性和针对性，对症下药，分类施策，多措并举。同时针对流域（区域）水污染治理重点措施，跟踪监测监控，精细评估治理措施有效性，提出治理措施优化建议。图 4.3 所示为水环境分布式多级防控体系与点位因子选择关系，图 4.4 所示为水环境污染精准溯源与精细监控点位全覆盖关系，关键点位设置如表 4.1 所示。

4.3.2　河湖精准溯源与精细监控时空点位选取

1. 河湖精准溯源与精细监控功能需求

（1）水环境综合研判需求：汇集气象、水文、水质、水生态等数据，结合水质评价分析、水污染物分析等手段，对河湖水环境变化、水污染物总量贡献变化情况、水生态变化进行精细化分析，及时发现或预测河湖水环境存在的问题。

（2）河湖排口溢流污染监管需求：河湖周边主要排口的溢流水污染情况监管，结合旱季、雨季等不同情况下的溢流水污染排放多维度分析，为主管部门监管溢流水污染物排放提供数据决策支撑。

（3）水污染溯源监管需求：基于面源污染和支流水污染通量等外源输入水污染溯源监管；基于河湖排口溢流水污染监管，结合排口对应的陆域排水管网动态监测数据，对流域（区域）岸上市政管网因混错接、接驳点等原因产生的偷排漏排现象及时预警，通报各主管部门及责任单位，及时、精准发现问题、解决问题。

（4）流域（区域）统筹调度需求：满足流域（区域）水污染控制与水环境管理的要求，在排水管网日常运行、强降雨、突发水污染事件等不同场景下的调度管理需求，对流域（区域）内相关水污染源监测、预警、方案制订、排水控制等全流程的统筹调度。

（5）业务协同处置需求：促进河湖流域（区域）水环境管理相关的各主管部门及责任单位业务协同，提高工作效率，任务处置、专项行动等工作、任务在线处置率达到 90% 以上。

2. 河湖精准溯源与精细监控时空点位布设

点位布设以全面、系统实现河湖水环境精准溯源与精细监测为目标，围绕流域（区域）水环境监测、科学监管、精准溯源、治理评价、责任划分等需求统筹推进。以结果为导向，整体涵盖采样、测样、溯源、应急监测，包含水质水文监测设备、智能采样终端、自动化实验室、无人机、无人船等技术装备，流域（区域）内水生态调查及水环境大数据分析监控平台建设，完成对整个河湖的水环境质量系统体检。定期汇总分析各类水环境监测数据，评价报告流域（区域）内不同时期不同典型工况的水环境问题，精准厘清水污染贡献责任，实现流域（区域）水环境精细监控。

1）布点原则

（1）代表性：具有较好的代表性，能客观反映一定空间范围内的水环境质量水平和变化规律，客观评价河湖水环境状况，水污染源对水环境质量影响，满足为精准掌握水环境本底值和水域纳污总量等需求。

（2）可比性：同类型监测点位设置条件尽可能一致，使各个监测点位获取的数据具有可比性。

（3）整体性：水环境质量评价应考虑流域（区域）自然地理、水流向等综合环境因素，以及城镇工业布局、人口分布等经济社会特点，在布局上应反映流域（区域）主要功能区和主要涉水污染源的排污现状及变化趋势，从整体出发合理布局，监测点位之间应相互协调。

（4）前瞻性：应结合已有水环境监测点位和未来流域（区域）规划监测点位的要求进行布设，使确定的监测点位能兼顾未来流域（区域）空间格局变化趋势。

（5）稳定性：监测点位置一经确定，原则上不得变更，以保证监测资料的连续性和可比性。

2）点位选取

（1）降雨监测布点：针对流域（区域）关键点位进行降雨监测，摸清降雨与河湖水环境之间的关联规律，分析降雨初雨对河湖水环境的影响。

（2）河湖水域监测布点：针对支流汇入口、入河湖排口（含工业企业和工业园区排污口）附近布点实施水质监测，结合已有水域浮船数据分析排口对河湖的影响及自净能力。

（3）面源污染监控布点：针对降雨径流汇入河湖重点区域，设立点位开展流量和水质变化监测。

（4）污水处理设施布点：污水处理厂（污水处理设施）进出口水质水量监测，掌握污水处理能效，为拦污截污、污水提质增效提供依据。

（5）入河湖排污口对应的居住小区生活源及管网采样布点：对小区的雨水、污水排放口全面实时监控，掌握小区水污染贡献度；针对人口众多小区和高校等人口密度大的区域，目前管网建设滞后，且破损、雨污混错接等问题不少，导致部分小区和高校等人口众多区域的生活污水未经处理直排进入河湖，需加密布点监测监控。

（6）排水管网重要节点监控布点：在区域水污染区块化管理模式下，选择区域内管网关键节点能够代表区域水环境变化特点的排放监测指标，通过自动化采测方式实现对特定指标的变化情况监测，进而通过区域水污染物的变化情况，界定各个区块的管理责任及相关企业的定责问题。开展重要污水（截污井）、雨水管网节点排水量、水质监测，水质监测通过自动采样装置定期采样及实时触发采样，送水质自动化检测实验室快速高效分析。监测项目主要包括流量、COD、氨氮、总磷、总氮。水量监测根据排口类型的不同和现场具体条件，合理选择触发和测量方法。

（7）雨水排口监控布点：针对河湖排污口上游雨污分流不彻底的情况，为精准监测混入雨水管网的水污染负荷，精细监测不同降雨工况下排污口溢流污染状况，选取典型或规模以上河湖雨水排口布点监测。

（8）湖泊湖心和河流中泓（水质、水位、气象）水环境监测布点：通常采用浮标船（站）进行实时在线监测，利用已有的水位、气象监测资料进行数据并网，同时扩展气象及水位参数，以掌握水体水质受岸上污染的影响。

4.3.3 城镇排水管网精准溯源与精细监控时空点位选取

利用各种传感器和监测仪器对城镇排水系统进行实时监测，精准追溯水污染源，实时评估排水系统的运行状况，及时预警预报存在的问题，及时采取应对措施。精准溯源与精细监控需要依托时空变化下流量、水质、水位、漏损、压力、沉积物、管网内气体等在线监测的大数据，通过挖掘分析上述大数据，有效支撑城镇排水系统智慧化管理、系统优化调度、精准化溯源、精细化预警预报等管控工作，在一定的经济成本约束下，制订科学合理有效的排水管网在线监测方案尤为重要。其中，在线监测点位选取是制订监测方案的最基础工作，排水管网在线监测方案应涵盖监测点位选取与布设、监测指标及监测频率选择等内容，随着排水管网在线监测技术不断发展，目前已开始应用一些先进技术，如人工智能（AI）和机器学习算法，以提高数据分析的准确性和预测的可靠性。

1. 城镇排水管网在线主要监测要素

城镇排水管网在线主要监测要素通常有管网流量、水位、水质、温度、沉积物、有害气体、漏损与压力、视频监控等要素。

（1）流量监测：通过安装各类流速仪和流量计来监测管网水流速度和总体流量，以评估排水管网的运行状况和输送能力。各类流速仪和流量计通常有机械式流量计、超声波流量计、电磁式流量计、压差式流量计、激光流量计等类别特点各异，管网内环境条件差异和耐污、防腐、抗干扰、维护要求不尽相同，因此在选取设备时综合分析并结合经济性统筹决定。

（2）水位（液位）监测：通过水位传感器来监控管道、检查井和其他排水设施中的水位，可以用来预警来水和溢流事件。水位传感器需要具有耐污、防腐、抗干扰、维护便利等特性。

（3）水质监测：使用各种传感器监测管道内 pH、溶解氧、浊度、COD、五日生化需氧量（biochemical oxygen demand after 5 days，BOD_5）、总氮、氨氮、总磷、重金属和其他污染物的含量。传感器需要具有耐污、防腐、抗干扰、维护便利等特性。

（4）温度监测：监测排水系统中的温度，有助于分析水质变化和相关生化过程。

（5）沉积物监测：通过浊度传感器或摄像设备来监测管网沉积物积累的情况，防止管道堵塞。

（6）有害气体监测：监测管道内可能出现的有害气体，如硫化氢、甲烷等，对确保维护工人的安全和环境健康至关重要。

（7）管网漏损与压力监测：通过声音、压力变化或湿度传感器等手段来检测管网中的泄漏点，通过监控排水系统中的压力变化，以确保管网正常工作并预防管道破裂。

（8）CCTV 视频监控：使用闭路电视摄像头对管道内部进行定期或连续监控，以便直观地检查管道的状况和识别问题。

（9）排水系统事件和报警管理监控：在线监测系统在检测到异常时自动生成警报，并启动预定的应急响应程序。

（10）数据管理和分析：收集的数据需要通过先进的信息管理系统进行存储、处理和分析，以便为精准溯源与精细管控决策提供支持。

（11）遥感和地理信息系统：通过遥感技术和 GIS 来监测和分析整个排水系统的状况，包括地形和气候因素对排水系统和水污染负荷变化的影响。

（12）能耗监测：对排水系统的能耗进行监控，特别是调蓄池、截流井、泵站、污水处理设施等用电设施的能耗，为优化运行成本、提升功效服务。

2. 城镇排水管网监测关键控制节点

排水管网是一个随着排水流向汇集、处理与排放的网络化系统，具有很强的上下游关联性，从源头各类排水户排放进入分支管网、主干管网、调蓄设施、截流井、泵站、污水处理系统及最终排入受纳的河湖等水体，构成完整的排水系统。以污水排放系统为例，在监测点位分级概化为六级（郭效琛 等，2022），其关键控制节点如图 4.5 所示。

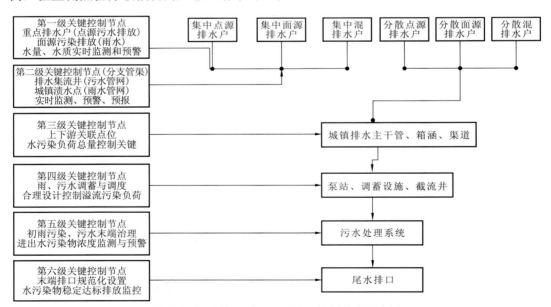

图 4.5　排水管网系统监测关键控制节点示意图

（1）第一级关键控制节点：污水系统三个来源：①片区内集中排放的城市生活污水排入市政管网系统；②未进入集中工业园区企业排水户排放的满足市政纳管标准的生产污水；③随着降雨径流产生的城镇面源污染进入雨水系统；上述三类排水有集中排放的，也有分散排放的，有单独排放的，也有混合排放的。实施排放源管控应在排口开展水量和水质实时监测，不仅对违规排放监管具有重要作用，而且具有水污染事故排放预警作用。

（2）第二级关键控制节点：污水系统汇集多个多类排水户的情况，可掌握一个区域整体的水污染物排放情况，针对其水质水量实时监测，可查明区域水污染负荷贡献率变化和关键控制点位。雨水系统主要针对长期渍水点位监测监控，对城市防洪排渍进行实时监测与动态预警。

（3）第三级关键控制节点：城镇排水主干管网、箱涵和渠道主干节点在系统中起着重要的通连作用，在其关键控制点位通过流量和典型水质指标的联合监测，可实时掌握水污染负荷排放总量及其变化情况，为有效控制区域水污染提供支撑。

（4）第四级关键控制节点：主要针对排水系统水雨污水调度、溢流污染调蓄与控制。通过多工况运行条件下水质水量实时监测的大数据，为合理设计泵站、调蓄池和截流井规模提供精准参数，并与雨污水联合调度经济性控制水污染提供科学依据。

（5）第五级关键控制节点：集中/分散式污水处理设施，包括管网缺失地方一体化污水处理设施，重点监控进水的水质水量，防止水质浓度过高影响污水处理设施正常运行，防止水质浓度过低影响污水处理设施处理效率和增加成本。

（6）第六级关键控制节点：污水处理设施排口为排水管网系统的最末端，通过在线监测保证长期稳定运行和达标排放。

3. 排水管网在线监测指标和监测点位选取

排水监测指标整体上可分为水量和水质两大方面，同时需对降雨进行监测，作为排水分析的背景信息与基础。

1）监测指标选取

（1）降雨量。利用在线雨量计，根据片区内多年降雨情况和区域特点分管控单元监测降雨信息。保证在线雨量精准。

（2）流量。管网水量监测的主要指标，根据区域管网运行调度特点和排水管网关键控制节点设置在线监测，并与水质在线监测同步同点位监测，精准测算关键控制节点的水污染物通量。

（3）液位或水位。系统水量监测的辅助性指标，监测成本较低，多点位全面布设，用于复核排水管网存在的问题，验证关键控制节点的水污染物通量平衡，精准核算水污染物入河湖通量。

（4）水质指标。污水管网系统在线监测主要选择关键性指标，通常选择 pH、电导率、COD、氨氮、总磷；有特征污染指标的污水或符合纳管标准的工业污水排入的，加设相应指标的自动监测仪器开展监测；雨水管网系统通常选择 pH 和悬浮物（SS），雨污分流不彻底在末端排口截流井或调节池前后端按污水管在线监测要求加设自动监测仪开展监测；受纳河湖水体在排口区域可选择 SS、溶解氧、氨氮、总磷等指标监测。

2）排水管网在线监测点位选取

根据排水管网不同监测任务与功能选取监测点位和监测指标（周梅 等，2024），具体设置如表 4.2 所示。

表 4.2　不同监测任务与功能监测点位设置

监测任务	监测功能	监测点位	在线监测指标
精准溯源	支撑控源截污 污染及时预警 精准核算负荷	超标超限排放风险排水户接户井	流量、COD、氨氮、总磷
		分支管、渠关键控制节点	液位（或流量）
		主干管或渠或箱涵关键控制节点	流量、COD、氨氮、总磷
		泵站、调节池	流量、COD、氨氮、总磷
		污水处理设施进出口	流量、COD、氨氮、总磷
		存在溢流全部截污（流）井	液位
		河湖等受纳水体排污口	流量、COD、氨氮、总磷、SS
提质增效	评估外水入渗 诊断雨污混接 进水异常溯源	污水处理设施进、出水口	流量、COD、氨氮、总磷
		污水泵站、调蓄池进出水	流量
		分、支管网控制节点	流量
		合流制或雨污混流排口	流量、COD、氨氮、总磷
		主干管或渠或箱涵关键节点	液位（水位）
排涝防渍	及时预警预报 排水调度精准 溢流污染控排	历史积水点及易渍水点位	液位（水位）
		分、支管网关键控制节点	液位（水位）
		雨污水控制涵闸	降雨量、液位（水位）
		雨水排口及合流制排口	流量、液位（水位）
优化改进	优化设计参数 优化调度运行 优化控污减荷	溢流排污口与调蓄设施	流量、COD、氨氮、总磷、SS
		系统各控制节点与泵站、调蓄池	流量+液位（水位）
		区域排污口与对应主干管或渠或箱涵关键节点	流量、COD、氨氮、总磷、SS
		主干管或渠或箱涵关键节点与对应分支节点	流量、COD、氨氮、总磷、SS

4. 监测点位布设原则

（1）城镇排水管网精准溯源与精细监控，以"精准追溯水污染物排放源头、严格管控水污染排放口，精细弥补城镇排水管网短板"为目标，在监测点位布设时，入河湖水系排污口作为排水管网系统的终端，在全面普查的基础上，优先布点精细监测。排水管网关键控制节点作为排水系统的过程部分，起着承上启下的连通作用；水污染物排放源是污染源头，要重点监控。

（2）破解排水系统雨污水错接、混接和漏接问题是精准溯源与精细监控的难点，旱季存在排水的雨水系统排放口或雨季存在大量溢流污染的雨水系统排放口是详细布点精细监测的重点，需进行全覆盖多工况水量水质同步监测。

（3）城镇排水系统水量平衡和水污染物通量平衡是精准溯源与精细监控的理论基础，无论雨水系统、污水系统还是合流系统，无论雨季和旱季等不同的工况，排水系统入渗入流和漏损时空变化均可通过精细监测精准测算，排水系统水污染通量的时空变化以及对水环境质量定量影响也可通过精细监测精准核算。

第 5 章 水环境污染精准溯源采测与精细管控关键技术

随着人工智能应用日益深化和信息技术的快速发展，机器学习方法由于能够处理模糊信息和非线性关系，具有良好的自适应、自推理能力，在水环境污染精准溯源采测与精细管控中具有广泛应用的前景。现今将人工智能、大数据等先进技术应用于水环境污染智慧感知逐渐成为一个重要的发展趋势，融合人工智能、大数据分析、机器学习、物联网等技术，构建数字孪生流域，有效快速全面地解决水环境污染问题受到社会广泛关注。基础性核心工作是加大力度推进精准溯源采测与精细管控。实施水环境污染精准溯源与精细管控首先需要精准、快速、有效地获取多源水污染物来源、多指标水污染特征因子、多维度的水环境时空系统数据，为科学精准治理水污染与有效保护水生态环境系统提供支撑。采用天-地-水立体水环境同步监测技术构建智慧感知系统是实时获取水环境系统时空大数据最有效的技术手段；高效精准水环境采测装备集成系统是实施水环境污染精准溯源与精细管控硬件支撑系统；多工况下水环境物联网感知技术是水环境污染大数据重要的智慧感知手段；在数字化场景的基础上，水环境智能模拟分析技术集成耦合多维多时空尺度的智能分析模型和仿真可视化模型；智慧水环境精细管控平台构建从顶层统筹和支撑河湖"水环境、水资源、水生态"的协同预警预报，促进水环境精细管理模式的优化创新。水环境污染精准溯源采测与精细管控总体技术如图 5.1 所示。

5.1 天-地-水立体水环境同步监测技术

天-地-水立体水环境同步监测以卫星遥感、无人机监测、无人船监测、物联网监测、水下机器人监测等为主要手段，从多尺度、多维度开展水环境同步监测。"天"一是以高分辨率卫星遥感影像为数据源，获取覆盖数字孪生流域（区域）的高分辨率遥感影像；二是以无人机为平台，通过搭载多种传感载荷获取高精度航片，生成高精度数字高程模型（digital elevation model，DEM）、数字正射影像图（digital orthophoto map，DOM）、倾斜摄影模型、贴近摄影模型等数据产品，或通过搭载高光谱仪器获取目标水体的水质光谱信息，高光谱成像能够精细识别水体中的污染物。"地"是运用物联网、光纤以太网、机器视觉、水环境自动监测等技术，建设水环境智慧监测系统、视频监控系统和雨水情测报与预报系统，实现全覆盖地基感知。"水"以无人船为载体，搭载安装多波束测深系统，测量重点河段（湖泊）等水体的水下地形，极大提高了水下地形数据获取效率。以无人船为载体，搭载水质自动采样仪、水生态环境自动监测仪、高清摄像头、超声波探

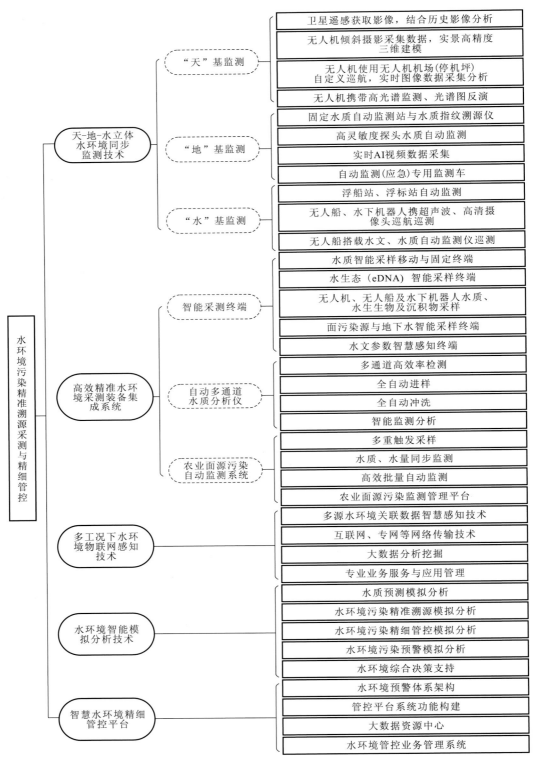

图 5.1 水环境精准溯源采测与精细管控总体技术框架图

测设备等，采集沉积物和水下分层水质样品、获取监测监控高清视频和超声波信号、自动监测水环境与水生态指标；最终实现精准高效同步监测水环境和水生态实时状况。

5.1.1 "天"基监测技术

以携带高光谱监测仪和高清摄像头的无人机为核心，构建的"天"基监测网络，适用于河湖水面上空实时监测及入河入湖排口区域污染溯源等场景，通过结合无人机自定义巡航和固定路径巡航两种方式，针对河流、湖泊、重点水利工程设施进行智慧化全方位巡查，构建"人防＋技防""空中＋地面"全覆盖工作模式，及时精准发现流域（区域）水生态环境问题，实现前方图像实时传输、后方指令实时传达，保证问题反馈的即时性，为河湖等水体及其沿岸区域合理安排蓝藻打捞、精准清除蓝藻打捞盲区、水污染溯源、重点水利工程建设与运行情况全面分析诊断提供新的视角和数据支持。为有效解决容易受强风、雷雨等恶劣天气影响，以及受限于部分区域存在空域管制等存在水环境监测盲区等问题，以卫星遥感技术为核心，搭建具有视野广阔的"天"预警网络，可获取大范围水域整体情况遥感数据；结合历史影像分析掌握规律，"天"预警网络监测受地理空域制约小，具有可探测人力难以到达的区域等显著优势。在条件允许的情况下，采用轻型便捷的无人机，通过倾斜摄影数据采集及实景高精度三维建模技术，可快速定量调查河湖水生态环境现状，在河湖等水体日常生态环境管护和水环境污染精准溯源与精细管控中得到了广泛应用。

5.1.2 "地"基监测技术

以智能"采（自动采集）+测（快速高效自动监测）"系统、固定式水质自动监测站、移动监测车、AI视频识别、人工水样采测、水污染通量监测系统（含水文同步监测）为核心技术节点，构建"地"基监测网络。接入河湖等受纳水体排口流量、水质自动站监测数据，结合周期性例行人工采测数据、水污染源数据、气象数据、水文流量数据、地理信息数据等，掌握区域河流湖泊水系水质状况、水污染风险。针对固定式水质监测站无法覆盖到的管网及其他场景，以智能"采+测"系统对其进行补充监测，并适当引入雨量计、水位计、传感器等辅助设备，实现精准触发采样。例如针对强降雨期间、汛期污染等，在特定时段采用智能"采+测"系统、移动监测车等形式，实现各类环境要素、各类典型工况全覆盖采样。同时以声学多普勒流速仪、高精度水位计等为主同步水文监测，构建水污染通量监测体系，获取水污染物通量数据，核算水污染物迁移总量、各水污染源排污负荷量，明确水污染贡献率及时空变化情况，指导精准治理水环境污染。

5.1.3 "水"基监测技术

以浮船站、浮标站、无人船（含智能船坞）、水下机器人、水上船舶等为载体，搭载水质水文自动监测仪器，藻类（种类与密度）智能分析仪、环境 DNA 自动采样仪等采测仪器设备为主要手段，以人工监测为比照验证和辅助手段，以水域网格化精细管控和同步垂向监测为目标，构建全面覆盖水域关键点位和典型工况的河湖水系"水"基监测网络。"水"基监测网络主要针对水域水环境污染精细监控，水面浮船站、浮标站自动监测站数据主要用于实时考核河湖等水体水质总体情况，通常点位是固定点位监测，数据可直接接入；无人船搭载自动采测仪器设备在网格化管控水域实施巡测，及时发现异常区域和点位，并纳入管控数据平台进行关联性分析，同时分层采集水样和沉积物样品，精细监测内源污染贡献；无人船搭载水下机器人、水生态智能采测仪器设备、超声波和高清视频等精细巡测影响水生态系统健康的关键因子与水环境主要因子关系，精准管控河湖水生态系统；通过人工监测获取河湖清淤、藻类应急处置等工程实施时监测数据，通过人工监测还可获取水生态、沉积物的数据进行溯源和验证分析；无人船搭载全要素水文自动监测仪器设备，快速监测水情数据，与同步水质数据结合，快速精准监测水污染负荷量。"水"基监测网络可实时掌握河湖水体各区位的水环境质量与水生态状况变化，针对水质突变、水生态异常情况，及时预警预报。

通过采用遥感监测、光谱监测、倾斜摄影、在线智慧监测、移动监测巡测、人工监测等手段获取水环境大数据挖掘分析，构建"天-地-水"一体化精细监管系统，为水环境污染精准溯源与精细管控全过程服务。

5.2 高效精准水环境采测装备集成系统

5.2.1 高效精准水环境采测装备集成系统特点

高效精准水环境采测装备集成系统是集成多种高效、精准水环境监测技术和设备的系统，系统结合物联网技术、人工智能和大数据等先进技术，使得水环境监测更加快速、准确和便捷，极大地提升水环境管理的效率、科学性与准确性。

系统具有以下特点。

（1）全过程智能操作：高效精准水环境采测装备集成系统可自动完成采样、分析、数据处理等操作，减少了人工干预和误差，大大提高了工作效率。

（2）多工况实时监测：高效精准水环境采测装备集成系统可在各种不同工况下连续不断地监测水环境中的各类参数，并将水环境各类监测数据实时传输到云端或本地存储设备中，方便随时查看和分析。

（3）高精度和高分辨率监测：高效精准水环境采测装备集成系统采用先进的传感器、元器件和大数据处理技术，可实现高精度和高分辨率的监测和分析，确保水环境监测数据的准确性和可靠性。

（4）远程监控和自动管理：通过手机、电脑等设备远程访问水环境采测仪器设备数据，实现远程监控和自动管理，方便及时发现水环境问题并采取相应的措施。

（5）快速拆装移动使用：高效精准水环境采测装备集成系统采用精良的机械结构设计和电路设计，使得这些仪器设备可快速拆装，便于携带和移动使用，大大提高了工作效率。

（6）轻量化多场景设计：为最大限度地利用无人机、无人船的载重能力，高效精准水环境采测装备集成系统通常具有极低的自重，以便能够携带更多的水体样本；根据不同的应用场景，可选择不同种类的采测仪器设备，以适应各种不同的需求。

（7）数据分析功能强大：高效精准水环境采测装备集成系统可对水环境监测数据进行分析和处理，生成各种图表和报告，及时了解水环境的变化趋势和水污染状况，为水环境精准治理与精细管控提供有力支持。

（8）运营效率和安全水平高：高效精准水环境采测装备集成系统采用行业互联网架构、数据智能、模型工厂、互联网运营等先进方法，助力提升系统运营效率和安全监管水平。

（9）典型应用场景丰富：高效精准水环境采测装备集成系统适用于水环境智慧监测、水源地智慧监控、智慧河湖长管理、厂网河湖联合优化调度、排污口水污染物溯源、江河湖库等水环境监管等多种典型应用场景。

5.2.2 高效精准水环境采测装备集成系统构建与关键技术

高效精准水环境采测装备集成系统是一款集水样采集、高精度检测、数据处理、实时监控及预警等多功能于一体的综合型系统。高效水环境采样系统采用先进的水样采集技术，也可根据不同的需求进行选择，包括智能管控终端、多功能采样瓶、面源污染采样器、采样浮标等；高效水环境测试系统配备了高精度水质监测仪器，如多参数水质分析仪、重金属监测仪器等，可实现多种污染物的快速准确监测。水环境污染监测先进技术与装备国家工程研究中心依托单位力合科技（湖南）股份有限公司研发了全套水环境智慧感知终端，并在实践中得到成功应用与广泛推广。

1. 高效水环境采样系统

水环境污染源分布散、密度高，需要针对不同的场景选取适用的采样模式，完成"不同时间、不同地点"流域水质、水文参数实时监测，从污染的产生环节进行遏制，落实污染源全面管控。强化排污成因分析，摸清实际底数和时空变化规律，做到溯源有针对性和精准性。

传统的采样模式主要存在人工采样及采样场景两方面的局限，人工采样存在现场人工采样工作量大、时效性低、样品代表性差等问题，而采样场景则体现为环境多变导致采样难度增大，高效水环境采样系统可有效解决这方面的问题。通过多种采样设备、多种采样载体相结合，形成全天候、多时段的水质监测网，准确、快捷、全面地获取水环境各方面基本信息及数据。

1）智能管控终端

智能管控终端主要用于河流断面、湖泊、市政污水和工业废水的采样及五参数监测，可实现自动采样、连续采样、间隔采样、等比例采样、触发采样等多种采样模式，可通过平台远程控制、APP 远程控制终端进行应急采样等，水质智能管控终端如图 5.2 所示。

（1）主要应用场景

企业排污监管：根据企业排放规律选择对应的采样方式，配合不同形式的流量计对企业的用水量和排放量进行实时监控，通过定期到企业取样送实验室进行集中检测的方式对企业的排污进行监管。

图 5.2　水质智能管控终端

水环境污染监测先进技术与装备国家工程研究中心供图

地表水采样监测：在地表水环境敏感点布设智能采样终端定期进行常规采样，系统授权第三方定期取出样品并寄送至指定实验室进行集中检测，以持续监控区域水环境质量。

（2）关键技术特点

防护等级：IP55，满足户外运行要求。

可外接流量计、温湿度计、五参数分析仪器等，并将各类参数进行显示和传送到中心平台。

精确控温：样品室采用压缩机制冷并加装均热系统，精确数字控温，可使水样恒温在设定温度的±2 ℃范围内，满足冬季户外低温运行环境要求。

具有网络信号强度、中央处理器（central processing unit，CPU）、工作电压等实时监测功能。

搭载有转子流量计，提高计量精确度，计量采样瓶采样量。

可远程采样、升级以及远程设置系统运行配置，灵活应对现场需求。

自动排空：每次采样完毕，自动排空管路。

自动润洗：每次采样前，用待测水样润洗采样管路，保证采样的代表性。

平行采样：可将同一水样同时分装到两个采样瓶中，以满足备份核查或多方测试需求。

样瓶锁定：可对单个样瓶进行锁定，防止待测样品被自动排空。

远程控制：可实现远程采样、状态查询、参数设置、样瓶锁定等功能；可通过手机APP进行采样、取样、参数设置及系统维护等操作。

断电保护：断电并重新通电后，仪器能自动排空定容瓶及采样管路，自动恢复初始运行状态，断电后仪器参数不丢失。

数据采集与传输：采样记录、开关门记录、样品信息、系统状态日志等数据可通过4G无线网络传输至中心平台。

采样瓶：采样瓶具备密封防篡改功能，并可与系统管路进行快速插拔连接；采样瓶满足进样时透气，取出运输时密封防溢出的功能要求。

电子门禁：手机与采样终端建立连接，可远程打开电控锁进行维护或取样操作。

外置泵/阀控制：可控制外置泵/阀，满足外接分析仪器检测用水要求。

视频监控：摄像机平时监控视角锁定取水点，当接近传感器告警或留样终端处于开门状态时监控视角切换至留样终端方位；当接近传感器告警或柜门打开时，摄像机进行抓图或视频摄录处理。

2）智能采样瓶

采样瓶是一种瓶身带有唯一识别码的水样采集设备，具有北斗定位功能、水温监测与记录功能，可对瓶盖开合状态进行实时监测并上传至中心平台，能应对多种采样需求。采样瓶可完成表层及不同深度水体的采样，瓶盖置入阀组及水温、电导率、水位等多种传感器，具有定时采样、触发采样模式。该产品可应用于地表水、工业废水、生活污水、饮用水等样品的采集。可配套不同装具进行人工或自动触发采样，也可配套管控终端、便携式采样终端等设备使用。

全版采样瓶在简版采样瓶的基础上，加入了电导率和水位的实时监测功能，在具备简版采样瓶采样模式的基础上，能够关联监测的电导率及水位数值实现触发采样。其主要应用场景为：利用伸缩杆或者浮球装置将其固定于采样点位，若外界环境变化导致水样中的电导率或水位变化超过采样瓶设定的阈值时，采样瓶能自动打开瓶阀采样，采样完成后自动锁瓶密封。它是最小型化的、最基础的自动采样设备，如图 5.3 所示。

图 5.3　智能采样瓶
水环境污染监测先进技术与装备国家工程研究中心供图

智能采样瓶具有以下技术特点。

（1）具有定时采样和触发采样两种工作模式。

（2）具备采样完成自动密封、样品锁定功能，实时监控瓶盖开合状态，记录瓶盖开启时间及次数。

（3）实时感知和监控采样瓶的温度、深度及电导率变化，可根据深度及电导率数据执行触发采样。

（4）具备记录户外采样点位置及样品运送的过程移动轨迹的功能。

（5）具备电池电压实时监控及电量余量报警功能。

（6）具备蓝牙通信功能，可近距离进行开关阀设置，实时获取采样瓶状态及样品信息并上传平台。

（7）具有 APP 批量收集、批量收样的功能。

3）便携式智能采样终端

便携式智能采样终端可独立在户外布设，太阳能供电，简洁轻便易操作，可实现大面积快速铺设并采样。该采样终端主要应用于地表水常规采样、污染应急监控布点采样、黑臭水体采样、城市管网水质采样、污染溯源排查采样、企业排口采样、排污流量监测等场景；可在应急采样、水质溯源调查采样等任务中发挥重要作用。其外观和内部结构如图 5.4 所示。

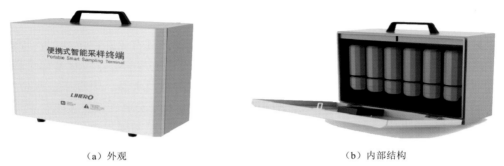

（a）外观　　　　　　　　　　　　　　（b）内部结构

图 5.4　便携式智能采样终端外观及内部结构

水环境污染监测先进技术与装备国家工程研究中心供图

便携式智能采样终端具有以下技术特点。

（1）具有定时采样、时间等比例采样、外部触发采样、远程控制采样等采样模式。

（2）具有保存采样记录、故障日志等功能，记录及日志能远程上报中心平台。

（3）太阳能供电，电池组更换便捷，便于现场快速布置。

（4）具有采样瓶远程锁定功能，防止目标采样瓶采集的水样被自动排空。

（5）具有手机 APP 交互功能，可通过 APP 完成取样、换装空瓶、样品信息上报、采样模式设置、单点控制调试等操作。

（6）采样终端可外接雨量计、水位计等外部仪表，可根据设置的仪表阈值触发采样。

4）面源污染采样器

面源污染采样器是针对传统采样器难以处理的非点源污染的监测设备，主要用于以农业面源污染为主的面源污染采样，针对面源污染的分散性、不确定性、滞后性、双重性的特点设计，为农业面源污染通量研究提供更具科学性的数据，辅助指导科学施肥种植。面源污染采样器外观及内部结构如图 5.5 所示。

（a）外观　　　　　　　　　　　　　　（b）内部结构

图 5.5　面源污染采样器外观及内部结构

水环境污染监测先进技术与装备国家工程研究中心供图

面源污染采样器具有以下技术特点。

（1）面源污染采样终端外接流量计，通过径流流量触发采样，系统双瓶同步进样，降雨时，高采样速率采样瓶采集初雨样品，低采样速率采样瓶采集整个雨期的连续混合样品。

（2）具有网络信号强度、工作电压、实时流量、采样体积、运行状态等实时监测功能，并将信息上传中心平台。

（3）蠕动泵采集进样体积，可提高计量精确度，计量采样瓶采样量。

（4）可远程采样、升级，以及远程设置系统运行配置，灵活应对现场需求。

（5）自动润洗：每次采样前，用待测水样润洗采样管路，保证采样的代表性。

（6）样瓶锁定：可对单个样瓶锁定，防止待测样品被自动排空。

（7）远程控制：可实现远程采样、状态查询、参数设置、样瓶锁定等功能；可通过手机 APP 进行采样、取样、参数设置及系统维护等操作。

（8）数据采集与传输：采样记录、开关门记录、样品信息、系统状态日志等数据可通过 4G 无线网络传输至中心平台。

（9）采样瓶：具备密封防篡改功能，并可与系统管路进行快速插拔连接；满足进样时透气，取出运输时密封防溢出的功能要求。

（10）电子门禁：手机与采样终端建立连接，可远程打开电控锁进行维护或取样操作。

5）采样浮标

采样浮标主要针对湖库、城市内河溯源调查采样等。该产品采样可选范围大、环境要求低，布点灵活，可应用于地表水常规采样、污染采样监控布点采样、污染溯源排查布点采样等。而且对于水质有监测需求、有依据水质条件实现触发采样需求的，可提供带五参数探头和不带五参数探头的采样浮标，如图 5.6 所示。

图 5.6　采样浮标示意图
水环境污染监测先进技术与装备国家工程研究中心供图

采样浮标具有以下技术特点。

（1）采样模式丰富，具有定时、等比例、触发采样及远程采样等采样模式，可应对多种不同的场景需求。

（2）维护成本低，太阳能供电，节能减排，保证高续航性能，维护次数较少。

（3）布设方便快捷、布设成本低，可弥补现有监测网络时空分布不足的问题。

（4）产品针对性强，针对湖泊河流等采样需求，可应对雨季、汛期等水位变化较大情况，避免采样器被水淹没的危险。

（5）采样流程合理，可实现样品锁定、自动密封、自动排空、自动润洗功能，保证留样代表性。

（6）操作灵活快捷，可通过蓝牙与多功能采样瓶交互，也有 4G 通信方式选择，可通过 APP 远程控制实现测试留样、状态查询、参数设置、系统维护及样品锁定等功能。

（7）样品安全可靠，具有采样记录、故障日志、样品锁定、电子锁等保障水样代表性的措施，问题溯源有途径。

6）井下采样器

井下采样器主要针对井下环境进行采样，针对特殊环境进行针对性、适用性设计，适用于地下水常规采样、城市雨水采样及污水管网采样等，可为区域地下水等特殊场景的水质监测提供采样服务。

井下采样器可根据需求，设计为单层、双层、三层等，可针对不同的井下场景采取对应的模式，如图 5.7 所示。

（a）双层六瓶模式　　　　　　　　　　　（b）单层三瓶模式

图 5.7　井下采样器

水环境污染监测先进技术与装备国家工程研究中心供图

井下采样器具有以下技术特点。

（1）采样模式丰富，具有定时、等比例、触发采样及远程采样等采样模式，可应对多种不同的场景需求。

（2）布设方便快捷、布设成本低，可解决现有监测网络时空分布不足的问题。

（3）产品针对性强，针对井下的特殊采样环境，采取独特的结构设计，适用于狭窄井口、井口环境复杂等多种情况。

（4）采样流程合理，可实现样品锁定、自动密封、自动排空、自动润洗功能，保证留样代表性。

（5）操作灵活快捷，可通过蓝牙与多功能采样瓶交互，也有 4G 通信方式选择，可通过 APP 远程控制实现测试留样、状态查询、参数设置、系统维护及样品锁定等功能。

（6）样品安全可靠，具有采样记录、故障日志、样品锁定等保障水样代表性的措施，问题溯源有途径。

2. 高效水环境测样系统

高效水环境测样系统配备了多种高效分析与检测设备，包括光谱分析仪、电化学分析仪等，能够对水样中的多种污染物进行快速、准确的检测。同时，该系统支持多种分析方法，如标准检测方法、快速检测方法等，可根据实际需求灵活选择。高效水环境测样系统具备以下优势与特点：①自动化程度高，能够反映水质状况；②监测精度高，能够准确反映水质状况；③实时性强，能够及时发现和处理水质问题；④操作简便，易于维护和升级。

1）全自动 AI 水检系统

全自动 AI 水检系统为实验室水质检测自动化颠覆性的产品，具有智能化、自动化、信息化的特性。全自动 AI 水检系统重点解决传统实验室分析仪器自动化程度低，分析过程复杂，人工参与量大，分析结果受人为因素的影响较大，样品量大时出数据较慢等问题。全自动 AI 水检系统是智能化、自动化、网络化的水质实验室检测装备，系统由全自动水质分析仪、机器人上下样系统、样品传送系统、自动进样模块、中控系统、辅助系统等组成，如图 5.8 所示。全自动 AI 水检系统可实现水质多参数全自动化、批量化和无人值守检测，可提高水质检测效率和能力、检测的准确性和可靠性，降低成本，保证数据的可溯源，可应用于地表水、地下水、海水、污水等水域大批量水体样品自动化分析检测。

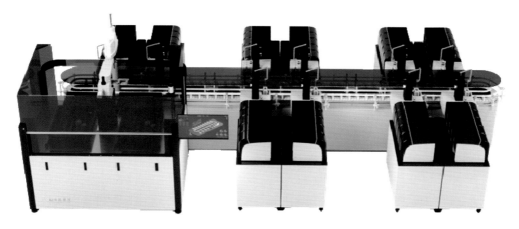

图 5.8 全自动 AI 水检系统

水环境污染监测先进技术与装备国家工程研究中心供图

全自动 AI 水检系统主要由以下系统组成。

（1）水质分析模块。仪器分析方法与国标方法原理一致，按照模块化、小型化原则设计，精密度高，自动留痕，自动判断数据，检测能力覆盖常规理化、重金属及有机物等 100 余项水质指标，可根据检测需求灵活组合，如图 5.9（a）所示。

（2）全自动上下样系统。由机械臂配合 AI 机器视觉自动完成样品瓶的抓取、扫码、开盖、上线、下线、合盖、回收，如图 5.9（b）所示。

（3）全自动样品传送系统。通过高精度动力装置实现样品的精准输送。传送带把样品瓶动态分配运送至检测工位，并送回检测完成的样品瓶，系统能准确跟踪记录样品瓶

（a）水质分析模块

（b）全自动上下样系统

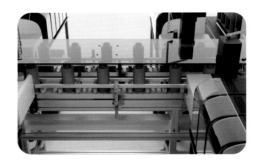
（c）全自动样品传送系统

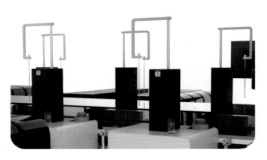
（d）全自动进样系统

（e）中控系统

（f）智能辅助系统

图 5.9　全自动 AI 水检系统组成

水环境污染监测先进技术与装备国家工程研究中心供图

的位置，如图 5.9（c）所示。

（4）全自动进样系统。控制样品瓶进出检测单元，控制取样针自动吸取样品并将样品混匀，管路内壁和进样针外壁具有自动清洗功能，避免样品间的交叉干扰，如图 5.9（d）所示。

（5）中控系统。超强运算协同调度各子系统全自动完成水样的测试任务，采用三维（3D）仿真、物联网等技术实时显示系统工作状态和样品的测试状态，实现检测全流程信息化管理，包含样品登记、数据查询、数据审核、报告生成、数据上传等功能，如图 5.9（e）所示。

（6）智能辅助系统。配置废液自动收集处理、纯水自动供应、供电保障、视频监控和仪器试剂冷藏单元等辅助系统，保障全自动 AI 水检系统完成水样检测，如图 5.9（f）所示。

全自动 AI 水检系统主要有以下技术特点。

（1）智能化。实现样品自动分配、样品信息自动解析、样品瓶自动开启与复位、仪器自动进样与批量检测、智能自动质控、数据实时采集、报告智能生成等环节的全过程无人化操作。

（2）柔性化。按检测项目和样品量需求，灵活动态增减分析模组，可实现"即插即用"的模块化分析模组。

（3）信息化。应用耦合云计算、溯源模型、大数据等现代信息技术，开发了"水环境质量智慧分析与应用平台"，推动了水环境监测技术的感知高效化、数据集成化、分析关联化、测管一体化、应用智能化。

（4）可靠性。符合国家/行业标准的检测方法和全流程质控，同时具备仪器健康状态诊断、测试流程日志、样品跟踪溯源等多种质控手段。

（5）更环保。相比于传统实验室手工方式，自动化实验室仪器消耗的试剂和产生的废液更少，降低废液处理成本。

（6）高效化。水样前处理、检测分析、数据计算保存自动化完成，系统支持 24 h 无休工作，样品日处理量可达 500 个以上。

2）全自动多通道水质分析仪

全自动多通道水质分析仪依据国标方法原理设计，对操作人员专业水平要求低，操作简单易用，智能化程度高。水质实验室常规指标检测主要以手工分析为主，传统手工分析方法对人员专业要求较高且操作流程复杂。自动进样器与多通道检测器联用，各检测器按照顺序单独进样，同时测试，实现进样、预处理、反应检测、计算结果等全过程工序自动化、批量化作业，能做到 24 h 无人值守作业。仪器可选配化学需氧量、高锰酸盐指数、氨氮、总磷、总氮、氟化物、氯化物、阴离子表面活性剂、挥发酚、氰化物、六价铬等多个检测模块，可应用于生态环境监测部门、供排水监测部门、水文水资源监测部门、海洋环境监测部门、企业自行监测和第三方社会化检测公司等单位的水质分析。全自动多通道水质分析仪如图 5.10 所示。

图 5.10　全自动多通道水质分析仪

水环境污染监测先进技术与装备国家工程研究中心供图

全自动多通道水质分析仪主要由以下模块组成。

（1）多通道检测器

多通道检测器具有以下技术特点。

① 采用液位+柱塞泵采样和红外液位检测器计量，精度高，无须校准，做到免维护、无人值守、全自动在线，克服了蠕动泵管老化带来的取样误差，仪器标线漂移小，维护量小。

② 可对仪器管路和反应、检测单元进行自动清洗。

③ 可实现测量、计量等传感器自动校准功能，可实现手工/自动校准、远程校准功能。

④ 可查询试剂与部件的使用情况，提醒维护人员及时添加试剂。

⑤ 仪器的模块化设计能够通过检测面板切换或者控制程序的切换实现一台仪器同机监测多个参数。

（2）自动进样器

自动进样器具有以下技术特点。

① 可与多个模块化检测通道联用。

② 具备精密步进驱动及编码器反馈系统，稳定性高。

③ 自动完成进样针的清洗，管路死体积小，减少了记忆效应。

④ 具备网络化通信接口，可完成同分析仪及上位机的同步操作。

⑤ 外形美观、体积小、重量轻、安装使用方便，通用性强。

⑥ 自动化程度高，无人值守，24 h 不间断工作，极大地提高工作效率。

（3）一体化多功能实验台

一体化多功能实验台具有以下功能。

① 配置自动扫描在线通道。

② 配置手动调试控制进样器，可完成待测水样的自动进样及进样器的清洗工作。

③ 控制多通道分析模块对样品的分析检测及管路清洗。

④ 样瓶配置，样品信息的录入，标样测试通道指定，样瓶测试优先设置。

⑤ 样品录入模板导出导入，节省样品录入时间；数据查询、日志查询，检测报告。

⑥ 进样管路自动清洗，防止高低浓度样品交叉干扰。

⑦ 系统具备故障界面提示及日志记录功能。

⑧ 经过定制开发，数据可通过协议上传到实验室信息管理平台。

⑨ 自动质量控制，可自动实现空白测试、标样测试、平行样测试、标样加入试验 4 个质控手段。

⑩ 具备样品盘"上一盘""下一盘"切换功能，增加样品摆放数量。

一体化多功能实验台主要有以下技术特点。

① 标配 42 个样品位，最多支持连接 5 个检测单元。

② 集成在线消解、萃取、蒸馏等多种前处理模块。

③ 检测模块可灵活组合，并具备扩展检测能力。

④ 符合实验室设备使用习惯，操作维护简便。

⑤ 自动标定工作曲线，自动报表输出。

⑥ 检测数据和流程日志可上传实验室平台。

3）多通道全自动高锰酸盐指数分析仪

多通道全自动高锰酸盐指数分析仪是一款集自动化、高效性、准确性于一体的先进分析设备，如图 5.11 所示。该仪器采用先进的技术手段，能够快速准确地测定水样中的高锰酸盐指数，适用于地表水、地下水、工业废水等场景，在环境监测、水质检测、污水处理等领域有较好的应用。

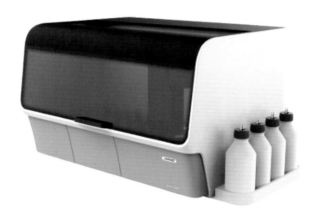

图 5.11　多通道全自动高锰酸盐指数分析仪
水环境污染监测先进技术与装备国家工程研究中心供图

多通道全自动高锰酸盐指数分析仪主要有以下技术特点。

（1）可自动完成批量样品试剂加入、水浴消解、杯壁除水、恒温滴定、数据计算、报告生成打印等。

（2）可根据不同水样选择不同方法，兼容酸性法和碱性法。

（3）机械臂抓放样瓶，将样瓶传送到不同工位，精准控制完成水样一系列检测步骤；具备高精度试剂计量、滴定终点自动判别和水浴锅自动恒温及补水功能。

（4）支持样品编号扫码录入，仪器工作状态信息动态显示，主要部件健康状态自诊断，支持紧急样品随时添加、优先检测等功能。

3. 水质自动监测一体化系统

水质自动监测一体化系统是以在线自动分析仪器为核心，配套物联化技术、传感技术、自动测量技术、自动控制技术及预警监测等技术构建的在线自动监测体系。系统具有响应时间快、监测频次高、自动化程度高等特点，可实现实时连续监测和远程监控，能及时掌握水质状况，预警预报流域水质污染事故，并及时通报相关部门，以迅速启动应急预案，做到及时防范、应对突发水污染事故，确保水质安全。

1）智慧站房自动监测系统

智慧站房自动监测系统立足流域水生态环境保护长效监管的需求，汇集水质监测数据、水文数据、气象数据等各类数据，对水环境进行科学的分析与评价，建立水环境监测大数据决策支撑管理体系，摸清水环境污染状况，促成各类生态环境问题的有效解决，提高政府管理决策的水平，实现水质监测"用数据说话、用数据管理、用数据决策"，促进水环境质量持续改善。智慧站房自动监测系统如图 5.12 所示。

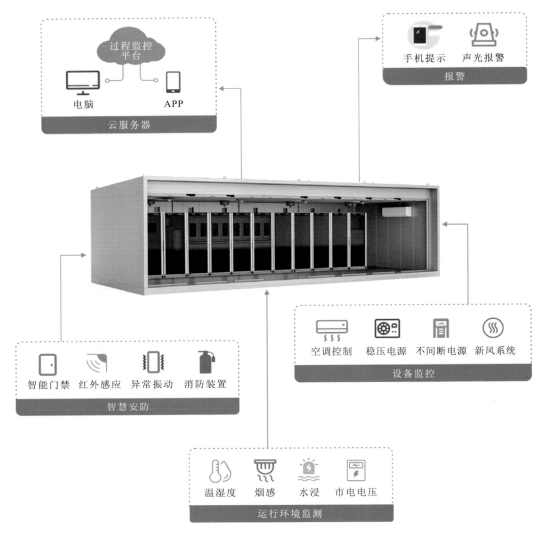

图 5.12　智慧站房自动监测系统

水环境污染监测先进技术与装备国家工程研究中心供图

智慧站房自动监测系统主要有以下技术特点。

（1）监测参数可扩展性。水质监测系统采用模块化设计实现百余项参数的灵活配置，监测参数涵盖了《地表水环境质量标准》（GB 3838—2002）和《生活饮用水卫生标准》（GB 5749—2022）中营养盐、重金属、有机物等指标。水质监测系统实现模块系统化管理，便于客户使用和管理，降低监测系统维护难度和运维成本，易于实现水站功能切换扩展，大幅降低系统升级成本。

（2）数据可靠性和可溯源性。创建了完善的自动监测数据在线质量控制系统，包括运行过程记录、标准样品在线核查、加标回收率在线测定、故障反馈等，对可能影响结果的各种因素和环节系统自动进行全面控制、管理，使这些影响因素都处于受控状态，建立一个完整体系从而保证自动监测数据的质量和可溯源性。

（3）智能化集成程度高。采用智能化设计，构建了水质自动常规监测、异常数据识别及应急监测多种智能运行模式。系统采用通用化、小型化设计，确保整个系统出色承担应急监测的任务，快速方便地实现常规监测向应急监测的转化。

（4）海量数据的分析与应用能力。构建了新型水质自动监测系统数据分析与应用平台，针对数据质量进行有效性可靠性分析，保证合格数据入库；建立了监测数据分析和应用系统，有效应用与分析数据为环境管理服务，有效解决了海量数据分析与应用能力不足的问题。

2）户外一体化水质自动监测系统

户外一体化水质自动监测系统是一种集成先进传感器技术、自动化控制技术和数据通信技术的高效、智能化水质监测系统。该系统能够实时监测水质状况，自动采集、处理和分析数据，为水环境保护、污染预防和水资源管理提供重要的技术支持。户外屋与户外柜如图 5.13 所示。

（a）户外屋　　　　　　　　　　　　　　（b）户外柜

图 5.13　户外一体化水质自动监测系统的户外屋及户外柜

水环境污染监测先进技术与装备国家工程研究中心供图

该系统将采水单元、水样预处理单元、分析仪器、数据采集传输单元及防雷系统集成到柜式箱体中，通过网络将水质监测设备采集的水质监测数据、水量数据、运行状态数据、视频信息等数据上传到中心管理平台。该系统占地面积小，可整体移动，参数配置涵盖常规 9 参数，可增配特征污染物参数，功能与常规水站相当，是一种新型的小微站。户外一体化水质自动监测系统的安装方式和采水方式如图 5.14 所示。

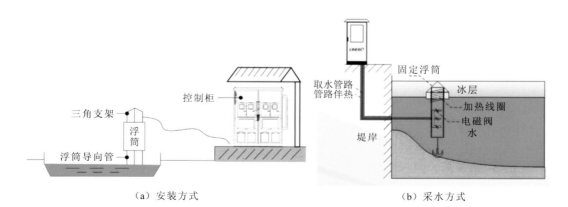

（a）安装方式　　　　　　　　　　　　　（b）采水方式

图 5.14　户外一体化水质自动监测系统的安装方式和采水方式

水环境污染监测先进技术与装备国家工程研究中心供图

户外一体化水质自动监测系统主要有以下技术特点。

（1）采用不锈钢机柜代替监测站房，降低系统成本，安装环境无特殊要求，机柜防护等级达到 IP65。

（2）机柜配备冷暖空调，保证系统运行的环境稳定性。

（3）供电系统提供多级防雷装置，对有线通信系统配置防雷装置，保证供电系统和通信系统的安全。

（4）自动化程度高，涵盖自动采样、自动分析和自控清洗以及数据采集与传输等环节。

（5）分析仪器参数可扩展性强、方法成熟、性能稳定、经济合理、运行费用低、维护工作量少。

（6）系统布局设计合理，考虑人性化，可提供足够的维护空间。

3）移动式水质自动监测系统

移动式水质自动监测系统是一套集成先进传感技术、数据采集、数据传输和数据处理于一体的便携式水质监测设备。该系统具备快速部署、实时监测、数据准确、操作便捷等特点，能够在水体发生突发污染或需对特定区域进行水质快速评估时提供有力的技术支持，如图 5.15 所示。

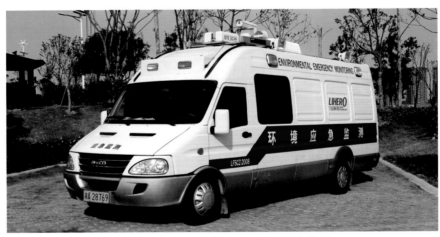

图 5.15　移动式水质自动监测系统实物图
水环境污染监测先进技术与装备国家工程研究中心供图

移动式水质自动监测系统具有以下技术特点。

（1）采用模块化设计，可通过切换控制程序或监测面板实现百余项参数的监测，可覆盖现有水质标准中大部分指标的监测。

（2）完成了全自动化的监测系统集成及车辆改装。

（3）构建了监测数据自动质量控制与保证体系。

（4）构建了高效的数据传输及强大的数据应用分析平台。

移动式水质自动监测系统的主要有以下几个应用场景。

（1）应对突发性水污染事故和自然灾害引起的水质污染的应急监测需求，保障用水安全。

（2）保障重大活动城市饮用水水源地、城镇供水水质安全。

（3）满足日常水质安全普查、巡检的需求。

（4）有效补充实验检测力量（仪器的"两用性"）。

4）浮船式水质自动监测系统

浮船式水质在线监测系统是一套集水质在线分析仪、系统控制与数据采集、远程监控于一体的在线全自动监控系统。它结合现代通信技术，实时地将仪器的测量结果、系统运行状况、各台仪器的运行状况、仪器及系统故障等信息自动传送到中心管理单元，可接收中心站发来的各种指令，实时地对整个系统进行远程设置、远程校准、远程清洗、远程紧急监测等控制。浮船式水质自动监测系统及系统组成如图 5.16 所示。

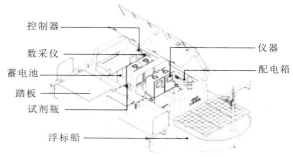

（a）实物照片 　　　　　　　　　　（b）系统组成

图 5.16　浮船式水质自动监测系统实物照片及系统组成
水环境污染监测先进技术与装备国家工程研究中心供图

浮船式水质自动监测系统主要有以下技术特点。

（1）站点布设灵活，无须固定站房，建设成本低。

（2）采用 24 h 不间断太阳能供电。

（3）采用低功耗监测设备（电源通过继电器控制，当仪器测试完毕以后，自动断电，下次测试之前重新开启电源）。

（4）配备防盗系统：采用全球定位系统（GPS）防盗和信号掉线报警两种方式进行系统的防盗报警，支持以手机短信的方式通知管理人员。

（5）五参数原位测量：与站房式水质监测系统五参数监测相比，五参数测试不受管路及取水距离的影响，保证能测试真实的水样。

5）高光谱遥感水环境监测装备

利用卫星、飞机或地面固定高点等天地平台，集成高光谱遥感测量仪器，采集远距离、大范围的水体光谱数据并同步传输，实现叶绿素 a 浓度、藻蓝素浓度、悬浮物浓度、总氮、总磷等多参数的测定，生成直观的可视化水环境监测大数据，为水环境监测或决策提供诊断评估报告。该装备可用于排污口探测、河湖水面水质监测、水污染突发事故监测、河湖库水华监测预警等。高光谱遥感水环境监测装备如图 5.17 所示。

高光谱遥感水环境监测装备主要有以下技术特点。

（1）成像光谱信息包含了地物目标的物化属性，可识别不同水污染物。

（2）集成旋翼无人机、最新型高光谱成像仪、稳像云台、高速数据采集控制器和高

（a）无人机载高光谱成像采集系统　　　　　　（b）高光谱成像仪

图 5.17　高光谱遥感水环境监测装备

精度定位装置，可实现高质量光谱数据实时采集、存储，具有采集效率高、操作简捷、携带轻便等特点。

（3）可实现原始数据的快视复原、辐射校正、光谱定标、几何校正等自动化批量处理，去除探测器的条纹噪声，标定光谱中心波长，对影像的几何扭曲进行校正，生成可进行后续业务应用的高光谱数据。

（4）通过核心的水体参数分析的先进模型算法，对采集到的水体高光谱数据进行分析和解算，计算出总氮、总磷、叶绿素 a、藻蓝素、悬浮物等浓度，同时生成各种指标相应的空间分布，可用实测数据进行验证，系统可连续扫描水体，得到多个水质参数的测量结果，测定过程是在水体原位进行，不需要消耗任何试剂，安装使用方便，远程在线监测。

6）高灵敏度传感器水环境自动监测仪

高灵敏度传感器水环境自动监测仪采用传感器技术的水质探头检测仪，是一种高效、精确的工具，用于监测水质状态和分析多种水质参数。这些探头通过不同类型的传感器来测量水中的化学成分、物理性质及生物指标。

高灵敏度传感器水环境自动监测仪主要有以下技术特点。

（1）监测的水质参数主要有：pH、溶解氧、氨氮、硝态氮、磷酸盐、重金属等化学参数；温度、电导率（表征水的盐分含量）、浊度等物理参数。

（2）高灵敏度传感器有用于测量 pH、溶解氧等化学物质浓度的电化学传感器；使用紫外线、可见光或红外线等光谱方法来测定特定化学物质浓度的光学传感器；利用微生物、酶或其他生物分子来监测水中有害物质存在的生物传感器等。

（3）能够提供实时数据，对水质数据变化做出快速响应。

（4）现代传感器可达到非常高的精度和灵敏度，以检测极低的污染物浓度。但传感器需要定期校准和清洁。

（5）具有便携与自动化的特点，许多水质探头设计紧凑，易于现场使用，并可与数据记录器和远程监控系统集成。

4. 水文与水生态智慧感知终端

水文与水生态智慧感知终端是高效精准水环境采测装备集成系统的重要组成部分，是实施水文、水生态与水环境同步监测的主要手段，具有高效、便捷、经济、数据采集智能化的特点，为保证采集数据快速、真实性和同步性提供有力支撑。采用超声波技术、激光技术、雷达技术、边缘计算和机器学习等技术研发的水文与水生态智慧感知终端，在实践中得到了广泛应用。

1）多普勒超声波流量计

多普勒超声波流量计采用超声波多普勒原理测量流速、流量，可用于河流、明渠、管道在线测流，针对高泥沙含量和洪水情况进行优化，实现高精度的流量测量，可进行低流量测量，读数稳定可靠，适用于污水环境用速度法计算流量，如图 5.18 所示。

图 5.18　多普勒超声波流量计

武汉新烽光电股份有限公司供图

多普勒超声波流量计主要有以下技术特点。

（1）集成温度探头，用于水温监测及声速补偿，尺寸小，易安装，对流动影响小，可用上位机进行率定。

（2）操作、管理方便，自带率定软件，可通过水力模型、流速分布及已知流量三种方式进行率定。

2）投入式超声波流量监测仪

投入式超声波流量监测仪适用于渠道、污水排水管网中流量监测，传感器采用非固定安装悬浮在水体中，水中异物不易挂在设备上，不会影响产品测量精度，自动适应流速方向，流体方向不会影响产品测量精度，如图 5.19 所示。

图 5.19　投入式超声波流量监测仪

武汉新烽光电股份有限公司供图

投入式超声波流量监测仪主要有以下技术特点。

（1）配套水位监测采用非接触式测量，不受伯努利定理影响，水位测量更加精准。

（2）产品柔性安装，不会产生由涌水现象带来的测量误差。

（3）适用范围广，可应用于大部分其他流量计不能安装的环境。

（4）安装运维安全、方便，无须下井作业。

3）非接触式排水管网流量水位监测仪

非接触式排水管网流量水位监测仪适用于渠道、雨水排水管网、海绵城市、水位变化幅度不大的河流流量监测，集成雷达水位、雷达流速非接触单元，可以测量管道非满管情况下的流量，集成多普勒超声波流速、压力水位单元，可以测量管道满管情况下的流量，主要应用于地下管网，如图 5.20 所示。

图 5.20　非接触式排水管网流量水位监测仪
武汉新烽光电股份有限公司供图

非接触式排水管网流量水位监测仪主要有以下技术特点。

（1）水位、流速、流量多参数一体型，非接触测量无须高频次运维。

（2）可自动识别满管和非满管工况启动单元工作，测量零盲区。

（3）具备表面流速与断面平均流速的水力模型换算关系，准确度更高。

（4）安装在水平横管段的管顶，不受管道水底异物的影响，不需要人工维护，测量精度高。

（5）具备倾角测量自动修正算法，不受现场安装角度的限制，操作方便。

（6）可长期水下使用，防腐蚀，适用于地下管网恶劣环境。

4）气泡式水位计

气泡式水位计适用于水库、湖泊等含沙量较小的水体环境，通过双气路切换进行校准，无漂移，精度高，稳定性好，如图 5.21 所示。

气泡式水位计主要有以下技术特点。

（1）环境适应性好，安装简单，无须维护。

（2）采用进口气泵，使用寿命更长。

（3）投入末端现场无源，防雷抗干扰。

（4）带冲沙模式，防气容堵塞。

（5）2 M 固态存储，循环记录 10 万条以上数据；参数可现场设置，如密度、重力加速度、测量间隔、通信地址等。

（6）具有温度补偿、密度补偿、压力漂移补偿，精度高性能稳定。

图 5.21　气泡式水位计

武汉新烽光电股份有限公司供图

5）雷达式水位计

雷达式水位计采用激光和雷达双测量技术，如图 5.22 所示，具有科学的设计理念和设计方法，使测量值稳定、真实、可靠，适用于河道、渠道、水库等空旷环境。

图 5.22　雷达式水位计

武汉新烽光电股份有限公司供图

雷达式水位计主要有以下技术特点。

（1）可进行激光和雷达技术双测量，产品环境适应面广。

（2）非接触测量不受温度和介质影响。

（3）波束小，能量集中，抗干扰能力强。

（3）全量程保证高精度。

（4）雷达发射面平板设计，有效避免蜘蛛等昆虫结网对水位计造成的影响，减少维护工作量。

6）窨井水位计

窨井水位计采用压力和雷达双技术融合，如图 5.23 所示，通过科学的设计理念和设计方法，使测量值稳定、真实、可靠，适用于管网环境液位监测。

窨井水位计主要有以下技术特点。

（1）产品井口安装无须下井，极大地提高了安装安全性。

（2）非接触测量不受温度和介质的影响。

（3）波束小，能量集中，抗干扰能力强。

（4）压力和雷达自动切换弥补了雷达水位计的盲区。

图 5.23　窨井水位计
武汉新烽光电股份有限公司供图

（5）设备可在-2 m 淹没情况下正常测量。

（6）电池仓主机卡扣式设计，更换电池更加便捷高效。

（7）雷达发射面内置加热功能，有效防止凝露带来的测量干扰。

7）便携式多参数水质水文监测仪

便携式多参数水质水文监测仪采用低功耗设计，内置高容量锂电池供电，如图 5.24 所示，锂电池使用寿命和免维期均不低于 12 个月。适用于管网环境、不便于立杆场所环境监测或不便于进行布线及施工的场所，水文站、湖库、城市内涝等数据采集集中的场景。

图 5.24　便携式多参数水质水文监测仪
武汉新烽光电股份有限公司供图

便携式多参数水质水文监测仪主要有以下技术特点。

（1）无线通信使用的是 470 MHz 免费频段，不需要申请和付费，无线信号的穿透能力和绕射能力强，适用于在地下井内通信。

（2）具有缓存机制和恢复补发两个月历史数据的功能。

（3）内置 WiFi 模块，支持无线配置，同时也支持远程配置。

（4）集成多种水系参数，监测参数灵活可选，适应于多种应用环境。

（5）尺寸小，井口安装无须下井，极大地提高了安装安全性。

8）便携式微流控水质检测仪

便携式微流控水质检测仪以微流控芯片为载体，以传统水质指标检测原理为基础，是多种技术融合开发而成的水质检测设备。仅需少量的水样，可以实现总磷、总氮、氨氮及 COD 的原位化快速检测，相应参数指标、检测原理满足环保行业国家标准要求。该设备适用于实验室环境和户外环境下水质原位检测，如图 5.25 所示。

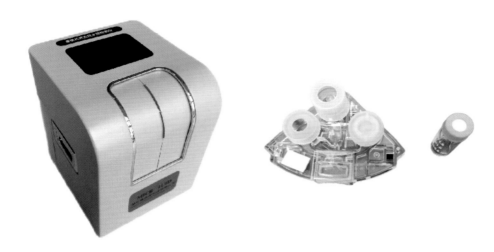

图 5.25　便携式微流控水质检测仪
湖北微流控科技有限公司供图

便携式微流控水质检测仪主要有以下技术特点。

（1）微型化、集成化高，通过微流控芯片技术标准化地将取样、高温密闭消解、定量、分步混合试剂、反应和显色、光电检测等流程全部集成到一张半径仅为几厘米的扇形芯片上。

（2）反应试剂定量化预置，避免烦琐的人为操作，只需加入水样点击"开始检测"即可执行。

（3）只需放入芯片、加入水样，一键自动化完成相应指标检测，数据可上传到远程服务器。

（4）反应试剂微量化、对环境友好，与常规实验室水质检测相比可大幅减少废液量。

（5）微流控芯片内嵌身份识别，识别读取后才能工作，数据不可篡改，安全性高。

5. 农业面源污染自动监测系统

农业面源污染自动监测系统由智能化监测系统、多重触发采样监测终端、自动化监测实验室和农业面源监控平台系统组成。系统重点解决农业面源污染底数不清，难以掌握水污染物的类型、数量和分布；农业面源污染监测信息化与自动化程度低，退水、初雨等监测时机难以抓取；农业面源迁移转化过程不清晰，水污染溯源困难；农业面源污染物缺少通量定量评估手段，污染贡献难以厘清等问题。其中智能化监测系统传感器采用模块化设计，16 个监测模块支持 110 余项监测参数配置与切换，水质水量同步监测，实现水文水质自动监测仪器设备联合应用，相互关联，掌握农业面源污染物通量与时空特征。多重触发采样监测终端采用自动在线监测与智能管控终端相结合，可实现雨量、水位、水质、远程控制触发采样，捕捉农业面源的发生及水质信息。自动化监测实验室开发模块化、小型化、监测参数配置灵活的实验室自动分析设备，实现样品批量化的自动分析。农业面源监控平台系统能够对水环境监测数据进行统计分析，并结合 GIS 在水系地图上直观展示水污染浓度、通量的分布，可搭载水环境污染溯源模型，根据水污染通量数据计算水污染源贡献率。

5.3 多工况下水环境物联网感知技术

水环境物联网感知技术是指在各种水文气象降雨条件，水污染物不同排放工况与输入工况，水污染物在水体中不同吸附、释放、迁移、转化工况组合的复杂环境条件下，实现水环境监测、数据采集和传输的关键技术，主要包括智慧感知技术、网络传输技术、数据挖掘技术、业务服务与应用功能实现技术。具体来说，综合运用智能监测与现代物联网技术构建水环境智能感知体系，实现流域（区域）水环境全要素感知、泛在接入、反馈调节。通过水环境监测数据与其关联数据融合与处理，水环境污染监测大数据挖掘分析，构建云服务系统实施水环境业务服务与管理智慧应用。

水环境监测物联网智慧感知与云服务系统构建，如图 5.26 所示。重点针对水环境监测物联感知需求，通过前端监测感知设备、视频系统及其他与水环境相关的信息感知设备，依托其他关联系统数据接入和抓取，实现了水环境监测信息的智能感知；依托互联网光纤、环保专网、虚拟专用网络（virtual private network，VPN）、移动无线、3G/4G/5G、微功耗等物联网技术，实现了智慧感知信息实时网络传输；建设网络安全、服务器、存储设备、云服务管理系统等基础设施硬件与软件支持系统；构建水环境大数据资源中心系统，如图 5.27 所示；在此基础上通过业务服务和应用功能开发，最终实现水环境相关资源与数据共享，水环境污染精准溯源，水环境风险及时预警预报、水环境精细管理与科学决策。

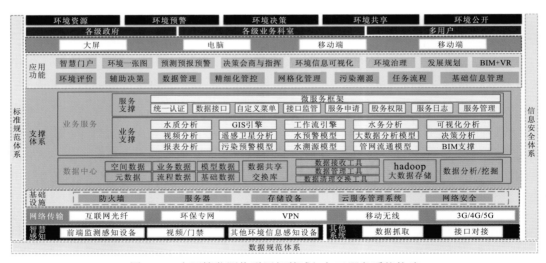

图 5.26　水环境监测物联网智慧感知与云服务系统构建

（1）智慧感知技术：根据工况不同，在水污染源排放口、城镇管网关键节点、污水处理厂进出口、入河湖排污口、河湖水质考核控制点位和断面、饮用水源地、居住小区用水和排水点等全覆盖点位布控监测感知设备，采用固定水质自动监测站、户外监测机

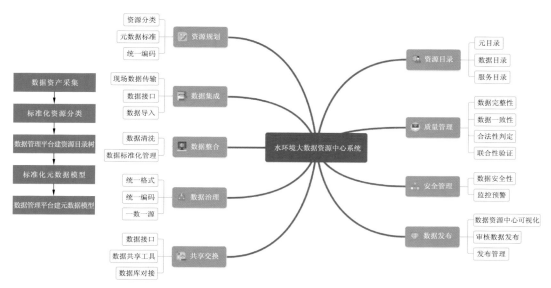

图 5.27　水环境大数据资源中心系统构建

柜、户外监测小屋、固定智能采样终端、浮船监测站、移动水质监测车、水质自动巡测站、智能监测井、无人机与无人船携带自动采测设备、水文水生态智慧感知设备等；监控监测视频、门禁设施；气象降雨水情及水生态等其他环境信息感知设备，同步抓取水环境污染相关供用水、经济社会、流域（区域）自然地理等其他系统数据资料，构建完备的水环境智慧感知技术体系。

（2）网络传输技术：通过互联网光纤、环保专网、VPN、移动无线、3G/4G/5G 等技术将智慧感知水环境及相关信息数据实时传输至数据资源中心的关键技术。

（3）数据分析挖掘：通过网络传输将元数据、基础数据、流程数据、空间数据、业务数据、模型数据输入数据共享交换库，通过数据接收、管理与清理交换工具，存储大数据，利用大数据分析挖掘实施水环境污染精准溯源与精细管控。

（4）业务服务与应用功能：通过水环境大数据挖掘分析，开展水质分析、水污染溯源与预警、城镇管网水污染负荷通量分析、水务一体化分析、可视化分析和决策分析，实现水环境精准预警决策、水环境资源与数据共享、水环境事务公开监督、水环境精细管控等功能。

5.4　水环境智能模拟分析技术

水环境智能模拟分析技术是在数字化场景的基础上，通过集成耦合多维多时空尺度的水环境专业模型、智能分析模型、仿真可视化模型，构建支撑水环境污染精准溯源与精细管控全要素的水环境数字模拟仿真平台。通常情况下，利用先进的计算机模拟技术和人工智能算法来定量预测和分析水环境污染来源、水质时空变化、水污染物稀释扩散、水污染负荷时空分布、水生态系统影响等，达到水环境污染精准溯源和精细管控。

5.4.1 水环境智能模拟分析技术构成

水环境智能模拟分析技术主要是利用计算机模拟和智能算法来精准分析和评估水环境系统的影响和变化。水环境智能模拟分析技术通常包括水环境模型、数据采集与处理、智能算法及可视化与决策支持 4 个部分。

1. 水环境模型

河湖水环境模型是通过建立数学模型来描述河湖水系水环境系统的物理、化学和生物过程。这些模型可以模拟水体的流动、水污染物传输、水质变化等。常用的水环境模型有水动力学模型、水质模型和水生态模型等（王中根 等，2003）。

城镇管网水环境模型是用于模拟和分析城市供水、排水和雨水管理系统的模型。主要有三类模型：①供水系统模型，是模拟水源（如湖泊、水库、河流、地下水）到用户（家庭用户、商业用户、工业用户）的水流，用于评估供水网络的压力、流量和水质分布，优化供水网络的设计和运行，减少漏损和能耗；②排水系统模型，用于模拟污水和废水从用户端到污水处理厂的流动，评估排水系统的容量、流量和水污染物浓度，设计和优化排水网络，防止溢流和水污染；③雨水管理模型，用于模拟降雨、地表径流、排水和雨水管理设施（如蓄水池、滞留池、渗透设施）的作用，评估城镇洪涝风险和雨水污染，设计和优化雨水管理系统，减少城镇洪涝和水环境污染。

2. 数据采集与处理

利用智能感知、遥感数据和实地水环境监测数据等手段，收集水环境系统中的各种数据。数据主要包括水位、流速、水质指标、降雨量等。再利用数据处理和分析技术对水环境系统数据进行预处理、插值、校正等操作，再通过数据集成、整合、治理和共享交换，对数据完整性、统一性、合法性判定，再联合性验证，以获得可用于水环境模型输入的数据。

3. 智能算法

应用人工智能和机器学习算法来优化水环境模型参数、进行数据挖掘和预测分析。这些算法可以自动学习和调整模型，提高模拟结果的准确性和可靠性。常用的智能算法包括神经网络算法、遗传算法、支持向量机等。神经网络算法是一种模拟生物神经系统的计算模型。它由大量互相连接的节点（即人工神经元）组成，节点通常分为输入层、隐藏层和输出层。神经网络强大且灵活，适合处理复杂的非线性问题，尤其在需要深度学习的领域表现突出。遗传算法是一种基于自然选择和遗传机制的优化和搜索算法。遗传算法擅长求解全局优化问题，特别是那些传统算法难以处理的问题。支持向量机是一种用于分类和回归分析的监督学习模型。支持向量机在高维空间中表现良好，适合处理中小规模的数据集，尤其是在分类问题上。智能算法根据具体应用场景和问题特性，选择合适的智能算法能够显著提高解决问题的效率和效果。

4. 可视化与决策支持

将水环境模拟结果以图表、动画或虚拟现实等形式展示，决策者和利益相关者能够直观地了解水环境系统的变化和影响。同时，通过模拟分析结果，为制订水环境管理决策提供科学依据和可行性评估。

水环境智能模拟分析技术在水环境管理、水环境污染控制和水生态保护等方面具有重要作用。它不仅可支持决策者预测水环境系统的响应和变化，优化水资源配置和管理措施，提高水环境的可持续性和健康性。

5.4.2 水环境智能模拟分析关键技术

水环境智能模拟分析关键技术主要有水质预测模拟分析技术、水环境污染溯源模拟分析技术、水环境精细管控模拟分析技术、水环境污染预警模拟分析技术与水环境综合决策支持系统五类，主要模拟技术如下。

1. 水质预测模拟分析技术

水质预测模拟分析技术主要使用 SWMM（storm water management model，暴雨洪水管理模型）、MIKE SHE（MIKE system hydrological European，分布式水文模型）、WASP（water quality analysis simulation program，水质分析模拟程序）等模型，模拟和预测河湖水质变化与预警。通常使用河流一维、水库二/三维水动力水质机理模型、突发水污染扩散预测模型、河湖水系连通水质模型，精细模拟和预测河湖水环境质量变化，定量精准计算水环境质量达标水污染负荷削减总量。

2. 水环境污染精准溯源模拟分析技术

水环境污染精准溯源模拟分析技术利用机器学习与数据挖掘技术分析大量水环境数据，使用数据回归分析、支持向量机、神经网络等方法来定量预测水质参数变化，精准识别水污染源。

3. 水环境污染精细管控模拟分析技术

水环境污染精细管控模拟分析技术利用地理信息系统和遥感技术监测流域水污染物的时间空间分布，分析流域地貌、土地利用变化、工农业生产、经济社会对水环境的影响，全面溯源，精细管控城市/农业农村非点源、工业点源、城市生活水污染点源、农业农村分散点源等。

4. 水环境污染预警模拟分析技术

水环境污染预警模拟分析技术使用计算流体动力学（computational fluid dynamics，CFD）模型如 ANSYS Fluent、OpenFOAM 等精准模拟水体流动、温度分布、水污染物扩散等物理现象，结合传感器网络、物联网技术实现水环境的实时监控和预警，及时响应水污染突发事件，提高应急管理能力。

5. 水环境综合决策支持系统

水环境综合决策支持系统通过整合各类水环境智能模拟分析结果和实时数据，使用水环境综合决策支持系统提高水环境管理的效率和准确性，为水环境科学管理精细管控提供技术支撑。

5.5 智慧水环境精细化管控平台

智慧水环境精细化管控平台是一种基于"水环境污染监测+物联网"和"大数据"结合的先进理念的管控平台。管控平台通过大范围、高密度网格化水环境监测，全面监控网格内的工业、农业污染源、河湖内源、排水管网、污水厂、河流湖泊管控断面（点位）等，实现对各类型水环境要素全面精准监控。同时建立集监测监管、预警溯源、分析研判、决策支持、指挥调度、综合防治于一体的全方位、智慧化水环境监管体系。智慧水环境精细化管控平台通过应用 GIS、物联监测、三维数字孪生、云端审查、水环境模型嵌入等技术，提供一站式的解决方案，协助实现智慧化、高效化的水环境管理。通过智慧水环境精细化管控平台，可实现对水环境的全面监控和管理，及时发现和解决水环境问题，提高水环境精准溯源与精准治理的效率和水平。

5.5.1 智慧水环境精细化管控平台功能

智慧水环境精细化管控平台是一种利用先进的信息技术和环境监测技术，对水环境进行实时监测、监控和精细管理的系统。该管控平台包含以下主要功能和关键技术。

（1）水环境数据采集与实时监测。通过安装在河流、湖泊、水库和供水系统中的智能监测终端，获取水质、水位、流速、温度等多种参数的数据。

（2）水环境数据分析与处理。使用数据分析、机器学习等方法对收集到的水环境数据进行处理和分析，以识别水环境污染模式、趋势和潜在的问题。

（3）水环境预测与模型模拟。建立水文、水质等模型，预测未来水质变化和水环境污染预警预报。

（4）水环境决策支持系统。基于水环境数据分析和模型预测的结果，提供决策支持，帮助管理者制定更有效的水环境管理策略。

（5）智能调控与优化。在必要时，该管控平台可通过物联网自动调节水资源调度和水污染控制，以实现水污染精准高效控制和水环境精细管控。

（6）用户界面与交互。该提供易于使用的交互界面，水环境管理部门可及时查看水环境监测数据、获取监测报告和精准调整管理措施。

（7）集成与互操作性。该管控平台能够与水环境相关的其他系统（如气象降雨预报系统、城市供水排水系统、城市基础设施管理系统等）集成，实现水环境数据共享和功能互补。

通过精细化管控平台的实施可以显著提高水环境管理的效率和精确度，对保护水环境、确保水安全、应对气候变化带来的挑战等具有重要意义。设计和实施管控平台时，需要考虑技术的选择、系统的可扩展性，以及用户的实际需求等方面。

5.5.2 智慧水环境精细化管控平台构建

根据流域水环境污染精准溯源与精细管控的基本要求，构建水环境精细化管控平台主要针对流域"水环境、水资源、水生态"三水统筹进行顶层设计，以推动协同监管预警机制的实现，促进水环境管理模式的创新。利用水环境监测监控大数据及相关的调查统计数据，依托水质评价指标体系、水文分析成果及先进的相关研究成果，构建水文-水动力-水质一体化模拟技术支撑体系与精细化的水环境监控预警体系，据此准确预测和预报水环境状况的发展趋势，实时精准追溯水污染源，并实现流域水环境污染管控措施的智能化分析和高效处置。水环境精细化管控平台不仅能够为专家会商提供科学依据，还可为各级政府主管部门在日常水环境管理和科学决策中提供强大的技术支持。

流域水环境精细化管控平台由三大核心部分构成：①大数据资源中心，其负责整合和分析海量的水环境时空变化数据，提供全面、统一的数据服务支持；②水环境专业管理系统，它集数据采集、传输、存储和实时展示于一体，确保"采、运、测"全流程水环境监测分析的精准性和高效性，满足日常水环境业务管理的多样化需求，并为水环境大数据分析提供坚实的基础数据；③水环境业务应用系统，专注于水环境监测应用、水污染通量应用及分项应用监测与评估，实现水环境状况的全面掌控和有效管理。

1. 水环境预警体系架构

水环境预警体系是基于现代通信网络所构建的集成化系统，有效融合了水环境在线监测系统、移动自动分析设备、GIS、自动采样设备、GPS、视频监控、遥感技术及应急辅助决策等多重功能。通过深度整合地理信息系统、数据库技术、计算机技术、网络通信、多媒体等多种技术手段，水环境预警体系能够依托大比例尺电子地图、现场实时监测数据、重点水污染源及排水管网信息等资源，进行精准的水污染物扩散模拟和水环境污染事故仿真分析，不仅为水环境应急管理指挥部门提供了高效的决策支持，还显著提升了应对突发水环境污染事故的处置效能。水环境预警具有以下主要内容。

（1）企业污染物超标预警。数据超标预警包括对企业周边排放污染物水环境质量监测的预警；当数据超过预设的标准值时，进行报警，并推送至相关部门和相关责任人。

（2）水处理超负荷预警。通过统计考核断面中包含超标监测项目的断面，通过列表的方式展示各断面超标监测项目的浓度、需消减量、需消减百分比、污染负荷，重点突出优良率好的断面和劣 V 类水质断面，可直观地查看需削减断面。

（3）河湖水环境超标预警。水环境现状评价与考核主要从水质类别、超标污染物分析、水质达标率、水质趋势分析等方面实现对水环境现状的分析评价，并基于分析评价结果考核行政主体环境管控责任。

（4）河湖水华水生态预警。对流域水华水生态进行评价分析，通过气象、温度、水质等分析对水华进行预警，同时对种群密度、类别等进行水生态评估，掌握河湖水生态修复工程及生态变化趋势，对濒危种群进行预警。

2. 管控平台系统功能架构

管控平台系统包括数据资源中心、业务管理系统（水环境、水资源、全留痕采测服务监管系统等）和业务应用系统（精准监控预警分析）。管控平台系统采用物联网架构，智慧监测监控感知网大数据通过传输层接入智慧监测监控平台，以 PC 端实现智慧应用。

（1）采集层。水质监测，河湖水质监测采用固定式、人工水质监测设备定期对水质进行检测，检测位置处于重点河湖控制断面（点位），周边入河湖排口，以及示范入户管网等部位。监测项目为常规五参数加污染监测，包括温度、pH、溶解氧、电导率、浊度、总磷、总氮、流量等；对范围内的雨量、水质、水位进行监控，数据均通过布点进行采集。水位监测，管网水位监测主要用于监测管网内满管溢流情况，同时对降雨期和非降雨期是否存在雨污混流等情况进行分析。水位采用雷达式水位计进行监测。

（2）传输层。数据通信中间件是整个监控平台的数据传输通道，负责监控平台内数据的上传与下达，是数据枢纽系统。现场端集成仪器设备，满足国家传输协议标准。通信系统可将现场端上传的自动监控数据实时转发至中心系统；通信系统可将上级系统下达的现场端设施控制指令，实时转发给现场的数据传输设备；通信系统有合理可行的措施可保障现场端上传数据的安全。

（3）支撑层。支撑层包含基础硬件、基础软件及云计算、大数据等新技术的应用。超融合云计算平台系统可以实现计算、网络、存储设备的资源统一虚拟化，构建相应的资源池，实现对物理资源的超融合管理和调度，提供硬件资源的即插即用能力，以及硬件资源使用率查询、实时使用量告警等功能，支持设备资源的快速横向扩展，为数据中心管理提供智能化硬件资源管理支撑。该系统支持容器和虚拟机的快速部署，提供完善的虚拟资源调度方法，支持基于 CPU、内存、磁盘需求及相同主机、不同主机的调度，满足业务部署的灵活性，在虚拟资源池内快速地构建业务生产环境；数据中心，包括公共数据库，业务基础数据库、业务应用数据库，并且能够与外部数据库进行共享与接入。其中公共数据库包括设备信息库、用户信息库等。业务基础数据库包括水资源数据库、水质数据库等。业务应用数据库包括应急调度库、预警模拟库等；通过开发支撑软件和采购第三方软件等方式，实现 Web 服务、应用服务、水文模拟等。

（4）应用层。应用系统包括水质、水资源安全、采测监测系统，"一张图"服务等。监测系统功能包括数据采集、运行监控、数据管理、数据分析、数据导入等。"一张图"服务包括数据分析、信息查询、GIS 模拟展示等。

（5）用户层。用户包括日常业务主管部门、运维部门等，通过与应用服务无缝对接，实现数据共享。

3. 大数据资源中心

河湖预警监控涉及海量数据，包含水环境质量数据、水生态环境数据、风险面源数据、水资源数据、管网数据、流量数据等。数据来源复杂、格式多样、存放分散、业务系统独立，存在信息孤岛，数据难以共享，环境决策缺乏有效的数据支撑。构建流域水环境精准监控预警系统资源中心，实现对涉及的数据进行抽取、转换、加载，形成真实、全面、统一的数据，提供统一的数据服务，全面提高环境数据管理水平，增强环境数据共享服务能力。

水环境大数据主要以水质、水生态和水资源环境数据为主体，同时汇聚流域水污染源、水文气象、经济社会等其他相关的数据，全面支撑流域水环境污染精准溯源与精细管控。构建大数据资源中心首先要采集水环境相关的大数据资产，针对采集的数据资产进行标准化资源分类，在分类基础上，依托数据管理平台建设资源目录树，进而构建标准化元数据模型，最终形成河湖流域水环境精准监控预警数据库。

4. 水环境业务管理系统

流域水环境精准监控感知网数据按照国家和行业标准协议的规定，高效传输至水环境专业管理系统。水环境专业管理系统具备全方位功能，涵盖水环境、水资源、水生态等三水协同智能感知数据的采集、传输、入库、实时展示，并对"采、运、测"全流程进行精细化分析管理。

水环境业务管理系统不仅提供运行管理、质量控制、数据录入等基础功能，还提供数据审核、数据查询、报表生成及统计分析等高级功能，从而满足流域水环境监控预警监测大数据在日常应用中的多元化需求（黎育红 等，2020）。水环境业务管理系统可显示河湖库、排水管网监测点、监测类型、采集数据及采集状态，并能够查看历史采集数据。此外，该系统可为大数据分析提供坚实的数据基础，为大数据展示、挖掘、应用提供有效支撑；该系统通过集成物联网及 GIS 技术，实现系统运行的数字化与无纸化管理，打通并共享各系统与业务间的数据，实现真正意义上的水环境智慧管理。该系统能够实时监测水站、采样终端、管网等关键设备设施的运行数据，并通过汇总、统计及深度挖掘分析，创新性地结合可视化、动态化计算机数据处理模式与传统数据表格，有效提升系统的安全稳定运行水平。系统汇聚融合地表水、入河（湖）排口、管网等各类基础信息及监测数据，形成全流域水环境质量一张图，综合分析面源、入湖排口对水体环境的污染状况，实时掌握河湖水体的水环境变化情况；同时结合水文数据、气象数据等各类数据，对水环境进行科学的分析与评价，反映流域水质存在的问题。水环境业务管理系统包括以下子系统。

（1）地表水综合监测系统。地表水综合监测系统是一种用于监测、管理、智慧分析应用的水环境监测系统。系统组成包括综合展示、GIS 展示、现场工况模拟、数据查询展示、水质分析与评价、数据报表、自动手工数据融合与汛期污染强度八大模块，利用该系统可以掌握水源地、支流及河湖水体水质变化情况，实现对湖泊、河流干/支流、国/省考断面、水库等基础感知对象的全覆盖监控监管。

（2）污染源风险源综合监管系统。汇集污染源排放监测数据、水量数据、污染源普查信息数据、污染物运输监视监控数据等多源数据，系统组成集污染源普查信息动态监管、风险源管理、污染源基本信息与数据统计分析四大模块。实现对工业园区、工业企业、生活区、学校等污染源排放进行规范性监测、污染源普查信息动态监管、污染源"一站一档"、数据统计分析等分析展示。

（3）入河（湖）排口监管系统。为对入河（湖）排污口实现统一规范化管理，建设入河（湖）排口综合监管系统。入河（湖）排口监管系统组成包括数据综合分析、污染溯源、动态更新与可视化管控"一张图"四大模块。

（4）水文通量监测系统。该系统融合九大核心模块功能，涵盖通量核算与排名、污染物占比深入分析、时间变化趋势精准描绘、辅助污染源高效追溯、污染物迁移路径分析、调水补水策略辅助制定、降雨污染变化趋势监测、风险全面评估及通量数据的可视化展示。通过这些功能的综合运用，系统能够实现对流域水文通量的全面监测，并精确评估周边重点入河（湖）排口各类水污染物的贡献情况，为精准溯源提供有力的数据支持和分析工具。

（5）重点闸泵站监管系统。重点闸泵站监管系统是一种用于管理和监控闸泵站运行的系统。重点闸泵站监管系统具有闸泵站GIS展示、水质水位趋势分析、闸泵站补水效果评估与降雨影响分析四大模块功能，通过集成和分析闸泵站的数据，实现对闸泵站运行状态的实时监测、故障预警和运维管理的支持。通过重点闸泵站监管系统的应用，可以提高闸泵站的运行安全性、可靠性和效率，减少潜在风险和故障损失，提供可靠的供水、排水和水资源调度管理服务。

（6）管网监测监管系统。管网监测监管系统具有管网分析与评估、污水厂分析与评估、河湖水质分析与评估、厂网河湖协同调度管理与厂网河湖业务应用展示五大模块功能。该系统以支撑"源头治理、管网修复、扩容增效"为核心目标，通过提升"厂-网-河"一体化综合管控水平，实现管网精准化监管模式的创新。该系统重点针对厂网河水质水量的动态监测，强化水环境污染溯源的精确度，为排水管网修复提供精准指导。通过对雨污管网的多维度监测，包括水质、水位、流量、降雨数据，以及小区供排水和污水厂进出水情况的实时分析，该系统能够及时发现雨污管道混接、管道淤积堵塞、偷排漏排、雨水污水渗入、溢流和内涝等现象。

（7）水生态多样性监测系统。水生态多样性监测系统具有采测进度管理、AI智能识别与状态评价分析三大功能模块。该系统满足对水生态监测全过程的规范化管理，并通过水资源、水环境、水生生物和水生境指标，构建水生态环境质量综合评价指数。分析诊断水生生物的生存压力问题，并对水生生物状态、水生境状态、水环境状态和水资源状态进行评估。综合分析水生态状况，以识别水生态问题，评估水生态系统的质量和稳定性，以指导水生态保护和修复工作，提高水生态系统的健康状况。

5. 水环境业务应用系统

1）综合监测一张图

综合监测一张图可实现对流域（区域）监测监控预警的前端感知设备的统一管理、快速查看、直观展示。在GIS地图上直观地显示所有在线监测站点的地理位置和运行状态。鼠标移至GIS地图的站点图标，可自动显示站点实时数据；通过点击GIS地图的站点图标，可查看站点的基础信息、实时数据、历史数据、数据分析、告警信息等。

2）应急预警响应一张图

利用管控平台的深度数据分析功能，结合实时信息预警系统，开展流域动态水污染负荷分布预警与响应。针对企业水污染物超标排放、水处理设施过载运行及排污受纳水体水环境质量不达标等问题，制订详尽的响应机制和流程，并编制相应的应急处置预案，确保在发生水污染事件时能够迅速、有效地进行干预和处理。

通过一张图启动应急响应流程：应急指挥系统超标报警；日常监控人员确定水污染地点；立即向主管领导汇报，启动水环境污染应急；根据水污染物查找相应的应急预案。同时及时发现水环境问题隐患信息，分类推送至各有关职能部门，强化各级各部门之间的联动协作，及时发现和处置各类水环境预警事件，加强后续监管工作，提升水环境治理综合水平。

3）污染智能逐级溯源

污染溯源模拟通过利用环境监测数据、数学模型和算法，对污染物的来源和传播路径进行模拟和分析，以找出污染物的源头。污染溯源模拟包括以下主要内容。

（1）污染源识别。基于监测数据和数学模型，通过比对和分析，确定可能的污染源位置和污染物排放情况，进行初步的污染源识别。

（2）传输路径模拟。利用数学模型和算法，模拟污染物在水体或土壤中的传输过程和路径，包括扩散、对流、湍流等因素。通过模拟推算，可以确定污染物从源头到达特定地点的可能传输路径。

（3）逆向追踪和溯源。基于模拟结果和实测数据，应用逆向追踪算法，反推污染源的可能位置和特征。通过与实际情况比对和分析，可以进一步确定污染物的源头。

（4）结果分析和应对措施。对模拟的结果进行分析和解读，评估污染源对环境的影响程度，根据溯源信息制定相应的应对措施，以降低污染物排放。

通过"自动采样+自动化实验室+污染溯源平台"实现对污水排放过程的动态溯源，能有效查找污染问题线索，及时发现污染所在，数据分析人员在污染期间为主管部门提供溯源分析报告及针对性管控建议，最终对管控与防治效果进行量化评估，确保管控的成效。在管控平台数据的支持下，还能模拟典型污染事件，实现预警体系"源–厂–网–河–湖"智能逐级溯源联动，并通过预测快速锁定污染影响片区及影响程度。对事故应急进行分级响应，形成应急预案，为水环境预警、溯源、治理、评价、调度提供支撑。

第6章 特定条件水环境污染精准溯源技术与装备体系

特定条件水环境污染精准溯源主要是指三种特定的工况：①针对水体中有机污染物种类繁多、结构复杂、存在形态多变、水环境中毒性大而环境浓度通常较低的工况，如何快速精准追溯特征有机污染物；②针对严重危害人体健康的重金属污染，如何精准实施在线监测并及时预警；③针对饮用水源地水环境质量安全管理的特殊要求，如何精准实时监测非常规参数污染的综合毒性。根据上述特定的工况，分别选取特征有机污染物水质指纹溯源技术、水体重金属自动监测溯源技术及特定的指示生物毒性智能化监测技术等有效解决上述难题。其技术体系如图6.1所示。

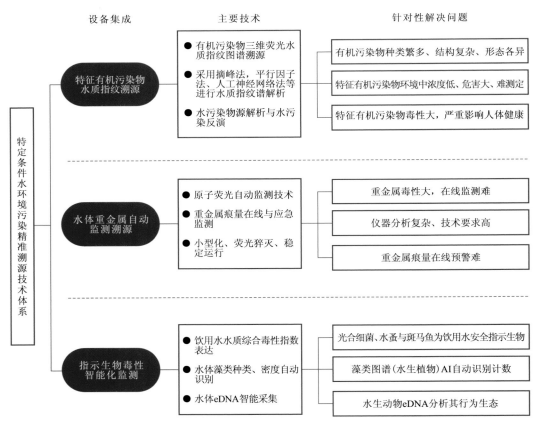

图6.1 特定条件水环境污染精准溯源技术体系

6.1 特征有机污染物水质指纹溯源

6.1.1 特征有机污染物监测问题分析

水体中有机污染物由于种类繁多、结构复杂、存在形态多变及在环境中的浓度通常较低等因素，监测复杂，难以精准监测。①有机污染物种类繁多。水体有机污染物包括各种化合物，如农药、工业溶剂、塑化剂、药品及其代谢物等。这些污染物来源广泛，种类多样，使定量监测和分析工作变得极为复杂。②有机污染物结构复杂。有机化合物的结构多样，可包含不同的官能团，它们在环境中的行为各异，如水溶性、挥发性、生物降解性等特性都因结构而异，影响监测方法的选择和效果。③有机污染物存在形态多变。有机污染物在水环境中可能以不同的形态存在，比如溶解态、颗粒吸附态或与其他物质（如有机质）形成的复合物。这些不同的存在形态需要不同的取样和监测分析技术来准确检测。④有机污染物在水环境中浓度低。许多有机污染物在水环境中的浓度相对较低，常达到纳克/微克每升级别，这对检测方法的灵敏度和准确性提出了极高要求。⑤受外界因素影响大。气候条件、地理位置和周围环境等外界因素也会影响水体有机污染物的分布和变化，大大提升定量监测的难度。目前有效监测水体有机污染物通常需要复杂的仪器和技术，如气相色谱-质谱联用、液相色谱-质谱联用等。这些技术不仅设备成本高，而且操作和维护需要专业知识。研发灵敏、快速和经济的有机污染物监测方法，提高现有监测技术的效率和准确性，以期更好地控制和减少水体有机污染的环境风险。

新污染物具有生物毒性、环境持久性、生物累积性等特征，且现阶段尚未被有效监管。相对于传统已经被监管的污染物，新污染物较"新"，主要有持久性有机污染物、内分泌干扰物、抗生素和微塑料 4 类。其中：持久性有机污染物具有抗光解、抗化学分解、抗生物降解且半衰期长的特点，持久性有机污染物有极强的迁移性、积聚性和高毒性，有致癌、致畸、致突变（简称"三致"）作用；内分泌干扰物是一种能干扰人类或动物内分泌系统诸多环节并导致异常效应的化学物质；抗生素导致细菌产生耐药性；微塑料吸附污染物形成复合污染，可能引起生态风险。加强新污染物快速、准确、便捷、高效的监测监控，成为新污染物管控的关键。

6.1.2 特征有机污染物三维荧光指纹图谱特征

三维荧光光谱是一种用于分析和表征物质荧光特性的技术。它通过测量样品在不同激发波长和发射波长下的荧光强度，生成一个三维数据集（吕清 等，2016），通常被称为激发发射矩阵（excitation-emission matrix，EEM）荧光光谱。以下是三维荧光光谱原理与特征。

（1）激发波长是指激发荧光物质的光的波长。通常是采用一个可以调节波长的光源，如氙灯或激光，光源发出的光通过单色仪（或滤光片）选择特定的激发波长，在这个波长下，光子被吸收，使荧光物质的电子从基态跃迁到激发态。发射波长是指荧光物质在激发后返回到基态时发射出的光的波长。发射波长通常比激发波长长，因为一部分能量在激发过程中以热能或其他形式耗散。

（2）三维荧光光谱是将被选定波长的光照射在样品上，引起样品中的荧光分子激发，样品发出的荧光通过另一个单色仪（或滤光片）检测不同波长的荧光。在每一个激发波长下，记录不同发射波长的荧光强度，形成一个二维平面的数据（图6.2）。通过改变激发波长，最终得到一个不同激发波长、发射波长与荧光强度的三维数据集（图6.3）。三维数据集通常显示为一个激发发射矩阵（EEM），其中 X 轴代表发射波长，Y 轴代表激发波长，Z 轴代表荧光强度。

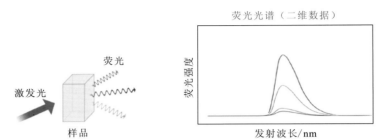

图6.2　不同波长激发光照射水样品产生的荧光强度形成的二维平面数据

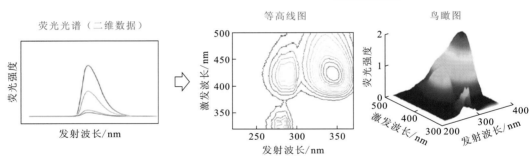

图6.3　不同激发波长、发射波长与荧光强度形成的三维数据集

三维荧光光谱=荧光指纹+激发发射矩阵

（3）特定激发波长和发射波长下测得的荧光强度的大小通常与样品的浓度、激发光的强度、检测器的灵敏度及样品所处的物理和化学环境有关。在三维荧光光谱中，荧光强度通常以颜色或高度来表示，颜色图或等高线图是常用的表示方法。

扫描不同的激发波长和发射波长，可得到一个三维的数据矩阵，也就是三维荧光光谱。该光谱能够提供丰富的信息，用于分析荧光物质的特性，以及识别和定量分析不同的荧光物质。随着仪器和大数据技术的发展，仪器分析与大数据技术的深度融合被广泛应用于水体污染来源鉴定的过程中，通过对复杂水样进行高精度、高通量的实时监测和数据分析，借助 AI 算法强大的学习与推理能力，实现对各类化学、荧光、紫外可见光谱等多维度指纹信息的有效捕获、精确提取、快速匹配和智能分类，从而极大提升污染物源解析的精细化程度和计算速度，同时降低分析成本。水体中的溶解性有机物（又称荧光有机物）在特定波长的激发光照射下会发出特定波长的光（即荧光），不同水污染源的污水因工艺、原料和管理水平等不同，其荧光有机物的组成和浓度不同，相应的三维荧光光谱也会存在差异，因此三维荧光光谱与水质指纹图谱具有一一对应的关系。水质指纹图谱即三维荧光光谱是建立以发射光波长和激发光波长为纵横坐标的二维平面，将待测水体的荧光强度以类似"等高线"的形式投影在坐标平面所形成的谱图。每种荧光有机物激发光和发射光的波长都是固定的，在一定浓度范围内，其荧光强度与有机物浓度线性相关（田颖 等，2021）。不仅三维荧光光谱中的波长和强度可作为有机物的种类和浓度的判别依据，而且通过不同有机物的不同三维荧光光谱特点可分析水样中的有机物组成，通过建立种类齐全的水纹数据库，利用 AI 指纹光谱溯源算法将污染水样进行水纹提取和解析，可实现水污染识别、比对、溯源、留证的分析功能。可通过因子分析、主成分分析、聚类分析、偏最小二乘回归（partial least squares regression，PLS）分析等多变量分析方法实现样品分组、模型创建、谱峰分离等，用于水环境污染成因分析和污染溯源，为实现精细监管、精准治污、精准治理提供有力的技术支撑和保障。

三维荧光指纹图谱技术是一种新型水污染溯源技术，通过不同水体所表现出的荧光特征差异，可进行水体污染监测、来源识别。目前三维荧光指纹图谱使用的源解析技术主要有三类，包括清单分析、受体模型及扩散模型，其中受体模型是最常用的源解析技术。作为受体模型中的一类指纹图谱技术，三维荧光指纹图谱技术具有环境友好、测试简单、灵敏度高、样品量少及不破坏样品等优点，该技术在水污染源监测与预警中得到广泛研究与应用。

6.1.3　特征有机污染物三维荧光指纹图谱解析

三维荧光水质指纹图谱含有大量的信息，可用于水体污染来源识别与解析，但由于水体中溶解性有机物的荧光信号存在相互干扰和叠加等问题，对水体的荧光物质识别存在不确定性，给进一步识别来源与解析带来误差。因此，应用三维荧光指纹图谱进行水体污染源识别与解析时首先要对图谱进行解析，从而准确识别出荧光物质。常见的分析方法主要包括直接识别、三维（二阶）校正及模糊识别等。目前在进行三维荧光指纹图谱解析时使用最广泛的方法为摘峰法、平行因子分析法及人工神经网络。

1. 摘峰法

摘峰法是一种传统的荧光数据处理方法，通过识别和分析荧光光谱中的特征峰，提取出样品的主要荧光组分。确定荧光光谱中显著的峰位，使用高斯拟合或洛伦兹拟合等方法对峰进行数学描述，最后提取峰的强度、位置和宽度等参数。运用摘峰法对印染废水、炼油废水、石化废水、制革废水、制药废水、金属加工废水、电子废水、化工（树脂）废水等工业行业废水的典型三维荧光指纹图谱进行研究，形成行业典型三维荧光指纹图谱。摘峰法的优点是简单直观，适用于峰数较少且分布明显的样品；其缺点是对峰重叠严重或背景复杂的样品，解析的结果可能不理想。

2. 平行因子分析法

平行因子分析法是一种多维数据分解技术，特别适用于处理复杂的三维荧光数据。通过对荧光数据进行归一化、去噪等预处理，选择适当的组分数，建立平行因子分析模型，再解析模型得到组分谱图和浓度信息。平行因子分析法的优点是能够有效分离和识别重叠峰，适用于复杂样品的分析，可提供定性和定量信息；其缺点是针对数据质量和模型参数选择较为敏感，需要一定的专业知识。

3. 人工神经网络

人工神经网络是一种基于生物神经网络的计算模型，能够对复杂的非线性关系进行建模和预测。通常将三维荧光数据转换为适合神经网络输入的格式，使用已知样品数据训练神经网络，调整网络参数以优化性能。使用训练好的模型对未知样品进行预测和分类。人工神经网络的优点是强大的非线性建模能力，适用于复杂数据分析。可结合大数据和机器学习技术，进行高效的样品识别和分类；其缺点是需要大量的训练数据和计算资源，模型的解释性较差，难以直接理解内部机制。

在实际应用中，选择适当的解析方法取决于具体的水环境样品特性和分析需求。摘峰法适用于简单、明显的荧光光谱；平行因子分析法适用于复杂的多组分样品；人工神经网络适用于需要高精度、自动化处理的大规模水环境样品分析，可有效提高分析的精度和效率。

6.1.4 特征有机污染物三维荧光指纹图谱应用

水体中常见的荧光污染物有油脂、蛋白质、表面活性剂、腐殖酸、维生素、酚类等芳香族化合物、乙醇水溶液、农药残留、药品残余及其代谢产物等，将含有不同种类有机污染物废水的指纹收集起来便形成了一套指纹图谱。通常水质指纹图谱数据库从构建的物质类型上大体分为两类：一类是纯物质化学品指纹图谱库；另一类是流域或工业园区内工业企业等实际水体荧光图谱库。三维荧光指纹图谱是对特征有机污染物快速溯源、精准溯源和经济溯源的基础。纯物质化学品指纹图谱，通常称为行业通用水质指纹图谱，是针对不同类别的工业行业，在大量监测调查的基础上，对流域或工业园区主要工业企业污染物排放种类基本清楚或者有一定的推断，选取若干种具有代表性且可以产生荧光响应的纯化学品，按照不同的浓度梯度和污染物配比建立的水质指纹图谱。通过配制不同浓度的纯化学品溶液及两三种不同配比的混合溶液，测定其三维荧光光谱，构建纯化学品的指纹图谱数据库。纯物质化学品构建指纹图谱的方法主要适用于水污染源产生的水污染物基本清楚且明确水污染物具体种类的水体。不同行业的工业企业，其生产原料、中间产物、特征污染物、工艺、管理水平等都有所不同，最终排放到水体中的残留水污染物也不同，任何一家企业的废水都包含自己独特的信息。即使是同一企业运用相同的原料和生产工艺，在不同地区的生产工厂，排放的废水特征也会有差异。当工业企业废水以不同途径排入河道、湖泊或者其他受纳水体时，水体中特征有机污染物的三维荧光光谱就形成了在不同流域特定环境下的水质指纹图谱库，即实际水体指纹图谱库。

基于水体中特征有机污染物在光照下会产生三维荧光光谱的原理，以及已建立的纯物质化学品指纹图谱库和实际水体指纹图谱库，构建水质指纹在线监测预警溯源装备系统，该装备系统通过对特征水质指纹提取、解析处理、识别比对等一系列智能运算，采用 AI 指纹光谱溯源算法，可快速锁定超标排放水污染源。水质指纹在线监测预警溯源装备系统经智能化创新，可自动预警与溯源，自检自诊断，自校准。同时水质指纹监测整个过程不使用任何化学试剂，不会造成二次污染。

在水体监测溯源预警应用方面，水质指纹在线监测预警溯源装备系统对研究区域水体上覆水、底泥（沉积物）间隙水，以及受不同水生生物影响水体、河干支流、湖泊水体及周边的生活污水、工业企业废水等建立实际水质指纹数据库，进行水污染物比对溯源分析；通过因子分析及荧光指标判断水污染成分、水污染来源及其时空变化；通过荧光强度等光谱特征评估水质和污染源贡献率及其时空变化；通过聚类分析对水体和污染来源进行统计分析；再通过偏最小二乘回归分析确定荧光指纹数据与其他水质指标间的关系，定量评估水污染负荷。

1. 水污染源监管与水污染事件应急

水质指纹在线监测预警溯源装备系统对复杂特征有机污染物监测监控灵敏度高，检测时间快，周期短，5～15 min 可以出结果；在应用模式上，区别于传统的"一点一源"和"一点一格"的水污染源监管，在线监管水污染源可实现"一点多源"的新模式，显著减少仪器数量，提高水环境监管效率和水安全保障水平。水质指纹在线监测预警溯源装备系统也可以车载系统为主体，通过装配水质溯源仪、便携应急检测仪器和应急防护设施，具有良好的越野性和机动性；还可以无人遥控船为载体，装配水质溯源仪，搭载水质预警溯源系统，通过无线通信、自主导航及自动控制系统等多功能联动，实现流域（区域）水环境实时应急监测。采用上述装备系统，一旦有突发水污染事件发生，可迅速进入水污染现场立即开展工作，应用水质指纹在线监测预警溯源装备系统在第一时间快速监测获取数据，通过数据处理、谱图解析、分类判别、识别比对等一系列智能运算，进行比对溯源，做到高效、节能、环保同步进行，及时准确为水环境监管执法和水环境管理决策部门提供技术支撑。

2. 水污染溯源解析与反演

针对工业园区或复杂有机污染物排放区域，在水污染源资料分析与调查的基础上，首先采用对应的行业废水指纹图谱特征进行详细分析，为工业园区或复杂有机污染物排放区域的工业污水排放源初步解析奠定基础；其次针对工业园区或复杂有机污染物排放区域所有排放企业的生产工艺水、雨水排口水和污水排口水进行全面采样监测，采用监测数据建立实际水体指纹图谱库；再次针对水污染物排入的河流湖泊等受纳水体考核管控断面或点位采样（必要时可长时段在线采样），采样结果经智能计算、谱图解析、分类判别、识别比对，可解析出河流湖泊等受纳水体的主要工业污染来源、水污染物排放具体位置、水污染物贡献度，并通过水样特征成分的分析锁定水污染物排放的企业。在农业面源的水污染源解析方面，可将实际农田废水荧光组分的强度与农田废水量进行相关性分析，解析水体指纹特征的差异。

水污染物溯源通常是以光谱检测为核心，经人工智能运算，建立与常规参数之间的数据模型，可同时进行定性定量分析，分析不同水质参数之间的关系，有效掌握水质变化趋势和规律，全面评估水环境污染状况，与水污染源反演相结合，利用排放河流等受纳水体下游各断面监测数据进行源反演，采用污染物源反演技术反演和重新构建水污染物的排放信息等。通过源反演模拟计算，运用反向概率密度识别法反向识别水污染源，还可将水污染物迁移模型与分类非线性优化模型相耦合，构建一种基于源反演的水污染物在线监测网络，有效提高水污染源识别效率。

3. 水污染物排放监测预警

水质指纹在线监测预警溯源装备系统通过考核管控关键断面（点位）在线监测监控，实时快速检测，水质异常时能及时预警，并准确判断超标项目和水污染程度，可实现早期预警。在实际应用中，水质指纹在线监测预警溯源装备系统采用适应复杂环境基质下的预警溯源新算法，通过智能计算快速得出溯源结果，采用专有的云端服务（管控平台），快速完成数据处理、谱图解析、分类判别、识别比对等一系列智能运算。该系统具有支持各种数据分析的多变量分析软件，包括因子分析、主成分分析、聚类分析、偏最小二乘回归（PLS）分析等。可通过机器学习对水质数据进行预处理和统计分析，通过多种图表形式对水环境质量进行深度解析，水质异常时能及时在预警溯源管理分析平台上显示，并启动相应的处置程序。同时该系统自动留存水质指纹和水污染样品，为后期水污染源详细排查与执法调查提供科学依据。

6.2　水体重金属自动监测溯源

重金属污染事故是破坏生态环境，威胁人类健康的重要因素。基于我国目前的环境污染现状，《国家环境保护"十二五"科技发展规划》明确指出我国环境保护工作要有效预防和处置突发环境事件，提升环境应急能力和预警水平，保障环境安全；要开展环境应急监测的技术和方法研究，重点发展环境风险识别、评估、预防、应急处置等环境预警和监控技术。

水体重金属自动监测溯源技术，旨在实现对水体中重金属污染的实时监测、数据分析、污染源识别及定位。该技术通过集成传感器、数据采集与处理系统、通信网络等现代科技手段实现对重金属污染的快速响应与精确管理，为水环境保护提供重要的技术支持。

6.2.1　水体重金属监测分析技术

水体重金属监测分析技术主要有以下几种。

（1）紫外-可见分光光度法：通过被测物质在 190~800 nm 波长范围内的吸光度来进行元素鉴别、杂质检查和定量测定的方法。

（2）阳极溶出伏安法：通过控制电极势和扫描速度，在电极表面形成可能的氧化还原物种，利用其电化学溶出再以伏安法进行检测并定量分析的方法。

（3）原子吸收光谱法：通过测定样本中元素吸收特定波长的光的能力来定量测定元素含量。

（4）原子荧光光谱法：通过检测样本在特定波长的光照射下产生的荧光强度来定量分析。

（5）电感耦合等离子体质谱法（inductively coupled plasma-mass spectrometry，ICP-MS）：使用等离子体作为离子源，可同时检测多种重金属元素的浓度。

1. 紫外-可见分光光度法

基于紫外-可见分光光度法的水质分析仪，采用模块化设计，可按需求进行参数切换，操作简单，可实现一台仪器测试多种参数。仪器已广泛应用于地下水、海水、饮用水水源地、工业废水、生活污水等水体监测，可测定总铬、砷、六价铬、汞、铁、锰、镍、锑、银、铜、铝、锌、铅、钴、铍、硼、钒、钼等。

1）方法原理

将前处理后的水样精准计量加入反应检测单元，根据参数测试需求加入特定的化学试剂，如氧化剂、还原剂、缓冲液、掩蔽剂、显色剂等，再对反应体系进行相应的条件（如温度、压力、pH 等）控制，待显色体系稳定后进行吸光度检测，由吸光度 A 对照工作曲线计算相应参数，仪器外观及方法原理如图 6.4 所示。

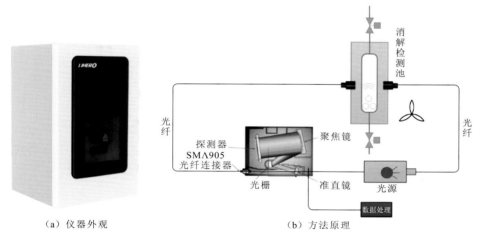

（a）仪器外观　　　　　　　　　　（b）方法原理

图 6.4　紫外-可见分光光度法水质分析仪的仪器外观及方法原理

2）技术特点

（1）完善的质控措施，保证检测结果的可靠性。具有缺试剂、异常信息、仪器故障等报警功能，仪器存储后并上传至中心管理平台；具有过程日志如仪器状态、仪器流程等记录功能，仪器存储后并上传至中心管理平台；采用双管路进样，具有平行样测试、标样核查（含零点核查和跨度核查）和加标回收率测定等质量控制与保证措施。

（2）仪器使用安全智能，维护方便。具有定期自动清洗、自动校准的功能；具备量程自动切换的功能，可自动适应水样浓度变化；仪器电源引入线与机壳之间的绝缘电阻不小于 20 MΩ。

（3）数据传输满足国标要求。仪器满足远程反控的功能，具有双向数据传输功能和工作状态输出功能；仪器通信协议满足《污染物在线监控（监测）系统数据传输标准》（HJ 212—2017）的要求，监测数据的输出采用 0～5 V、4～20 mA 或 RS485/232 等方式。

2. 阳极溶出伏安法

基于阳极溶出伏安法的水质分析仪可监测的参数有镉、铅、铜、锌、汞、砷（砷为类金属，因其毒性与重金属相似，将其视为重金属）、锑等重金属的浓度，仪器已广泛应用于地下水、海水、饮用水水源地、污染源、工业废水、生活污水等水体监测。

1）方法原理

将待测重金属离子在工作电极上电解一定时间使之富集，然后将电位由负向正扫描，使富集在电极上的物质氧化溶出，并记录其氧化峰，根据溶出电位进行定性分析，根据峰电流大小确定被测物质的浓度，方法原理如图 6.5 所示。

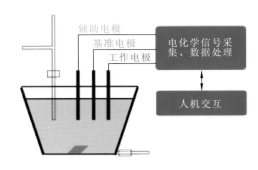

图 6.5　阳极溶出伏安法的方法原理

2）技术特点

（1）采用固体玻碳电极或金电极，避免使用液态汞。

（2）分析速度快，仅需 10～15 min，试剂保质期达半年。

（3）采用标准比较法进行测定，无须绘制标准曲线，最大限度地减少重金属标准溶液的使用。

（4）试剂消耗量小，而且试剂无污染，避免二次污染。

3. 基于原子荧光技术

1）方法原理

基于原子荧光技术的仪器利用特有气动反应装置，采用硼氢化钾或硼氢化钠将样品溶液中的待分析元素还原为挥发性共价气态氢化物（或原子蒸气），然后借助载气将其导入原子化器，在氩-氢火焰中原子化而形成基态原子。基态原子吸收光源的能量变成激发态，激发态原子在去活化过程中将吸收的能量以荧光的形式释放出来，此荧光信号的强弱与样品中待测元素的浓度呈线性关系，因此通过测量荧光强度就可以确定样品中被测元素的浓度。该技术的方法原理如图 6.6 所示，具有灵敏度高、检出限低、线性范围宽、抗干扰能力强等优势，通过切换原子荧光灯和反应流程可检测十余种重金属元素。

2）技术特点

（1）多通道同时检测、同时出结果。

（2）采用特制编码空芯阴极灯，仪器自动识别元素，并可监控空芯阴极灯使用寿命；采用屏蔽式石英炉低温原子化器，减少荧光猝灭和气相干扰，提高原子化效率。

（3）仪器具备开机自检、自动诊断、故障自动报警功能。

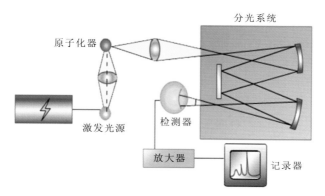

图 6.6　原子荧光仪器的方法原理

（4）采用高精度数字化压力监测系统，自动精确控制气体流量，并具有新型节气装置，有效节约气消耗量。

4. ICP-MS 水质自动分析仪

1）方法原理

ICP-MS 水质自动分析仪（图 6.7）基于《水质　65 种元素的测定　电感耦合等离子体质谱法》（HJ 700—2014）标准设计，以电感耦合等离子体质谱联用仪为检测器，可满足水中 65 种元素的在线监测要求，适用于地下水、生活饮用水及工业废水等水体中重金属和无机元素（如铜、锌、硒、砷、汞、镉、铬、铅、铁、锰、钼、钴、铍、硼、锑、镍、钡、钒、钛、铊、银、铝等）的检测。

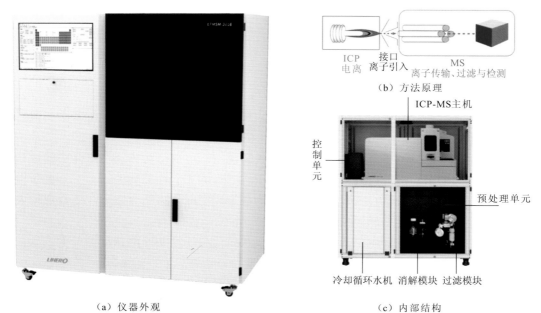

（a）仪器外观　　　　　　　　　　　　　　（c）内部结构

图 6.7　ICP-MS 水质自动分析仪的仪器外观、内部结构及方法原理

2）技术特点

（1）抛弃式过滤。完全依照《水质　65 种元素的测定　电感耦合等离子体质谱法》

（HJ 700—2014）可溶性元素预处理要求，首次采用 0.45 μm 抛弃式滤带过滤，单个样品采用单独过滤，前后水样之间不存在任何残样稀释或交叉污染的情况。同时采水管道中加滤材方式能很好地解决历史高浓度水样对后续监测存在长期残留的影响。

（2）检测指标多。对超标等异常未知元素快速筛查和准确定性定量，应急监测准确、可靠，可对水中铜、锌、硒、砷、汞、镉、铬、铅、铁、锰、钼、钴、铍、硼、锑、镍、钡、钒、钛、铊、银、铝 22 种元素同时测定，通过扩展可实现 65 种元素监测。

（3）线性范围宽。部分元素低至 ng/L 级别的元素定量下限，以及具有出色的抗干扰能力，可满足实际应用过程中痕量、超痕量的分析需求。同时匹配的前处理单元可实现在线稀释，满足不同场景监测需求。

（4）分析速度快。单次同时实现样品所有重金属元素的检测分析，单次测量时间为 3～5 min（分析仪完全预热且连续监测时，不含分析仪重新点火后稳定、测试完后熄火系统冷却时间）。

（5）抗干扰力强。通过质荷比进行定性，不受基质、色度、浊度等因素干扰，分析软件内置校正方程及内标校准算法。

（6）全过程监控。仪器运行过程中，对其工作模式、仪器关键部件状态信息、辅助设备信息实时监控，大幅提高仪器的无人化操作运行效率，并获得极佳的稳定性和可靠性。

6.2.2　水体重金属溯源技术

1. 水体环境污染溯源主要技术与实施条件

1）溯源主要技术

（1）同位素比值分析技术：许多重金属（如铅、铜）具有多个稳定同位素，不同来源的重金属同位素比值通常不同。通过分析污染物的同位素比值，可帮助确定污染来源。

（2）地统计学方法：利用统计学和数学模型来分析环境数据的空间分布，识别水污染的可能来源。

（3）多变量统计分析：包括主成分分析、聚类分析等方法，通过分析多个参数之间的关系来追溯污染源。

（4）模拟与计算机模型：如水文模型和传输模型，可模拟污染物在水体中的运动和分布规律，有助于识别污染来源。

（5）集成应用：通过 GIS 技术，可将监测数据和空间数据结合起来，更直观地表示重金属的空间分布，辅助溯源分析。

（6）远程感测：利用航空或卫星图像获取水体信息，辅助监测和溯源分析。

2）实施水环境污染精准溯源应具备的条件

（1）合规的水环境样本：正确的采样技术和频率对获得代表性数据至关重要。

（2）确保数据质量：准确分析和校准是确保数据质量的基础。

（3）正确的模型和先进的算法：正确的模型和先进的算法可提高溯源的精度和可靠性。

在实际应用中，通常需要综合多种监测和溯源技术，以获得更全面和准确的结果。

对重金属污染进行持续的监测和分析对水环境管理、水污染防治和人体健康保护都具有重要意义。

2. 重金属原子荧光自动检测创新技术

面向国家地表水、饮用水水源水质预警监测中硒、砷、锑、汞等污染物痕量检测的需求，突破重金属原子荧光自动检测技术中原子荧光应用于在线监测的小型化设计、荧光猝灭及长期运行稳定性等技术难点，创新设计石英管原子化器及调节装置[图6.8（a）]，采用短焦不等距无色散光路系统，设计小型化重金属检测光路系统[图6.8（b）]，有效消除噪声信号，将干扰光降至最低，有效提高信噪比。设计一种同步进样方法（图6.9），以气动助推方式同步反应，解决长期以来制约原子荧光长时间无故障运行的蠕动泵管须定期校准的问题。设计荧光信号检测电路，实现微弱荧光信号解调及放大，可实现硒、砷、锑、汞的痕量检测，填补了国内基于原子荧光检测技术的在线监测仪器的空白，达到国际先进水平，解决了地表水流域及饮用水水源地、地下水等重金属痕量预警检测难题，满足日常在线、应急、自动化实验室等多场合的检测需求。

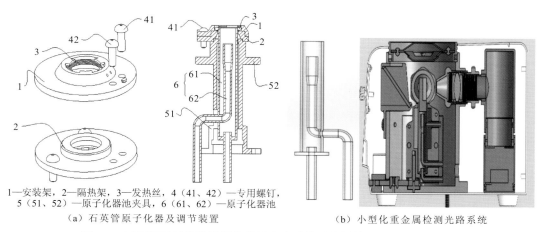

1—安装架，2—隔热架，3—发热丝，4（41、42）—专用螺钉，
5（51、52）—原子化器池夹具，6（61、62）—原子化器池

（a）石英管原子化器及调节装置　　（b）小型化重金属检测光路系统

图6.8　石英管原子化器及调节装置和小型化重金属检测光路系统示意图

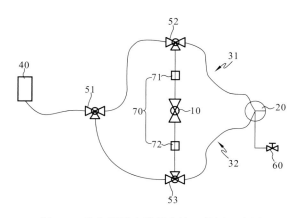

图6.9　重金属同步进样方法及装置示意图

10—气源，20—混合反应单元，31—第一恒流气动装置，32—第二恒流气动装置，40—取样单元，
51—第一切换阀，52—第二切换阀，53—第三切换阀，60—废液排放装置，70—气动控制单元，
71—第一恒流气动控制单元，72—第二恒流气动控制单元

6.3 水生态智能化监测

6.3.1 水生态自动识别技术

　　水生态智能化监测技术是水质监测领域的一个重要发展方向，它通过集成先进的生物识别技术、遥感技术、物联网技术等，实现对水环境中生物、化学和物理参数的实时、连续、自动化监测。在这个领域中，浮游藻类和浮游动物等生物种群自动识别技术和藻类分析技术（图 6.10）是最常用最重要的监测技术。

图 6.10　常用藻类图像智能分析仪
水环境污染监测先进技术与装备国家工程研究中心供图

1. 浮游生物自动识别技术

　　通常利用显微成像技术和图像识别算法来自动监测和识别水中的浮游藻类和浮游动物等生物种群，可以自动统计密度和生物量。常用的藻类图像智能分析仪在不需要人工干预的情况下，对藻类进行分类和计数，帮助专业人员监测藻类水华的发展情况，以及了解藻类群落的变化。这对及时预警藻类过度繁殖导致的水质问题（如水华暴发）是非常重要的。高级的藻类自动识别仪可以识别数十甚至上百种不同的藻类。

　　藻类自动识别集成技术主要用于快速、准确地识别和分类水体中的藻类。藻类自动识别仪是一种高科技设备，在水环境监测、水质控制及自动化集成等研究中有着重要的应用。藻类自动识别仪的工作及原理主要分为以下几个关键步骤。

　　（1）藻类样本采集：首先需要从水体中采集含有藻类的样本。这一步骤通常是通过专门的采样器来完成，确保获得的样本能代表性地反映水体中的藻类情况。

　　（2）藻类图像捕捉：使用显微镜或其他成像设备捕捉藻类的图像。高分辨率的图像对后续的识别非常关键。

　　（3）藻类图像处理与特征提取：通过图像处理软件对捕获的图像进行处理，提取藻类的特征。这些特征可能包括形状、大小、颜色、纹理等。这一步是自动识别系统中非常关键的一环，它直接影响识别的准确性。

　　（4）模式识别与机器学习：利用事先训练好的算法模型（如人工神经网络、支持向量机等）对特征进行分析和分类。这些模型可以通过大量的样本训练得到，并不断优化以提高识别的准确率。

（5）识别结果输出：识别和分类的结果被输出，供研究人员或监测人员使用。结果通常包括藻类的种类、数量及可能的生态影响评估。

（6）识别数据库与反馈：所有的识别信息会被存储在数据库中，便于未来的查询、比对和分析。同时，这些数据也可以用于反馈，优化模型的准确度和响应速度。

藻类自动识别仪基于深度学习技术结合专家知识库构建藻类 AI 识别模型，通过自动进样技术及全自动显微拍摄技术，可得到水体中的详细藻属、藻密度、优势度、多样性等信息，实现水体藻属分析的自动化、智能化。藻类自动识别仪的发展和应用大大提高了水生态监测的效率和精确性，尤其是在处理大规模或长期的监测数据时，能够有效地帮助科研人员和水环境管理者进行决策和评估。藻类自动识别仪广泛应用于水华防控预警、应急、快速和大面积的溯源和范围调查，具有以下主要优点。

（1）全流程自动化。系统具备多路样品自动进样、显微拍摄、分析计数过程完全自动化、一次注入样本后无须专业人员干预等特点，自动对样品的藻属、藻密度、生物量及多样性等信息进行输出，避免引入人工误差。

（2）分析速度快。通常 30 min 的全流程（50 个视野）即可完成一个样品的分析，相当于一个专业人员 3 h 工作量，大大提升了检测效率。

（3）识别准确性高。基于经相关认证的标准藻类图谱数据库，采用深度神经网络技术，可识别多流域 100 种以上藻属（可扩展），识别准确率高。

（4）可核查比对。用户可对识别结果进行图片核查，配有藻类标准形态库，对识别有误的结果进行更正，确保测试的准确度。

2. 便携式藻类分析仪

便携式藻类分析仪（图 6.11）采用多波长活体荧光检测方法，可实现总藻及蓝藻、绿藻、硅藻的定性定量分析。该仪器结构简单紧凑、体积小、操作简便，能够实现藻类浓度快速连续在线监测，适用于水体富营养化调查、赤潮与水华监测预警、海洋与湖库初级生产力评估、水体生态与环境调查等场景。

图 6.11　便携式藻类分析仪

水环境污染监测先进技术与装备国家工程研究中心供图

便携式藻类分析仪方法原理（图 6.12）：藻类在 470 nm、525 nm、610 nm 激发光源下均可产生 680 nm 的红色荧光，通过检测红色荧光可对藻类定量检测。基于蓝藻、绿藻、硅藻的多激发荧光曲线的特异性，将藻类分为蓝藻、绿藻及硅藻。

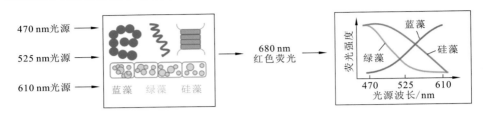

图 6.12　便携式藻类分析仪原理图

水环境污染监测先进技术与装备国家工程研究中心供图

便携式藻类分析仪的主要技术特点有以下几个方面。

（1）操作简单。不需要任何样品准备过程，将设备浸入水中，30 s 即可获得一条测试数据。

（2）监测参数全。基于藻类细胞中的自然荧光特性，依据藻类的特征光谱及其强度，可实现多项指标的原位实时监测，包括总藻、蓝藻、绿藻、硅藻的叶绿素 a、藻密度、浊度及温度。

（3）分析速度快。能够实现分钟级藻类的变化趋势分析，满足实时监控水华预警的需求。

（4）适用性强。设备轻便并配备数据储存功能，能够灵活地应用于浮船监测站、固定式监测站、实验室等多场景。

6.3.2　环境 DNA 自动采集技术

环境 DNA（简称 eDNA）技术是一种新兴的工具，通过采集水样提取分析 eDNA 可以获得水生生物多样性的关键信息，eDNA 分析是一种非侵入性的方法，能够满足大规模水生生物多样性调查的需求。环境 DNA 自动采集仪可自动地采集水样，并进行现场的初步处理，如滤水、保存等，以便于后续的 DNA 提取和分析。通过高通量测序技术，可迅速识别出水样中的水生生物物种，对生物多样性监测、入侵物种的早期检测、物种分布调查等都有重要意义（李晨虹 等，2023）。

1. 环境 DNA 自动采集仪原理

（1）采样阶段：通过一个泵或其他机械装置从环境中抽取样本，比如水体样本或空气样本。对于水体样本，采集仪可能会使用过滤系统来收集水中的微粒和其中的 DNA。

（2）DNA 提取：采集的水体样本通过环境 DNA 自动采集仪内置的处理设施从环境材料中提取 DNA。这可能包括使用洗脱液、热处理或超声波等方法来破坏细胞壁并释放 DNA。

（3）DNA 纯化：提取出的 DNA 需要去除其他可能干扰后续分析的物质（如蛋白质、脂质和其他有机物），通常通过离心、过滤或使用特定的化学试剂来实现 DNA 纯化。

（4）DNA 扩增和检测：清洗和纯化后的 DNA 通过聚合酶链式反应（polymerase chain reaction，PCR）进行扩增，特别是针对特定物种或群体的特定标记基因序列。这有助于检测样本中是否存在目标物种的 DNA。一些高级设备可能还配备了实时 PCR 或次世代测序技术，能够现场快速分析 DNA 序列。

（5）数据分析和报告：环境 DNA 自动采集仪内置的微处理器或连接的计算设备会分析 DNA 数据，识别其中的物种信息，并将分析结果存储或通过无线网络发送到中心数据库或管理人员的设备上。

（6）自动化和遥控操作：多数环境 DNA 自动采集仪可远程控制和配置，允许科研人员根据需要调整采样频率和位置，或者根据预设的程序自动操作。

环境 DNA 自动采集仪的使用大大提高了水生态环境监测的效率和准确性，减少了人工采样的工作量和时间，并能在更短的时间内获取更多的生物多样性数据。环境 DNA 自动采集仪在水生态研究、保护生物学、水产养殖和环境保护等领域尤为重要。

2. 环境 DNA 自动采集仪技术优点

（1）实时监测：环境 DNA 自动采集仪可以不间断监测水质状况，及时发现问题。

（2）高效率：相比传统的人工采样和实验室分析，环境 DNA 自动采集仪节省了大量的时间和人力。

（3）高精度：环境 DNA 自动采集仪通过先进的技术可以提供更准确的监测结果。

（4）数据丰富：环境 DNA 自动采集仪可产生大量连续的数据，有助于科研人员和管理者更好地理解和管理水生态系统。

6.4 饮用水水源地综合毒性监测

饮用水水源地的综合毒性监测是确保水质安全的重要手段。通常选取代表性的生物监测指标，以全面评估水体的潜在影响（彭强辉 等，2009）。光合细菌、水蚤和斑马鱼三种生物监测对象目前被广泛应用于饮用水水源地综合毒性监测。

6.4.1 光合细菌水质综合毒性监测

光合细菌是一种细菌，能够通过光合作用生长，它们在环境毒性生物检测中的应用通常依赖其生物发光特性。有毒物质可能会抑制光合细菌的发光能力，通过监测发光的强度和持续时间，可以评估水体样本中的毒性。光合细菌对多种有害化学物质都很敏感，成为饮用水水源地很好的早期警示指标。光合细菌测定饮用水综合毒性的原理基于光合细菌的生理活动对水质中有毒物质的响应。光合细菌，通常采用费氏弧菌、青海弧菌或明亮发光杆菌作为受试体，具有通过光合作用产生能量的能力。这些细菌在特定波长的光照下能够进行光合作用，其生长和代谢活动可通过测定其生物发光的强度来监测。光合细菌水质综合毒性监测仪如图 6.13 所示。

（a）在线式监测仪

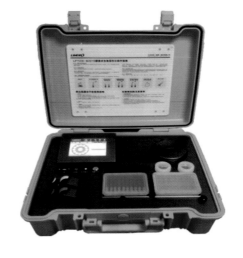

（b）便携式监测仪

图 6.13　光合细菌水质综合毒性监测仪
水环境污染监测先进技术与装备国家工程研究中心供图

1. 光合细菌水质综合毒性监测仪核心原理

（1）生物发光的测定。光合细菌在进行光合作用时，会产生生物发光。这种发光是因为细菌内部的荧光素酶在特定条件下发生化学反应而产生光能。在没有外界毒性影响的自然状态下，这些细菌的发光强度是稳定的。

（2）毒性物质的影响。当饮用水中含有毒性化学物质时，这些毒素会干扰光合细菌的代谢过程，特别是那些涉及能量转换和生成的生物化学途径。毒素的存在会导致细菌发光能力降低。具体表现为在相同光照条件下，生物发光强度相对减弱。

（3）毒性定量关系。通过测量光合细菌在受到毒性影响前后的发光强度差异，可以定量地评估水样中的综合毒性。发光强度的降低与水中毒性成分的浓度呈负相关，即发光强度降低得越多，水样的毒性越高。

2. 光合细菌水质综合毒性监测仪优点

光合细菌水质综合毒性监测仪采用费氏弧菌、青海弧菌或明亮发光杆菌作为受试体，根据菌种对水体的响应获取水质综合毒性数据。光合细菌水质综合毒性监测仪可与常规理化监测仪器联合使用，当出现水质污染时，能够全面、准确、快速地判断水体的污染程度，其主要优点有以下几个方面。

（1）筛选优良菌株，发光稳定，发光强度高。

（2）菌种-20 ℃以下可保存 6 个月，复苏后可保质 7～10 天。

（3）菌种复苏直接使用，无须等待，维护方便。

（4）菌种灵敏度高、响应快，对重金属、农药等 5 000 多种有机毒物和无机毒物均有响应。

（5）全自动取样、测试、计数，无须人工操作。

3. 光合细菌水质综合毒性监测仪应用

（1）饮用水安全快速筛选。光合细菌水质综合毒性监测仪作为一种快速筛选饮用水安全的手段，能够在短时间内检测并评估未知化合物的潜在毒性。

（2）水体毒性监测。不仅限于饮用水，光合细菌水质综合毒性监测仪也适用于环境水体的毒性监测，帮助生态环境部门评估水体受污染的程度。

（3）水环境风险评估。通过使用光合细菌水质综合毒性监测仪，可以有效地进行环境监测和风险评估，及时发现可能对人类健康构成威胁的有害物质。

6.4.2　水蚤水质综合毒性监测

水蚤是一种常用于生态毒理学研究的小型甲壳类动物，广泛应用于监测水体中的综合毒性。水蚤对环境中有害物质的反应敏感，可作为生物指示物种来评估水质。在水环境监测中，通过观察水蚤的存活率、繁殖率和行为变化来判断水体的毒性。水蚤测试可反映慢性和急性的毒性影响。水蚤水质综合毒性监测仪如图 6.14 所示。

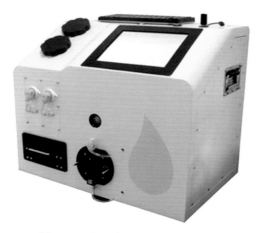

图 6.14　水蚤水质综合毒性监测仪

1. 水蚤水质综合毒性测试原理

（1）选择水蚤测试个体。通常选用特定年龄或体型的水蚤个体进行测试。暴露水蚤于测试样品，即将水蚤放入含有待测水样的容器中，通常设有多个浓度梯度及对照组（未添加任何潜在有害物质的水）。

（2）水蚤观察记录。记录一定时间（如 24 h 或 48 h）后水蚤的存活率；观察水蚤的运动能力、求生行为等是否出现异常行为变化，生长受阻、繁殖能力下降等生理变化。

（3）数据分析。通过比较不同浓度组和对照组的数据，评估水样的毒性，计算半致死浓度（LC50）或其他相关毒性指标。

（4）毒性评估原理。观察短时间（如 24～48 h）内水蚤的反应，主要关注致死效应的急性毒性；测试长时间（一般几天到几周）下水蚤的生长、繁殖和行为变化，评估长期暴露的影响的慢性毒性。

水蚤测定综合毒性方法的优点是操作简单、成本低廉且反应灵敏，能够反映水体对生态系统的潜在威胁。通过这种生物测试，可对未知混合物的毒性进行评估，有助于制定水质安全管理政策。

2. 水蚤培育与管理技术

水蚤是淡水生态系统中一种非常重要的浮游动物。它在食物链中扮演着关键角色，既是微藻的消费者，也是鱼类和其他水生动物的食物来源。水蚤的培育对水蚤水质综合毒性监测仪正常使用至关重要。

（1）水质控制问题。针对水质不稳定可能导致水蚤生长缓慢或死亡的问题，定期更换水体，保持水质清洁和稳定，控制 pH 在 6.5～8.5，避免高氨氮和硝酸盐含量。

（2）氧气供应问题。针对溶解氧不足会影响水蚤的代谢和繁殖的问题，使用曝气泵增加水中的溶解氧，保持适宜的氧化环境。

（3）食物供给问题。针对不足或营养不均衡的食物会影响水蚤的生长和繁殖的问题，定期喂养水蚤微藻如裸藻或酵母膏，确保食物新鲜和营养丰富。

（4）温度控制问题。针对温度过高或过低都会影响水蚤的活动和繁殖能力的问题，保持水温在 18～22 ℃，避免剧烈温度波动。

（5）种群密度问题。针对过高的种群密度会导致资源竞争，疾病传播风险增大的问题，定期监测和调整水蚤的密度，避免过度拥挤。

（6）病害管理问题。针对细菌、真菌或寄生虫可能感染水蚤的问题，保持良好的水质和适宜的生活条件，使用微量的盐（如 1～2 g/L）帮助预防某些病害。

（7）培育管理。建立循环水系统可以更好地控制水质和温度，提高水蚤的生存率；提供适量的光照（如每天光照 12 h），促进微藻的生长，间接供给水溞足够的食物；定期记录水质参数、水蚤数量和健康状况，有助于及时调整培育策略，通过上述措施，可有效地培育健康的水蚤种群，支持水蚤水质综合毒性监测仪正常工作。

6.4.3 斑马鱼水质综合毒性监测

斑马鱼是常用的小型淡水鱼类模式生物，适用于饮用水水源地的毒性监测。斑马鱼的胚胎和幼鱼对化学物质非常敏感，可用于监测水体中的潜在毒性。监测项目包括生存率、发育异常、行为改变等多个方面。斑马鱼毒性测试可提供关于急性和慢性效应的信息，以及对生殖和发育的潜在影响。图 6.15 所示为斑马鱼水质综合毒性监测仪。

1. 斑马鱼的培育与繁殖

（1）水质要求：斑马鱼需要清洁、稳定的水质，pH 在 6.5～8.0 最为适宜。水温维持在 24～28 ℃较为理想。

（2）光照：每天提供 12 h 的光照是必要的，这有助于模拟自然环境中的日夜循环。

（3）喂食：斑马鱼应该喂食高质量的鱼粮，可以是干燥的、冷冻的或者活的食物，如细小的水生昆虫、浮游生物和特制的鱼粮。

（4）繁殖：斑马鱼的繁殖相对简单，通常雌鱼会在水草或专门准备的产卵垫中产卵，产卵后应将成年鱼移开，以防止食卵行为。

图 6.15　斑马鱼水质综合毒性监测仪

（5）幼鱼护理：卵通常在生产后 24～36 h 内孵化。初生的幼鱼需要极小的食物，如单细胞藻类或特制的幼鱼饲料。

斑马鱼是一种维护相对简单、繁殖快速的模式生物，正确的养殖和护理可以保证其健康成长，并为斑马鱼水质综合毒性监测仪提供稳定的工作条件。

2. 斑马鱼综合毒性测试步骤

斑马鱼综合毒性测试是一种利用斑马鱼胚胎或幼鱼作为模式生物进行环境毒理学定量研究的方法，在水环境综合毒性监测中越来越受到重视。斑马鱼作为模式生物的优点在于它的基因与人类高度相似，发育过程快，透明的胚胎使观察和影像分析变得相对容易。斑马鱼综合毒性测试通常会遵循以下几个步骤。

（1）选择斑马鱼测试个体。通常选用特定年龄或体型的斑马鱼个体进行测试。设定恒定的温度、光照周期和水质条件，确保实验过程中环境因素对斑马鱼的影响最小化。将斑马鱼暴露于测试样品，即将斑马鱼放入含有待测水样的容器中，通常设有多个浓度梯度及对照组（未添加任何潜在有害物质的水）。

（2）斑马鱼观察分析。包括斑马鱼心率测定、运动能力分析、特定基因表达的定量PCR、蛋白表达分析等。

（3）数据分析。通过比较不同浓度组和对照组的数据，评估水样的毒性，计算半致死浓度（LC50）或其他相关毒性指标。

3. 斑马鱼综合毒性测试优点

（1）生命周期短。斑马鱼的生命周期短，胚胎发育快速，有利于快速获得测试结果。

（2）基因组信息丰富。斑马鱼的基因组已被完整测序，有助于进行分子层面的毒性机制研究。

（3）与哺乳动物相比，斑马鱼测试成本较低，维护简单。

（4）相较于使用高等动物，使用斑马鱼进行毒性测试在伦理上更容易被接受。

第7章 河湖健康感知智能岛构建与应用

7.1 河湖健康感知智能岛需求

二十世纪八九十年代，日本、德国、澳大利亚等发达国家相继提出河湖生态治理的理念。我国对河湖的生态治理起源于 1998 年，发展至今先后经历了探索阶段（1998～2001 年）、萌芽阶段（2002～2006 年）、发展阶段（2007～2015 年）及完善阶段（2016 年至今），在河湖生态修复理论方面取得了较丰硕的研究成果，在修复技术和装备研发方面取得了长足的进步。目前欧美发达国家对河湖流域污染源和水生态指标已经建立了比较详细的档案，但国内的相关资料与研究较为缺乏，难以为河湖健康维护与有效治理提供完善的支撑数据。准确评价河流健康的关键在于选取恰当的评价指标体系，国外学者在评价河流健康时，基本上会优先考虑河流生态功能方面的因子。与之相似的是国内对城市河湖健康状况的评价，也选用河湖水文、河湖生物、河湖形态、水质理化参数等评价指标。目前我国河湖健康数据大多只存在于业务层面，各河湖系统之间信息孤立、数据冗余、缺乏一致性、共享程度很低，数据类型也多种多样。随着人工智能应用日益深化和信息技术的发展，机器学习方法由于能够处理模糊信息和非线性关系，具有良好的自适应、自推理能力，具有在河湖生态系统健康评价中广泛应用的前景。因此，将人工智能、大数据等先进技术应用于河湖健康智慧感知逐渐成为一个重要的发展趋势。

随着我国生态文明建设深入、长江大保护与黄河高质量发展等"江河战略"的确立、国务院《水污染防治行动计划》实施、智慧水利、水污染防治攻坚战等一系列重大战略的相继提出，河湖水污染防治与水生态修复已经上升至国家重大战略需求层面。"十四五"期间，生态环境部提出河湖水环境治理与水生态修复按照依法、科学与精准原则实施；水利部要求推动河湖长制度从"有名"到"有实"向"有为"的阶段性转变，加快推进智慧水利建设，旨在结合人工智能、大数据分析、机器人学习、物联网等技术，通过构建数字孪生流域解决河湖健康问题。解决河湖健康问题首先需要精准、快速、有效地获取多因子、多源项、多维度的水生态环境时空系统数据，为科学精准治理与保护河湖生态系统提供支撑，河湖智慧感知系统是实时获取水生态环境系统时空大数据最有效的技术手段。虽然目前市场上已经有很多无人机、无人船、水下机器人、水质在线设备等产品，但应用在河湖健康智慧感知的设备技术和手段依然不完善：①大量自动水质监测站投资大，可测指标少，且仅能对离岸较近水域水质长期监测，无法对大面积水域进行水质全覆盖监测；②无人船、无人机、水下机器人等通过技术人员控制可实现低频次网格化采样，但使用操作方式对人员专业技术要求高、人力耗费大，且不同品牌设备之间难以实现信息交互；③水生态智能化监测手段有限，尤其是水下生态监测；④时空协同同步监测数据数量有限，难以客观反映水生态环境系统时空变化实际状况；⑤涉及河湖健康相关因子多源数据共享的不同监测技术、方法与手段均未能有效统一协调，流域（区域）系统数据无法共享共用。现有技术和设备所获得的数据量无法支撑河湖水环境时空变化模型精确演算，进而难以全面感知时域层面河湖健康状态，无法精准"对症下药"。打通河湖智能监测相关设备与软件技术壁垒，集成无人机及停机坪、无人船及智能船坞、多功能水下机器人、水质在线设备等形成智能岛系统实时全面感知影响河湖健康主要因子，进而获得河湖健康监测大数据，成为有效支撑科学精准治理河湖水污染与维护河湖健康一大利器。

河湖健康感知智能岛主要针对河湖健康诊断对各类健康指标要测得全、测得准、能实时、智能化的要求，从监测因子、取样手段、布点方式、数据传输、软硬件支撑等方面系统梳理问题，从水质、水量、水生态和底质等方面筛选验证影响河湖健康主要因子，对河湖健康主要因子各类智能感知手段进行功能梳理与验证，构建多感知设备学习识别系统、时空信息交互、零基础人机交互控制系统，打通感知设备间技术壁垒，协调相关河湖健康监测方法、技术、标准，构建河湖生态环境感知系统，实现精确快速获取多污染源头和实时生态环境状况、"天-地-水"多维度和多生态环境因子的时空分布数据，为河湖水生态环境系统精准监控、科学预警、全面评估与精确治理修复提供强力科技支撑。

河湖健康感知智能岛不仅是实时同步智能化监测系统，满足河湖水生态环境系统精准监控、科学预警和全面评估的要求，而且由于其构建灵活、功能可按需配置，高效可移动等特点，河湖健康感知智能岛可为河湖水生态环境系统精准监控提供定制化服务、高效可移动精细监测技术服务，真正成为流域（区域）精细高效水生态环境系统监测服务的小型"航空母舰"。

7.2 河湖健康关键指标与因子筛选

7.2.1 现有湖泊健康评价指标简述

我国的河湖健康评价体系，主要在河湖的物理完整性、化学完整性、生物完整性、服务功能完整性四个方面对河湖健康进行评价，对应水文、生态、环境、社会四个准则层。随后都基于此对评价体系进行补充修正，如：在四个准则层下进一步细分，使得河湖健康评价指标体系更加全面；又或使用关键性指标的"一票否决权"来评价河湖健康情况；此外，地方研究者会结合所在区域大部分河湖健康情况，在准则层下自主设置符合当地情况的指标体系。例如，太湖健康综合评价与指标体系就把蓝藻数量指标作为影响湖泊健康的关键指标。

通过整理分析现有湖泊健康评价相关文献资料，对湖泊健康评价指标体系进行系统的归纳，如表 7.1 所示。综合评价指标分为 3 个层次：目标层、准则层和指标层。目标层为湖泊健康综合评价，全面反映湖泊健康现状；准则层从物理结构、水质、水生态和社会服务 4 个方面反映湖泊健康状况水平；指标层包括湖泊连通指数、入湖流量变异系数等，总共 20 个评价指标。

表 7.1　现有湖泊健康评价指标体系

目标层	准则层	指标层
		C_1 湖泊连通指数
		C_2 湖泊面积萎缩比例
	B_1 物理结构	C_3 岸线开发利用率
		C_4 违规开发利用水域岸线程度
		C_5 最低生态水位满足程度
		C_6 入湖流量变异系数
	B_2 水质	C_7 水质优劣程度
		C_8 富营养化指标
		C_9 底泥污染状况
A 湖泊健康		C_{10} 水体自净能力
		C_{11} 大型底栖生物完整性指数
		C_{12} 鱼类保有率
	B_3 水生态	C_{13} 碳氮比
		C_{14} 浮游植物密度
		C_{15} 水体自净能力
		C_{16} 防洪指标
		C_{17} 供水水量保证程度
	B_4 社会服务	C_{18} 饮用水水源地达标率
		C_{19} 岸线利用管理指数
		C_{20} 公众满意度

由于我国地域跨度较大，各河流、湖泊的自然条件千差万别，可在保证评价标准框架不变的前提下，适当增减流域自选指标。评价体系中各指标间有时会有交叉重叠，各指标间有关联性，如表 7.1 中 C_{10} 和 C_{15} 都为水体自净能力，却分别反映了水质和水生态层面的情况。此外，指标较多，获取难度大，可能造成评价周期较长；有些指标对健康评价的贡献变化不大，如反映湖泊物理结构和社会服务特性等指标在短期内可能也不会有很大变化。因此，可筛选影响湖泊健康评价的关键指标，以实现对湖泊高频率的评价，更有利于掌握湖泊的实时健康现状。

7.2.2　典型湖泊健康评价关键指标筛选

1. 影响湖泊健康的主要因素分析

影响湖泊生态健康的因素有很多，包括自然因素、生物因素、人为因素。自然因素包括气候变化、降雨量、温度、光照等。这些因素会直接影响湖泊的水位、水质和水温等，从而影响湖泊生态系统的平衡和稳定性。生物因素包括湖泊中的植物、动物和微生物等。它们的种类、数量和相互关系会对湖泊生态系统产生重要影响。例如，水生植物能够影响水质和水体氧气含量，而浮游生物和底栖生物则是湖泊食物链的重要组成部分。人为因素是指人类活动对湖泊生态系统的影响。这包括工业、农业、城市化、旅游等活动对湖泊水质的污染，土地利用变化对湖泊周边生态环境的破坏，以及过度捕捞、引入外来物种等对湖泊生物多样性的影响。其中由人类活动造成的外源污染物输入的影响最为显著。大量营养盐输入水体，使湖泊逐步由生产力水平较低的贫营养状态向生产力水平较高的富营养状态变化，改变了湖泊中植物、动物和微生物的生存和发展方式，进而影响湖泊健康。

湖泊健康状况与其水体中的总氮（TN）含量有着密切的关系。总氮是水体中所有形态氮的总和，包括氨氮、硝酸盐氮、亚硝酸盐氮和有机氮等。氮本是生态系统中重要的营养元素之一，对水生生物的生长和生态系统的功能至关重要。然而，当氮的含量超过生态系统的自然吸收能力时，就会引起一系列环境问题，其中最严重的是富营养化，导致藻类和水生植物的过度生长（Britto et al.，2002）。这种过度生长会导致水体中溶解氧的浓度下降，影响鱼类和其他水生动物的生存，甚至导致生态系统中某些物种的消失。水体长期的富营养化还会导致水体生态系统结构和功能的改变，降低水体透明度，最终影响湖泊的健康和人类的使用价值（赵晏慧 等，2022）。因此监测和管理水体中的总氮含量是保护水体健康和预防富营养化的重要手段。通过定期监测总氮的浓度，可以及时地了解水体的营养状态，采取适当的管理措施，保持湖泊生态系统的平衡，确保水资源的可持续利用。

氨氮是水体中以氨（NH_3）和铵盐（NH_4^+）形式存在的氮，是总氮的组成部分，主要来源于农业施肥、畜牧业排泄物、工业废水和生活污水等。湖泊水体中总氮和氨氮之间有着密不可分的关联，水体中氨氮浓度的升高通常意味着有机物的分解增加，可能会导致总氮水平的升高（Nimptsch et al.，2007）。水体中的氨氮对鱼类或其他水生生物有较强的毒性，水生生物在高浓度氨氮中会出现呼吸困难、血液中携带的氧减少，甚至死亡。氨氮在水体中被微生物分解为硝酸盐的过程会消耗大量的溶解氧，导致水体缺氧，从而影响水生生物生存。氨氮也是藻类和水生植物的重要营养物之一，水体氨氮浓度过高会导致藻类等水生植物的过度生长、形成水华，破坏水体生态健康。此外，高浓度的氨氮会使水体产生异味，影响水质，降低湖泊水体的利用价值。因此，在湖泊水体管理和治理中，控制氨氮和总氮的浓度十分重要。

湖泊健康同样与总磷（TP）含量之间存在密切的关系。磷是水生植物和藻类生长的关键营养盐之一。在湖泊中，磷决定了水生植物的生长速度和生物量，从而影响整个湖泊生态系统的结构和功能。当湖泊中的总磷含量超过一定阈值时，可能导致湖泊富营养化，进而出现藻类和其他水生植物过度生长的现象，这通常会导致水质下降、溶解氧减少、鱼类和其他水生生物死亡等问题（刘辉 等，2019）。总磷含量的增加通常伴随着水质的恶化。高磷水平可能导致水体浑浊、透明度降低，影响水下光照条件，进而影响水生植物的生长和水生态系统的健康。监测湖泊中的总磷含量是湖泊管理和保护的重要手段。通过控制磷的输入，如农业排水、生活污水和工业排放，可以有效预防和治理湖泊富营养化，保持湖泊的健康状态（赵宇 等，2020）。

此外，湖泊水生态指标中的叶绿素a（chlorophyll-a，Chla）同湖泊的健康密切相关。

叶绿素 a 是一种广泛存在于绿色植物、藻类和某些细菌中的色素，是光合作用中必不可少的成分，对湖泊生态系统健康状况有指示作用（朱广伟 等，2018）。叶绿素 a 是植物光合作用、浮游植物多种色素中的主要光合色素，是估算初级生产力和生物量的指标（翁笑艳，2006）。通过测定浮游植物叶绿素 a，控制富营养化和藻类生物量，可掌握水体的初级生产力情况，揭示富营养化的内在实质。

2. 湖泊演变各阶段的驱动因子剖析

湖泊变迁是一个复杂的自然过程，受到多种因素的共同影响。湖泊生态系统通常具有承受一定强度外界干扰的能力，使其可以较长时间维持在先前的系统中，例如清水型湖泊因其自净能力可以吸纳部分营养盐而不会影响系统稳定。但是人为因素大量输入的营养盐，严重破坏了湖泊生态系统的原有结构和功能，削弱了稳定性，一旦越过临界阈值，即会发生系统跃迁。即便是在生态修复过程中，在去除外界干扰后湖泊生态系统仍然无法回到先前状态。中国科学院水生生物研究所刘永定研究员从湖沼生态学及其生态系统价值评价角度，研究湖泊变迁过程中湖泊生态系统的演变。将湖泊变迁过程分为以下 8 个阶段，并通过湖泊的指标进行评判。

（1）健康阶段。溶氧（DO）很多，生化需氧量（biochemical oxygen demand，BOD）低。水中浮游藻类少，Chla<1.6 μg/L，水生动植物多种多样，昆虫幼虫种类多样，出现各种动物，TN<0.08 mg/L，TP<4 μg/L，处于贫营养阶段。

（2）营养增加阶段。DO 较多，BOD 较低，有很多脂肪酸和铵盐化合物，水中浮游藻类少，Chla<10 μg/L，原生动物多种多样，有多种淡水海绵、两栖动物和爬行类出现，周丛生物较多，TN<0.3 mg/L，TP<23 μg/L，处于中营养阶段。

（3）营养超限阶段。随着营养物的浓度进一步升高，由于水生态系统的自净能力减弱，水和底泥中氧化作用较强，DO 不多，BOD 低，有很多脂肪酸和铵盐化合物。硅藻、绿藻种类多样，Chla<26 μg/L，原生动物多样，有多种淡水海绵、小型甲壳类、两栖动物和爬行类出现，周丛生物少，TN<0.65 mg/L，TP<50 μg/L，处于中-富营养阶段。

（4）生产力上升阶段。随着污染物的大量排入，水生态系统的缓冲能力逐渐丧失，水和底泥中氧化作用强，DO 较少，BOD 低，有很多脂肪酸和铵盐化合物。硅藻、绿藻种类多样，Chla<64 μg/L，原生动物多样，太阳虫和吸管虫中耐污性种类出现，两栖动物和爬行类出现，周丛生物开始消失，TN<1.3 mg/L，TP<100 μg/L，处于富营养阶段。

（5）沿岸受损阶段。随着污染物的无节制排入，水体的自净能力下降。水和底泥中出现氧化作用减弱，DO 较少，BOD 高，细菌很多，藻类大量出现，尤其是蓝藻有时会暴发成为水华，藻类细胞数达 $0.78×10^8$ 个/L，Chla<100 μg/L，微型动物占大多数，耐污的鲤、鲫、鲶鱼等可在此带栖息，周丛生物没有，TN<2.3 mg/L，TP=100～250 μg/L，处于重富营养阶段。

（6）沉水植物消亡阶段。处于重富营养阶段的湖泊，随着污染物持续无节制地排入，水体蓝藻经常暴发成为水华，当藻类的细胞数达 $1.0×10^8$～$1.8×10^8$ 个/L，Chla<160 μg/L，TN=2.3～4.5 mg/L，TP=250～600 μg/L，湖泊处于超富营养阶段。

（7）藻华严重发生阶段。随着污染物持续不断地大量地排入，水体的自净能力丧失。

藻类大量出现，尤其是蓝藻常常暴发成为水华，藻类数量达 $1.8\times10^8\sim8\times10^8$ 个/L，Chla=160～400 µg/L，微型动物占大多数，观察不到周丛生物存在，TN>4.5 mg/L，TP>600 µg/L，处于过富营养阶段。

（8）黑臭阶段。随着大量生活污水和工业废水的排入，水体的自净能力丧失殆尽。水体无溶解氧，BOD 非常高，细菌大量存在，几乎没有原生动物，仅有少数耐污昆虫幼虫或蠕形动物出现，无其他动物生存，处于异常富营养阶段。

从以上湖泊变迁各阶段的具体表现，健康的湖泊主要具有高 DO、低 BOD、低 Chla、低氮、低磷、高生物多样性的特点，但随着营养物浓度上升，湖泊富营养化程度加剧，湖泊的藻类开始变多，甚至发生水华，同时，细菌数量变多，生物种类减少，出现耐污生物。富营养化湖泊主要具有低 DO、高 BOD、高 Chla、高氮、高磷、低生物多样性的特点。纵观湖泊变迁的各个阶段，溶解氧、生化需氧量、叶绿素 a、总氮、总磷都作为评判湖泊各阶段的关键指标。

3. 关键指标与对应因子筛选

湖泊的富营养化问题是影响长江中游湖泊健康的关键问题，而外源营养盐的输入又是造成长江中下游地区浅水湖泊富营养化的关键。现有湖泊健康评价体系中，物理结构准则层反映的湖泊原有特点，物理结构极难改变，且各个湖泊的物理结构迥异，短时间内物理结构不会成为影响湖泊健康的关键因素，在对湖泊健康高频次评价过程中的贡献度不变，因此可不作为关键指标。同样，社会服务准则层同物理结构类似，也不作为高频率湖泊健康评价的关键指标。因此，湖泊水质和水生态所代表的指标层，则更能反映湖泊健康状态的连续变化。表 7.2 从水质和水生态的角度列出了影响湖泊健康评价关键指标的对应因子。

表 7.2　影响湖泊健康评价关键指标对应因子筛选

准则层	指标层	对应因子
B_2 水质	C_5 最低生态水位满足程度	近 30 年的 90%保证率年最低水位
	C_6 入湖流量变异系数	入湖实测月径流量、天然月径流量
	C_7 水质优劣程度	氨氮、总氮、总磷、溶解氧等
	C_8 富营养化指标	总磷、总氮、叶绿素 a、高锰酸盐指数、透明度
	C_9 底泥污染状况	重金属、pH、有机物等
	C_{10} 水体自净能力	溶解氧
B_3 水生态	C_{11} 大型底栖生物完整性指数	大型底栖无脊椎动物生物完整性指数监测值、大型底栖无脊椎动物生物完整性指数期望值
	C_{12} 鱼类保有率	调查获得的鱼类种数数量、有记录的湖泊鱼类种类总数
	C_{13} 碳氮比	COD、TOC、氨氮、总氮
	C_{14} 浮游植物密度	叶绿素 a、浮游植物密度及其环境背景值
	C_{15} 水体自净能力	氨氮、总氮、亚硝酸盐等

注：TOC 为总有机碳（total organic carbon）

由表 7.2 可以看出，水质准则层中，出现次数最多的为氨氮、总氮、总磷、叶绿素 a、溶解氧这几类指标，而水生态准则层中，氨氮、总氮、叶绿素 a 也多次出现。此外，如前述氨氮对水生生物的毒性效应，水生态层中底栖生物完整性和鱼类保有率与氨氮、总氮、叶绿素 a 也有一定的关联。同时，叶绿素 a、总氮、总磷也作为评判湖泊变迁各阶段的关键指标。综上所述，结合影响湖泊健康的因子、评判湖泊各阶段的关键指标及水质和水生态准则层中高频出现的因子，选取氨氮、总氮、总磷、叶绿素 a 作为影响长江中游浅水湖泊的关键指标（表 7.3）。

表 7.3 筛选出的长江中游浅水湖泊关键指标体系

目标层	准则层	指标层
长江中游浅水湖泊健康	水质优劣程度	氨氮
		总氮
	富营养化指标	总磷
		叶绿素 a

7.3 河湖健康感知智能岛构建

7.3.1 智能岛总体需求分析

以长江中游湖泊健康智慧感知为例分析智能岛构建总体需求，对现有湖泊健康智慧感知相关设备进行调研，发现目前市场上虽然已经有多种无人机、无人船、水下机器人、水质在线设备等在售产品，但这些产品能应用于河湖健康智慧感知的设备技术和手段依然不完善，主要表现为以下几方面的不足：①水质自动监测站投资大，可监测指标少，监测区域小；②无人机、无人船、水下机器人等智能设备对操作人员的专业性依赖高，且仅能实现低频次网格化监测，此外，不同品牌和类别的设备间难以实现信息交互；③水生态智能化监测手段有限，尤其是水下生态监测；④水生态水环境时空变化大，监测数据数量有限且同步性差，难以客观反映水生态系统实际状况；⑤涉及河湖健康相关因子的监测由多部门负责，系统数据无法共享共用。

为改善现有水环境监测设备，并满足前述筛选的影响浅水湖泊健康关键影响因子的高频率和大尺度的监测需求，构建的智能岛应满足以下条件。

（1）湖泊水质指标的高频率和大尺度水质获取。智能岛要能获取大量实时的湖泊健康数据，选取监测区域为 10 km^2 以内，水质数据监测点位在 50 个点范围内。频次为 1 天 1 次，包括氨氮、总氮、总磷、叶绿素 a。

（2）湖泊整体光谱数据获取。智能岛需具备获取监测湖面的高光谱图的能力，监测区域为 10 km^2 以内，频次为 1 天 1 次，并实现光谱数据和水质数据的同步及关联，为湖泊健康的巡测和预警奠定基础。

（3）湖泊视频数据获取。智能岛需具备获取大量实时取样点位周边环境的图像及视频数据的能力，以便于直观地了解污染程度及范围。

（4）可整合水质、水生态、光谱、图像视频等数据，形成湖泊健康数据库。可通过建立好的模型分析数据库中的数据集，以实现对湖泊水质分类和水质预测，以及对湖泊健康状况的预测预警。

（5）设备对操作人员的专业技术要求低，有友好的人机交互界面，操作简单。

（6）具有通信与信号传输功能。设备间通信可通过蓝牙与 5G 传输信号，实现 10 km 内信号全覆盖。

（7）可充电、易维护。设备能够充电，运行维护成本较低。

7.3.2 智能岛构建技术路线

异构地面基站、多类型无人机、智能无人机停机坪、无人船、多功能水下机器人和水质自动监测仪集成在一个智能化船坞上形成智能岛，通过 AI 行为识别深度学习系统开发建立基于感知体系的智能事件模型。主要开发水环境区域或网格化水环境巡测算法模型，倾倒垃圾、污水排放、非法捕鱼、危险游泳、水面漂浮物、水体颜色变化等系列行为模型。通过 AI 行为识别深度学习系统开发，使无人机、无人船具备自动、实时、准确识别能力，可在日常巡测过程中对各类涉水行为、突发事件进行分析、报警；通过感知信息交互反馈系统研发，系统设计遵循兼容性、拓展性、全面性的原则，充分采用物联网技术，将多厂商、多类型终端设备接入。系统基于河湖健康要求形成和完善感知策略库，并通过全面的数据分析处理能力，将视频、光谱数据、水质（底泥）数据、水生态、天气气象、水文等基础感知数据进行交互，及时对无人机、无人船、水下机器人行为进行反馈、修正；通过零基础人机交互控制系统开发，充分采用人机交互模式控制，降低了操作人员的技术要求，是一种"零基础"系统。可实现陌生水域一键部署，通过设置电子围栏，采用可视化触屏控制调节点位、行距设置监测密度，并根据实际水文情况做出自动校正。系统内嵌高精度格式与算法，集成实时校正与并行计算技术及跨学科模型，通过预设程序引导，可控制无人机、无人船、水下机器人多频次、多航线的巡航。采样打通上述技术壁垒后，构建的智能岛可对影响河湖水生态系统健康的主要因子实行同步监测、全天候响应、区域多要素协同、智能采测与数据智能计算传输，智能岛系统具备在常态化情况下，任意点位采样可达、网格化采样可实现、可同步监测、生态环境多要素可协同、时空大数据耦合智能计算功能可实现。河湖健康感知智能岛构建技术路线如图 7.1 所示。

7.3.3 智能岛整体设计技术

为实现湖泊水质、水生态数据和光谱数据的获取，智能岛上可设计自动采样单元、自动监测模块及能携带高光谱无人机获取湖泊高光谱数据的单元。湖泊图像视频数据的获取，可通过自动采样单元中无人船上配备的视频监测摄像头实现；可获取采样时要整合视频功能，对视频数据中的排口、漂浮物等进行识别、实现 AI 行为识别深度学习系统开发。智能岛软件在构建数据自建库方面可发挥自身优势，能够将光谱、水质、视频

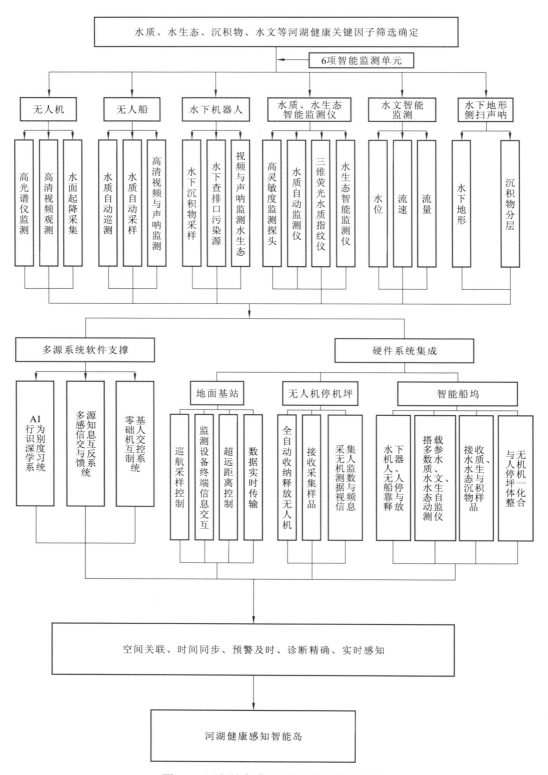

图 7.1　河湖健康感知智能岛构建技术路线

等多种类型数据整合至统一数据库中。借助这一数据库，系统软件能够实现对水质数据的精准分类，在此基础上进行预测与预警分析，并有效评估湖泊健康状况，通过感知信息交互反馈系统，实现数据的智能处理与高效应用；为提高智能岛的监测面积，智能岛上需整合无人机停机坪、智能船坞以实现采样单元和高光谱单元设备的充电。

综上所述，河湖健康感知智能岛由智能监测硬件和功能支撑软件两部分构成，智能监测硬件包括地面自动监测站模组、高光谱无人机模组、无人船模组、水下机器人模组，整体设计如图 7.2 所示。

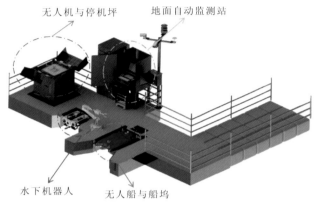

图 7.2　智能岛整体设计

1. 智能岛硬件设计

依据智能岛的整体设计对智能岛的主要构成硬件进行选型。

1）无人机选型

智能岛无人机携带高光谱监测模块需要每天对面积为 10 km^2 内大小的湖泊进行光谱扫描，驱动方式为电驱动，续航时间为 30 min，监测频次为 1 天 1 次。在环境监测中一般使用 ZK-VNIR-FPG480 型机载高光谱成像仪，它具有重量轻（5 kg）、成像稳定、高速数据采集等优点，可实现光谱数据的实时采集、储存。高光谱数据处理软件可对原始数据进行快视复原、辐射校正、光谱定标和几何校正等处理，去除探测器的条纹噪声，同时其水体模型算法对水体高光谱数据进行解析，可对总氮、总磷、氨氮和化学需氧量等参数进行计算，生成相应指标参数的高光谱遥感影像。如果要对湖泊光谱数据进行获取，需要适配合适的能搭载该光谱仪的无人机。目前市面上的无人机主要分为多旋翼无人机、固定翼无人机和无人直升机。结合湖泊高光谱监测的需求，所选择的无人机要满足较长的续航时间和里程、能直升直降、作业地形要求低。结合表 7.4 中各类型无人机的特点，多旋翼无人机可满足需求。因此无人机品牌选择大疆，不选择无法搭载 5 kg 高光谱相机的微型多旋翼无人机（如大疆御系列、精灵系列、Air 系列），选择能搭载 5 kg 高光谱相机的小型多旋翼无人机（如经纬系列）。无人机模组生产厂家选取大疆，型号为经纬 Matrice 600 Pro。

表 7.4　不同类型的无人机选型表

参数	多旋翼无人机	固定翼无人机	无人直升机
驱动方式	电驱动	电驱动、柴油驱动	柴油驱动
续航时间/min	30 以内	30～90	大于 90
航程/km	5～15	50～200	200～800
飞行速度/(km/h)	0～50	0～100	0～500
飞行稳定性	较稳定	较稳定	稳定
作业地形要求	低	高	中
无人机体积	小	中	大
起降空间需求	小	大	中
能否搭载高光谱	能	能	能
可搭载负荷/kg	0～30	30～200	200 以上
运行条件要求	低	中	高
优点	操作简单、可定点升降、自动巡航、可用遥控器控制飞行	飞行速度快、可巡航、工作效率高	垂直起降、空中悬停
缺点	不能在气候极端条件下运行（如高海拔、大风乱流）	操作要求高、极易受天气影响	操作要求极高、使用维护成本相对较高

2）无人船选型

针对无人船能获取大量实时取样点位的水样数据与视频数据。无人船能对监测区域为 10 km² 以内，水质数据监测点位在 50 个以内进行取样。目前市面上的无人机主要分为单体无人船、双体无人船、新型能源无人船。各参数如表 7.5 所示。

表 7.5　不同类型的无人船技术参数

参数	单体无人船	双体无人船	新型能源无人船
驱动方式	电驱动	电驱动	电驱动
续航时间/h	2～4	2～4	大于 4
航程/km	5～15	5～15	20～500
航行速度/(km/h)	0～40	0～30	0～70
航行稳定性	较稳定	稳定	稳定
作业地形要求	中	低	中
无人船长度/m	1～1.8	1～1.8	大于 4
吃水深度/m	0.6	0.3	0.4～0.5
能否模块化搭载设备	能	能	能
可搭载负荷/kg	0～20	0～50	100～1 000
运行条件要求	中	低	中
优点	操作简单、可设置巡航返航路线	操作简单、载荷量较大、可设置巡航返航路线、在锚地不会摇摆、工作效率高、吃水深度较低，能尽可能地接近湖岸	载荷量非常大

参数	单体无人船	双体无人船	新型能源无人船
缺点	载荷空间相对狭小、不易抵挡风浪、相比较双体船不易适应各种环境	双体结构相比于单体结构较大	操作较复杂、技术复杂度和使用维护成本相对较高

因此，结合智能岛对无人船需求获取大量实时取样点位的水样数据与视频数据，在水环境监测领域使用的无人船类型主要为双体无人船。水环境监测的工作特点要求无人船能对 10 km² 以内监测区域，一次取 4 个水样，包含送样及运输时间，对 50 个水质数据监测点位进行取样。驱动方式为电驱动，续航时间为 3 h，航行速度为 20 km/h，频次为 20 次/天，航行稳定，对作业地形要求低。按照既定路线巡航，还可对流域范围内进行时间和空间上的连续监测。

因此，需满足以上功能的无人船，智能岛-无人船模块选取水镜 SZ30 水质监测无人船。

3）自动监测站选型

智能岛需满足每天可实时监测 50 个水样中的氨氮、总氮、总磷、叶绿素 a，并对水质、视频、光谱等数据构建一个数据库，可通过数据库中的水质实时数据集实现对湖泊健康状况实时评价，满足感知信息交互反馈系统的功能需求。

因此，需满足以上功能的水质自动监测站，智能岛-自动监测站模块选取力合科技 LFLIM-2015 水质自动监测站。

4）水下机器人选型

水下机器人能对监测区域为 10 km² 以内，获取的 20 个点位不同深度的水样数据进行取样，保证样品的准确性，搭载的高清摄像机可对水下情况进行观察，同时还可通过 CIM/BIM 技术对水下地形图进行三维复现，作为取样的补充，满足感知信息交互反馈系统的功能需求。

因此，需满足以上功能的水下机器人，智能岛-水下机器人模块选取武汉行星轮水影 2 号水下机器人。

5）智能船坞选型

智能船坞具有通信与信号传输功能，设备间通信可通过蓝牙与 5G 传输信号，实现 10 km 内信号全覆盖。具有信号指示灯，能满足智能设备充电需求，可对无人机、无人船等设备进行充电。信号指示灯为三色灯，入坞方式为引导式，可对无人船状态进行监测，船坞给无人船充电的接口为 RJ45，输入电压为 220 V，输出电压为 24 V。

因此，需满足以上功能的智能船坞，智能船坞模块选取武汉行星轮智能船坞 V1。

2. 智能岛软件设计

为发挥智能岛各模块间的有序配合和硬件间的互联互感，需要打通各硬件间的壁垒，通过一整套软件操控分析系统实现，包括零基础人机交互控制系统、大数据分析系统和预测预警系统。

1）零基础人机交互控制系统开发

智能岛系统的软件控制界面，需充分采用人机交互模式控制，降低操作人员的技术要求，是一种"零基础"系统。通过现有商业软件的集成，实现无人船水域一键部署，通过设置电子围栏保证无人机在区域内飞行，采用可视化触屏控制调节点位。通过预设程序引导，可控制无人机、无人船、水下机器人多频次、多航线的巡航、采样，且轨迹精度达 99.5%，高于现有地图。智能岛人机交互控制系统操作界面和无人船模块设置界面分别如图 7.3 和 7.4 所示。

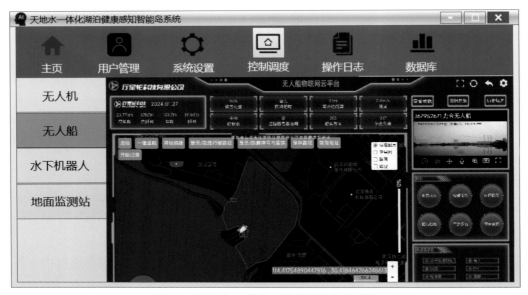

图 7.3　智能岛人机交互控制系统操作界面

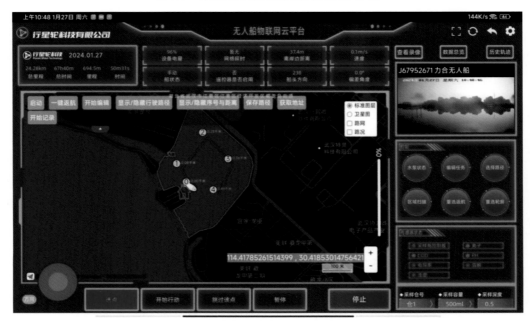

图 7.4　智能岛无人船模块设置界面

2）大数据分析系统和预测预警系统

智能岛需将多设备获取的水质数据、光谱数据、视频数据进行交互并整理至数据库中，通过机器学习的方式挖掘数据特征，提取数据的特征向量，进行神经网络的构建，对数据进行回归预测分析，得到数据的预测值，以实现对河湖健康的评价与预警。

7.4 智能岛大数据分析与预测模型构建

7.4.1 智能岛数据分析及预测流程

智能岛功能实现后，可对所监测湖泊健康关键指标进行不间断的采测，从而得到湖泊健康相关的海量数据。对智能岛获取的各种数据进行收集，再对湖泊健康数据进行预处理，构建并验证回归预测算法模型，具体流程如图 7.5 所示。

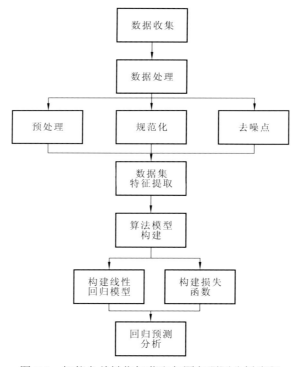

图 7.5 智能岛关键指标获取与回归预测分析流程

7.4.2 智能岛大数据采集

前期使用智能岛无人船模组获取了水质数据（氨氮、总氮、总磷、叶绿素 a）、无人机模组获取了光谱数据与视频数据，现将获取的大量数据都收集至智能岛数据库中，而对智能岛获取的大量数据进行收集与预处理，需要使用一些统计方法与数据分析方法。

通过智能岛获取大量数据（水质数据、光谱数据、视频数据），收集与预处理整体思路如下。

（1）根据数据特点，补充前置数据，降低信息熵。若预测后一天的数据，则需要近几天的数据及前一周的某一天数据。对回归预测分析来说，需要具有确定性的前一段数据，用于激活函数的调优，调整 OR 函数判断的逻辑关系。前置时序数据在补充前置信息的同时，能有效降低信息熵。

（2）前置数据时序合适。对需要进行回归分析的数据，通常需要前置数据来体现和补充数据在前一时间序列的属性，具体所需的前置数据应根据需要预测的时间节点来确定。若预测某一天的数据，则需要预测前一周的前置数据。若预测某一个月的数据，则需要前一年的前置数据。

（3）基准数据连续且确定。对某一时间节点的数据进行回归预测分析，需要相应的符合时间序列的连续基准数据来保证预测的参考价值和确定性。在一个小范围内确定超参数，对模型预测回归性与准确率具有决定性的作用。

（4）确定数据值，方便计算。使用确定数据可极大地提升隐含层的复杂非线性函数拟合效率，也易对特征集实现逻辑回归。同时对于前置数据和连续的基准数据，也需要其数据的确定值，若有一小部分数据因为各种原因无法确定，可使用下面介绍的统计学方法和算法模型进行前置和基准数据的补充。

7.4.3　智能岛感知数据处理

1. 数据预处理

一般而言，任何项目中数据处理相关的工作时间占据绝大部分，数据的质量直接决定项目结果的可信度。数据的质量涉及很多因素，包括准确性、完整性、一致性、时效性、可信性和解释性等。本小节中河湖健康感知智能岛在河湖健康监测的过程中也会产生大量的水质（底泥）、光谱、视频、水生态等基础感知数据，这些河湖健康大数据的质量也直接影响河湖健康评价结果。然而，在河湖健康指标的采测中可能出现检测机器故障，检测精度不够，或非可抗力因素，导致一些数据偏离实际或缺失，这样不利于获取真实的河湖健康数据。因此，在对数据进行分析、建模或预测前，有必要进行数据的预处理。

数据预处理包括以下步骤。

（1）确定缺失值，对收集的数据进行筛选，确定空值项与 0 项值，将其标出，并通过键值对反查 method.reverse_find_char 至所有信息后记录至空值字典。

（2）通过克里金插值的统计学方法（依据协方差函数对随机过程/随机场进行空间建模和预测（插值）的回归算法，其代码如图 7.6 所示），或随机森林算法（将多个决策树结合在一起，每次数据集是随机有放回地选出，同时随机选出部分特征作为输入，是以决策树为估计器的 Bagging 算法，其代码如图 7.7 所示）对缺失值进行补充（Basu et al.，2023）。

2. 数据规范化

预处理后的数据还需进一步地规范化，以防止后期人工神经网络预测中因冗余特征

```
import numpy as np
from math import*
from numpy.linalg import *
h_data=np.loadtxt(open('数据合集.csv'),delimiter=",",skiprows=0)
print('原始数据如下(x,y,z):\n未知点高程初值设为0\n', h_data)
def dis(p1,p2):
 a=pow((pow((p1[0]-p2[0]),2)+pow((p1[1]-p2[1]),2)),0.5)
 return a
def rh(z1,z2):
 r=1/2*pow((z1[2]-z2[2]),2)
 return r
def proportional(x,y):
 xx,xy=0,0
 for i in range(len(x)):
  xx+=pow(x[i],2)
  xy+=x[i]*y[i]
 k=xy/xx
 return k
```

图 7.6   克里金插值法循环迭代代码

```
iris = load_iris()
X = iris.data
y = iris.target
X_train, X_test, y_train, y_test = train_test_split(X, y,
test_size=0.3, random_state=42)
random_forest_classifier =
RandomForestClassifier(n_estimators=100, random_state=42)
random_forest_classifier.fit(X_train, y_train)
y_pred = random_forest_classifier.predict(X_test)

accuracy = random_forest_classifier.score(X_test, y_test)
print(f"Model Accuracy: {accuracy * 100:.2f}%")

joblib.dump(random_forest_classifier,
"random_forest_model.joblib")
```

图 7.7   随机森林算法代码

过多使模型过拟合，导致数据预测不准确。数据规范化可采取将字符串转化为数字的方法，将预处理数据进一步规范化生成新的数据集。

3. 噪点消除

规范化后的数据集中往往存在一些过高或过低的数据（极值），称为疑似噪点。需要对这些疑似噪点进行判断，以消除该噪点与实测值之间的差异，避免预测模型不准确，具体步骤如下。

（1）噪点的判断。通过 Python 自主构建噪点判断模块（图7.8）。原理：先将规范化后的数据导入噪点判断模块中，噪点判断模块将会判断此数据是否为疑似噪点，若为疑似噪点，则标红进行下一步。

```
import pandas as pd
import numpy as np
data=pd.read_excel('数据1.xlsx')
data.columns=data.values[1]
data=data[2:]
# In[41]:
    data=data[['测试点位','经纬度','氨氮\n(mg/L)','总氮
    (mg/L)','总磷\n(mg/L)','叶绿素a(ug/L)','时间']]
    data.head()
# In[42]:
data.shape
# In[43]:
data.dropna(inplace=True)
data
```

图7.8　Python 噪点判断模块代码

（2）将疑似噪点与实际情况（历史测量数据、测量点周围视频等）进行比较，若疑似噪点数据与历史测量数据相近或噪点数据所反映的污染情况与测量点周围视频体现得一致，则取消疑似噪点标记。若相反，则标记为噪点。

（3）将噪点数据抹除，并使用回归锐度分析估算出噪点的替代值。具体方法：调用该噪点值对应点位的历史数据，进行不同函数（如多项式、幂函数、指数函数等）的拟合，将拟合度最高的函数作为该噪点时间序列的回归曲线，通过该曲线得到噪点预测值。同时，设置一个置信度 x，x 取值为 0%～100%，基于统计学的大数定律，真实值点位一定是在回归曲线该时间点位上下浮动的。因此，通过回归的方法可得到真实值的估计值，当实验次数越多，估计值就越接近真实值，这里把得到真实值的估计值看作去噪后的真实值。

回归锐度模型为

$$\varphi_{x,f}(\epsilon) := \frac{(\max_{y \in C_\epsilon} f(x+y) - f(x))}{1 + f(x)}, \quad x = 1 - f \tag{7.1}$$
$$(1-y)f(x) \leqslant f(x+y) \leqslant (1+y)f(x)$$

式中：φ 为锐度；ϵ 为子集符号；f 为权重；x 为置信度；$f(x)$为噪点预测值；$f(x+y)$为锐度波动值；C 为数值连续的区间。

4. 数据集提取特征

将消除噪点的数据构建数据集，通过数据集导入代码（图7.9），将数据导入来直观比较参数和真实模型参数的区别，以待后续提取数据特征向量。数据集超参数明细如表7.6所示。

```
import pandas as pd

def
load_watervalue_data(watervalue_path=WATERVALUE_PATH):
    print(watervalue_path)
    csv_path = os.path.join(watervalue_path, "数据合集.csv")
    print(csv_path)
    return pd.read_csv(csv_path)
```

图 7.9　数据集导入代码

表 7.6　数据集超参数明细表

超参数	符号
训练集样本数	D
输入个数（特征数）	C
随机批量样本	$\mathbf{R}^{D \cdot C}$
线性回归模型真实权重	$\boldsymbol{w}=[\alpha_i]^\mathrm{T}$
偏差系数	b
随机噪声项	r

设训练集样本数为 D，线性回归模型真实权重为 $\boldsymbol{w}$，输入个数（特征数）为 C。给定生成的随机批量样本为 $X \in \mathbf{R}^{D \cdot C}$，使用线性回归模型真实权重 $\boldsymbol{w}=[\alpha_i]^\mathrm{T}$ 和确定偏差系数 b，以及一个随机噪声项 r 来生成标签。数据集提取特征公式为

$$Y=\boldsymbol{w}x+b \tag{7.2}$$

式中：Y 为数据集；x 为 X 中任一确定的批量样本。其中噪声项 r 服从均值为 0、标准差为 0.01 的正态分布，噪声代表了数据集中无意义的干扰。构建好数据集，方便提取特征变量、特征向量和属性，同时也更便于线性回归模型中激活函数的计算。

数据集特征提取部分代码如图 7.10 所示。

能够从数据集中提取特征变量，如河湖健康大数据中的指标类，具体有氨氮、总氮、总磷、叶绿素 a 等关键指标。在数据集中，它表现为指标类、水质类别，如 I 类、II 类、III 类、IV 类、V 类、劣 V 类，以及地点信息，如日期、经纬度等。

7.4.4　回归预测算法模型构建

对智能岛大数据分析系统处理的各指标数据集（氨氮、总氮、总磷、叶绿素 a 等河湖健康数据）进一步构建模型，根据数据类型及时序，结合预测方式，使用深度神经网络算法进行模型预测，以达到对未来河湖健康指标进行预测预警的目的。因此，下面将先构建线性回归模型、损失函数模型、逻辑回归模型以实现建立数据集的预测预警。

```
import pandas as pd
edges_data=pd.read_csv("数据合集.csv")
print(edges_data)
import dgl
src=edges_data['Src'].to_numpy()
dst=edges_data['Dst'].to_numpy()
g=dgl.graph((src,dst))
Graph(num_nodes=Num_nodes,num_edges=Num_edges,
      ndata_schemes={},
      edata_schemes={})
node_embed=nn.Embedding(g.number_of_nodes(),node_character
value)
inputs(node_embed.weight)
nn.init.xavier_uniform_(inputs)
print(inputs)
```

图 7.10　数据集特征提取部分代码

1. 构建线性回归模型

使用 Python 自主构建线性回归模型，构造损失函数和激活函数，从而构建人工神经网络算法，同时将数据映射至概率区间，达到数值和概率的转换，同时通过逻辑回归，判断数据的拟合性。给定学习 Python 自主构建的线性回归模型（深度神经网络模型），现在可以通过给定的 $x_{i,j}$（地点、时间）来估计一个未包含在训练数据中的数据。给定特征估计目标的过程通常称为线性回归预测。

为预测湖泊健康，对数据集提取特征后，构建线性回归模型，线性回归是单层神经网络，其输出值为连续值。

$$\hat{y} = x_1\omega_1 + x_2\omega_2 + b \tag{7.3}$$

式中：$\hat{y}$ 为预测值；x_1、x_2 为样本值；ω_1、ω_2 为权重；b 为偏差。

一般情况下 $\hat{y}$ 与真实值 y 有一定的误差，线性相关，当样本数为 n，特征数为 d 时，由此可以得到线性回归模型。

$$\hat{y} = X\boldsymbol{\omega} + b \tag{7.4}$$

其中模型输出 $\hat{y} \in \mathbf{R}^{n\times1}$、样本数据特征 $X \in \mathbf{R}^{n\times d}$、权重 $\boldsymbol{\omega} \in \mathbf{R}^{d\times1}$、偏差系数 $b \in \mathbf{R}$。

2. 构造损失函数模型

在模型训练中，通常需要选取一个损失函数来监测模型的质量，以便训练合适的模型，本次选用平方函数作为损失函数，单个样本的损失函数 $l^{(i)}$ 形式如下：

$$l^{(i)}(w_1, w_2, b) = \frac{1}{2}(\hat{y}^{(i)} - y^{(i)}) \tag{7.5}$$

式中：$l^{(i)}$ 为第 i 个样本的误差；$\hat{y}^{(i)}$ 为第 i 个样本的样本预测值；$y^{(i)}$ 为第 i 个样本的样本标签值，取常数 1/2，这是为了求导之后与平方的 2 约分为 1，只是为了简便运算。

以所有样本的误差值的平均值 l 衡量模型质量，则有

$$l^{(i)}(w_1, w_2, b) = \frac{1}{n}\sum_{i=1}^{n}l^{(i)}(w_1, w_2, b) = \frac{1}{n}\sum_{i=1}^{n}\frac{1}{2}(\hat{y}^{(i)} - y^{(i)})^2 = \frac{1}{n}\sum_{i=1}^{n}\frac{1}{2}(x_1^i w_1 + x_2^i w_2 + b - y^{(i)})^2$$

$$(7.6)$$

定义 $\boldsymbol{\theta} = [w_1, w_2, \cdots, w_d, b]^{\mathrm{T}}$ 为模型参数，则广义损失函数矢量形式为

$$l(\boldsymbol{\theta}) = \frac{1}{2n}(\hat{y}^{(i)} - y^{(i)})^{\mathrm{T}}(\hat{y}^{(i)} - y^{(i)}) \qquad (7.7)$$

通过模型训练就是要找到模型平均误差最小时所对应的一组参数：

$$\boldsymbol{\theta} = [w_1^*, w_2^*, \cdots, w_d^*]^{\mathrm{T}} = \arg_{\boldsymbol{\theta}}\min l(\boldsymbol{\theta}) \qquad (7.8)$$

式中：$w_1^*, w_2^*, \cdots, w_d^*$ 为权重；$\arg_{\boldsymbol{\theta}}$ 是平均误差。

线性回归函数与损失函数代码如图 7.11 所示。

```
w = nd.random.normal(scale=0.01, shape=(num_inputs, 1))
b = nd.zeros(shape=(1,))
w.attach_grad()
b.attach_grad()
def linreg(X, w, b):
    return nd.dot(X, w) + b
def squared_loss(y_hat, y):
    return (y_hat - y.reshape(y_hat.shape)) ** 2 / 2
def sgd(params, lr, batch_size):
    for param in params:
        param[:] = param - lr * param.grad / batch_size
```

图 7.11　线性回归函数与损失函数代码

在逻辑回归上，可使用 Sigmoid 函数，如图 7.12 所示。

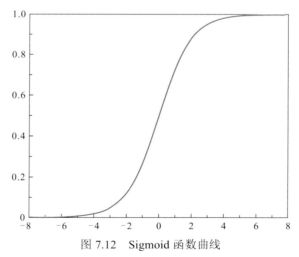

图 7.12　Sigmoid 函数曲线

Sigmoid 为无量纲的激活函数，Sigmoid 函数 $z \in \mathbf{R}$，$g(z) \in [0,1]$。Sigmoid 函数将任意的输入映射到[0,1]区间，在线性回归中可以得到一个预测值，再将该值映射到 Sigmoid 函数中，这样就完成了由值到概率的转换，也就是簇任务。将数据集中的数据使用激活函数转换为概率后便于后续回归预测分析的计算，其公式如下：

$$g(z) = \frac{1}{(1+e^{-z})} \qquad (7.9)$$

Sigmoid 函数是以预测概率作为输出的模型，由于概率的取值范围是 0~1，因此适用于回归预测。Sigmoid 函数有如下优点：梯度平滑，避免了输出值的"跳跃"；函数可微，这意味着可以找到任意两个点 Sigmoid 曲线的斜率；预测明确，即非常接近 1 或 0。但使用 Sigmoid 函数也要注意：由于 Sigmoid 函数倾向于梯度消失，在计算过程中要注意数据切片的批处理收敛情况，及时通过调整超参数对模型进行调优；函数输出不是以 0 为中心的，这会降低权重更新的效率，根据权重的物理意义可知，权重一定大于 0 小于 1，且根据获取的河湖健康关键指标，权重更新只在节点上，并不涉及更新效率；Sigmoid 函数执行指数运算，精度较高，计算机运行得较慢，可使用多个计算机一起运算，加大算力，更快得出结果。

3. 模型训练

使用构建的线性回归模型，通过模型中给定的 $x_{i,j}$（地点、时间）来估计一个未包含在训练数据中的数据，即对构建模型进行线性回归预测。回归预测分析通过 Python 自定义的正态分布函数的代码实现，回归预测公式如下：

$$p(x) = \frac{1}{\sqrt{2\pi\sigma^2}} \exp\left[-\frac{1}{2\sigma^2}(x-\mu)^2\right] \qquad (7.10)$$

同时，对训练回归模型使用深度神经网络算法。深度神经网络内部的神经网络层可以分为三类，即输入层、隐含层和输出层，如图 7.13 所示，一般来说第一层是输入层，最后一层是输出层，而中间的层都是隐含层。

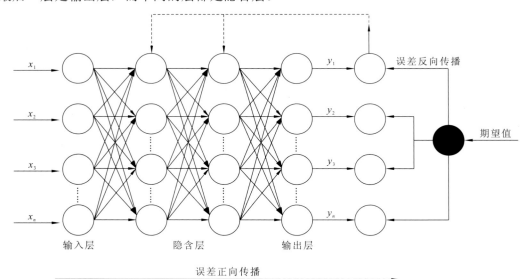

图 7.13 神经网络结构示意图

通常而言，神经网络的层数可影响模型的复杂程度。对于简单的问题（如判断对错）单层神经网络即可胜任；而对复杂事件的预测，往往需要增加隐含层，以增加模型的层数。更多的隐含层可以拟合更复杂的非线性函数，在搭配适当的激活函数后可以表示任意精度的任意决策边界，并且可以拟合任意精度的任意平滑映射。理论上而言，层数越多，拟合函数的能力越强，效果越好，但实际上过多的层数会带来过拟合问题，同时也会提升训练难度，使模型难以收敛。因此，本小节选择三层神经网络，深度神经网络算法代码如图 7.14 所示。

```
w = nd.random.normal(scale=0.01, shape=(num_inputs, 1))
b = nd.zeros(shape=(1,))
w.attach_grad()
b.attach_grad()
def linreg(X, w, b):
    return nd.dot(X, w) + b
def squared_loss(y_hat, y):
    return (y_hat - y.reshape(y_hat.shape)) ** 2 / 2
def sgd(params, lr, batch_size):
    for param in params:
        param[:] = param - lr * param.grad / batch_size
```

图 7.14　深度神经网络算法回归预测

改变均值会产生沿 x 轴的偏移，增加方差将会分散分布、降低其峰值。但其分布不会改变，概率密度始终为 1。因此，均方误差损失函数可以用于线性回归的一个很重要的原因是：假设了观测数据中包含的噪点，其中噪点也服从正态分布（图 7.15）。

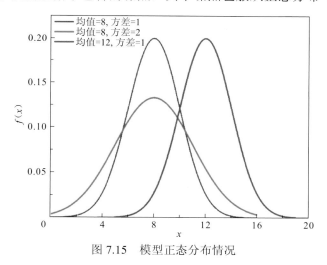

图 7.15　模型正态分布情况

对数据集构造线性回归模型，进行逻辑回归预测。逻辑回归预测分析后，可能会出现欠拟合（模型无法很好地拟合训练数据，无法捕捉到数据中的真实模式和关系）和过拟合（模型在训练数据上表现得过于优秀，但在未见数据上表现得较差）的状况。对人工神经网络进行回归预测分析，使用评估回归模型性能的指标验证平均绝对误差（validation mean absolute error，Val-MAE）作为评估回归预测模型优良性的条件而不使用均方误差、均方根误差的原因是：使用平均绝对误差可以消除负值对模型的影响，且更符合人们对误差的直观认识。回归方程的拟合效果通过 R^2 来判断，R^2 值越大，代表拟合出来的回归方程与原始数据的拟合效果越好。因此，为防止模型出现训练结果与真实结果相差过大的状况，需要对超参数进行测试。根据模型不同，结合实际工程，超参数一般是根据经验确定的变量。超参数有神经元个数、迭代次数、每轮训练样本个数、激活函数等。

4. 回归预测模型的参数优化

选取某湖泊水体总磷浓度数据共 30 组，研究不同组数据的训练对回归预测模型准确性的影响。首先设置神经元个数为 64 个，激活函数选择为 Sigmoid，对模型超参数进行优化，包括将十字交叉拆分验证从 0.1 调整至 0.2。在此基础上，研究不同迭代次数模型的预测效果，迭代次数分别设置为 100、200、300、400、500、600、700、800、900、1 000，得到迭代次数与平均绝对误差的关系，如图 7.16 所示。迭代次数越大，平均绝对误差越小，表明模型越易过拟合。由于训练迭代次数在 500 左右时，平均绝对误差下降程度低，平均绝对误差变化率小；结合模型运算的经济性与计算速度，判断训练迭代次数为 500 最合适。

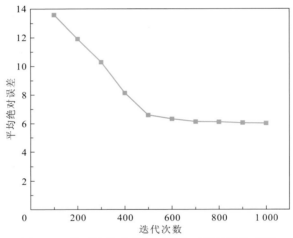

图 7.16　模型迭代次数与平均绝对误差的关系图

分别用 3 组、5 组、10 组、15 组、20 组、25 组和 30 组总磷数据训练回归预测分析模型并预测模型准确率，各模型训练组数下的模型预测准确度公式如下：

$$y = 100\% - \frac{x - \hat{x}}{x} \qquad (7.11)$$

式中：x 为测量值；$\hat{x}$ 为预测值；y 为模型准确度，结果如表 7.7 所示。随着输入模型训练数据组数的增加，模型的预测准确度升高。当使用大于 20 组数据训练后，模型预测的准确度可大于 70%。而用于模型训练的数据组数为 30 时，相比 25 组的数据，其预测准确度提升不到 4 个百分点，因此后续回归预测分析模型可选择 25 组左右的数据进行训练。

表 7.7　模型训练数据组数回归预测分析模型准确率评估表

模型训练数据组数	模型预测准确度/%
3	21.57
5	30.29
10	47.15

模型训练数据组数	模型预测准确度/%
15	62.63
20	71.45
25	80.69
30	84.27

7.5　智能岛在城市湖泊健康评价中的应用

7.5.1　武汉市江夏区上潭湖概况

上潭湖位于武汉市江夏区汤逊湖东侧，属于杨桥湖内的湖湾，水域面积约为 0.40 km²，南侧有一港渠为油房陈河（图 7.17）。根据测量资料及现场踏勘调查，上潭湖和油房陈河岸线全长约为 13.3 km。上潭湖湖底地形较平坦，湖底高程大多在 16～18 m。上潭湖实际常水位与汤逊湖主湖实际水位一致，约为 18.25 m。根据规划治理分区布局，上潭湖定位为生态保护区，该区域周边规划用地类型以公共绿地为主，此外，杨桥湖水域是藏龙岛国家湿地公园重点水域保护区，该区域的生态和水质保护要求较高。从生物多样性保护和水质保障提升需求出发，通过营造适宜的生境，恢复稳定的水生态系统结构，同时通过栖息地营造，提高生物多样性。主要措施包括退垸还湖、护岸生态化改造、水体透明度提高、水生植被重建、水生动物群落结构优化、生物多样性保护。

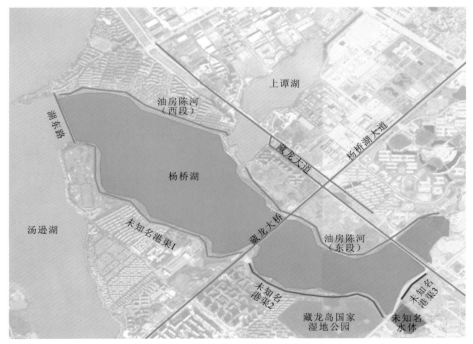

图 7.17　上潭湖周边水体范围

受城市开发和水环境恶化的影响，上潭湖主要有几个问题：湖区水质较差，港渠来水与面源径流污染严重，湖区存在内源污染，生态系统结构单一，生境退化，生态系统功能缺失，水体自净能力较差。上潭湖主要问题集中在不同时间、季节污染的来源是否一致，水环境的时空变化情况是否摸清。而要弄清楚上述问题，需要对上潭湖的水质进行大量监测，以此来反映上潭湖的健康状况。智能岛则可满足上潭湖水质指标时空数据的快速获取的需求，因此本节选取上潭湖作为典型区域进行智能岛的应用研究。

7.5.2 智能岛布设与关键指标监测方案

按照前述智能岛的构建，集成了选型的各硬件（图 7.18），同时将零基础人机交互控制系统、大数据分析和预测模型代码写入智能岛。

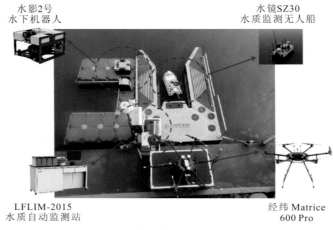

图 7.18 智能岛智能设备集成图

根据上潭湖地理位置和周边环境，选取藏龙号①附近沿湖带布置智能岛，如图 7.19 所示。

图 7.19 智能岛布设

---

① 藏龙号是上潭湖周边一个地名。

首先从智能岛操作系统中调取上潭湖区域地图，并均匀地布置 32 个监测点，编号为 N-PK01～N-PK32（图 7.20）。然后在智能岛无人船模组中按监测位点设置航线、监测时间及采样点周边视频信息。监测时间设置为：2023.06.15、2023.06.25、2023.06.26、2023.06.27、2023.07.07、2023.07.08、2023.07.11、2023.07.12、2023.07.13、2023.08.29、2023.09.18、2023.09.19、2023.09.20、2023.09.21、2023.09.22、2023.09.23、2023.09.24、2023.10.16、2023.10.17、2023.10.18、2023.10.19、2023.10.20、2023.10.21、2023.10.23、2023.10.24、2023.10.25、2023.11.25、2024.02.25，共 28 天，每天监测 1 次（无人船航线如图 7.21 所示）。并在智能岛无人机模组中设置高光谱无人机，实现上潭湖光谱数据的同步扫描。最后在自动检测站模组中设置监测指标为氨氮、总氮、总磷、叶绿素 a。

图 7.20　上潭湖智能岛及监测点位布置

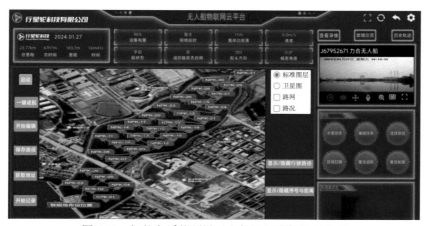

图 7.21　智能岛系统预设无人船运行路径显示界面

7.5.3 关键指标监测数据处理及模型预测

智能岛获取水质、光谱等数据后，会集中生成数据库，并进行数据预处理。后续进行水质特征提取分类，以及预测预警健康评价等。图 7.22 所示为智能岛无人船、高光谱无人机协同运行的工作画面。

图 7.22　智能岛无人船、高光谱无人机协同运行

1. 数据预处理与噪点消除

智能岛共获取 28 次、112 组监测数据，有效数据为 3 464 个，余下 120 个缺失数据，通过克里金插值法、随机森林算法与回归锐度分析的方式进行自动补充。

（1）通过克里金插值法和随机森林算法将数据集中的缺失值补齐，之后对所有数据中的极值（疑似噪点）进行筛选，并标注。这些疑似噪点可能是由检测机器故障、检测精度的选择偏差、非可抗力因素导致。图 7.23 所示为部分数据疑似噪点的判断。

氨氮	6月15日	6月25日	6月26日	6月27日	7月7日	7月8日	7月11日	7月12日	7月13日	8月29日	9月18日	9月19日	9月20日	9月21日	9月22日	9月23日	9月24日
	1	2	3	4	5	6	7	8	9	10	11	12	13	14	15	16	17
N-PK01	0.12	0.27	0.47	0.05	0.15	0.02	0.02	0.03	0.05	0.82	0.17	0.02	0.16	0.07	0.05	0.26	0.94
N-PK02	0.00	0.04	0.01	0.04	0.05	0.02	0.02	0.01	0.01	0.06	0.15	0.11	0.32	0.19	0.03	0.15	0.32
N-PK03	0.07	0.06	0.04	0.28	0.06	0.04	0.04	0.19	0.13	0.20	0.01	0.08	0.13	0.14	0.14	0.47	0.29
N-PK04	0.12	0.04	0.06	0.29	0.04	0.04	0.03	0.14	0.27	0.25	0.16	0.08	0.25	0.08	0.04	0.31	0.47
N-PK05	0.01	0.24	0.20	0.57	0.40	0.15	0.05	0.01	0.06	0.18	0.41	1.23	0.37		0.15	0.23	
N-PK06	0.06	0.09	0.06	0.16	0.35	1.55	0.05	0.01	0.06	0.77	0.39	0.37	0.51	0.50	0.51	0.16	0.15
N-PK07	0.06	0.04	0.05	0.04	0.05	0.16	0.14	0.10	0.10	0.16	0.55	0.18	0.20	0.15	0.15	0.22	0.11
N-PK08	0.06	0.02	0.05	0.04	0.03	0.04	0.11	0.10	0.10	0.48	0.16	0.13	0.34	0.11	0.25	0.22	
N-PK09	2.66	2.44	2.10	3.65	0.79	0.69	0.50	0.64	0.56	0.02	0.47	0.33	0.33	0.36	0.36	0.39	0.29
N-PK10	0.14	0.02	0.03	0.07	0.04	0.05	0.04	0.19	0.05	0.01	0.10	0.11	0.03		0.02	0.02	
N-PK11	0.28	0.02	0.04	0.14	0.04	0.06	0.05	0.01	0.06	0.20	0.01	0.12	0.19	0.06	0.10	0.15	0.10
N-PK12	0.09	0.01	0.05	0.06	0.14	0.19	0.06	0.11	0.12	0.04	0.07	0.04	0.16	0.14	0.03	0.03	0.02
N-PK13	0.05	0.02	0.03	0.03	0.10	0.02	0.03	0.02	0.03	0.11	0.07	0.03	0.12	0.17	0.01	0.03	0.01
N-PK14	0.01	0.15	0.11	0.05	0.06	0.04	0.81	0.35	0.05	0.11	0.06	0.68	0.13	2.76	0.32	0.63	0.43
N-PK15	0.06	0.17	0.08	0.06	0.04	0.81	0.35	0.10	0.28	2.02	0.00	0.03	0.12	1.89	0.55	0.33	0.56
N-PK16	0.10	0.02	0.09	0.19	4.71	2.59	3.37	1.67	5.29	0.01	2.37	1.65	1.81	2.80	1.76	0.96	0.63
N-PK17	0.03	0.09	0.13	0.49	0.26	0.28	0.12	0.12	0.02	0.00	0.03	0.12	1.24	0.55	0.46	0.48	
N-PK18	0.00	0.03	0.00	0.02	0.03	0.03	0.12	0.36	0.18	0.00	0.00	0.01	0.01	0.33	0.07	0.06	
N-PK19	0.04	0.13	0.05	0.09	0.52	0.14	0.76	0.10	1.12	0.16	0.05	0.02	0.18	0.33	0.46		
N-PK20	0.01	0.02	0.05	0.02	0.54	0.04	0.10	0.06	0.12	0.18	0.02	0.01	0.05	0.07	0.09	0.01	0.02
N-PK21	3.19	3.78	4.56	4.53	4.46	7.08	5.04	2.60	3.82	3.60	2.06	1.45	1.82	2.66	2.81	2.82	2.36
N-PK22	3.09	1.63	2.22	5.38	3.07	6.12	5.43	2.83	3.73	3.49	1.24	1.55	1.09	1.88	1.75	0.93	2.06
N-PK23	3.23	3.12	1.79	5.50	6.49	6.59	5.25	2.83	4.88	3.88	0.88	0.85	0.64	1.83	2.24	0.82	2.09
N-PK24	3.26	3.50	1.93	5.85	6.49	3.37	5.48	2.46	4.93	3.29	1.88	2.51	1.11	0.67	0.35	3.77	3.19
N-PK25	3.14	2.04	1.76	5.51	3.67	7.65	5.02	2.46	3.56	2.16	1.57	2.03	2.32	1.36	1.31	1.28	2.09
N-PK26	0.20	0.13	0.03	0.06	0.05	0.00	0.12	0.29	0.28	0.44	0.13	0.04	0.20	0.90	1.14	0.95	1.34
N-PK27	0.06	0.11	0.06	0.05	0.05	0.50	0.86	0.17	0.84	1.12	0.13	0.01	0.06	0.14	0.24	0.37	0.42
N-PK28	0.02	0.10	0.03	0.06	0.13	0.19	0.40	0.02	0.31	0.11	0.03	0.04	0.12	0.14	0.14	0.01	0.00
N-PK29	0.03	0.07	0.14	0.48	0.13	0.44	0.84	0.84	0.43	0.11	0.03	0.04	0.18	0.76	0.04	0.10	0.22
N-PK30	0.39	0.23	0.17	0.19	0.13	0.10	0.03	0.05	0.20	0.10	0.26	0.13	0.08	1.13	0.60	0.49	0.52
N-PK31	0.06	0.07	0.16	0.04	0.08	0.10	0.03	0.03	3.30	0.10	0.15	0.16	0.38	0.44	0.19	0.37	0.34
N-PK32	0.09	0.04	0.06	0.06	0.06	0.04	0.02	0.08	0.07		0.15	0.20	0.16	0.18	0.24	0.13	

图 7.23　Python 噪点判断模块结果
底色标黄为疑似噪点

（2）疑似噪点与实际情况（视频数据）进行匹配，无人船取样和人工取样分别如图 7.24 和图 7.25 所示，若视频中未发现该噪点数据取样点水体有异常发生（如人为污染、污水排放等），则标记为非噪点。若为异常，则标记为噪点。

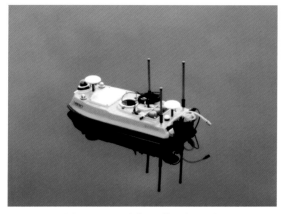

图 7.24　无人船取样现场照片

图 7.25　人工取样现场照片

（3）从数据库中调用噪点点位的一段时间序列数据，将噪点空出，使用已有数据进行回归拟合，如表 7.8 所示。

表 7.8　噪点点位时间序列数据拟合

函数	模型表达式	R^2
指数函数	$y=0.340\,8\mathrm{e}^{0.003\,4x}$	0.002 9
线性函数	$y=-0.004x+0.466\,7$	0.021 2
对数函数	$y=-0.073\ln x+0.585\,4$	0.074 5
多项式函数	$y=4\times10^{-6}x^5+0.439\,5x+0.145\,8$	0.515 4
幂函数	$y=0.415\,2x^{-0.06}$	0.001 0

从表 7.8 可以看出，多项式函数拟合效果最好，同时根据锐度分析定义，得到锐度 $f=0.1$、置信度为 90%真实值的估计值区间在[0.675，0.825]，因此，将预测的中点的估计值视作真实值（图 7.26）。

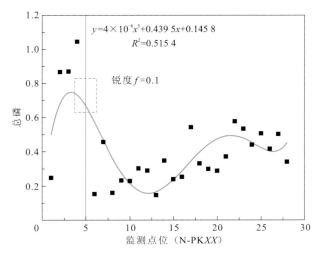

图 7.26　2023 年 7 月 7 日上潭湖总磷回归锐度分析

2. 上潭湖数据集提取特征

通过前述预处理后的数据经过重新整合，得到包含湖泊健康关键指标大数据的数据集。使用数据集特征提取代码进行水质分类、各指标浓度变化等特征的提取。提取后的部分数据集如图 7.27～图 7.29 与表 7.9 所示。

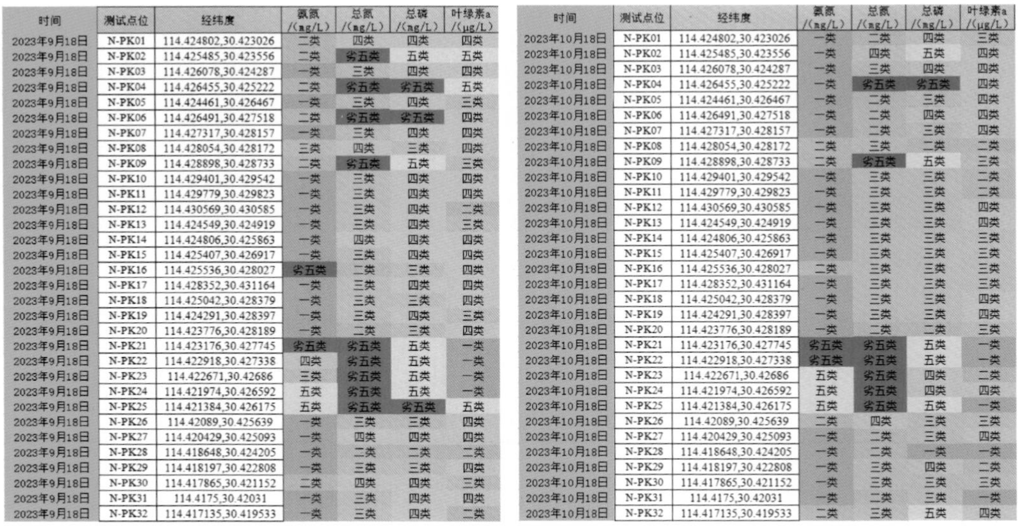

图 7.27 上潭湖部分数据集（指标类）提取图

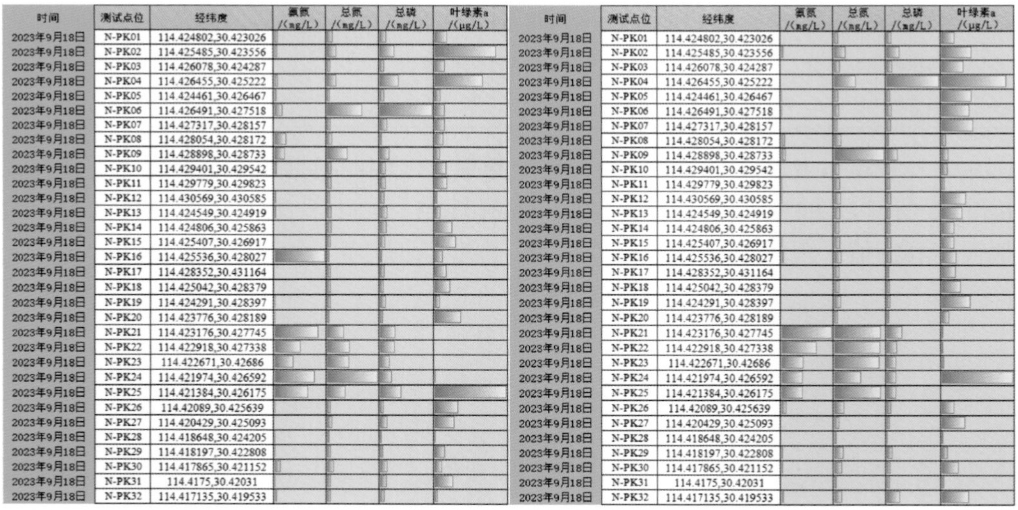

图 7.28 上潭湖部分数据集（污染特征类）提取图

表 7.9 上潭湖部分数据集特征向量的特征类提取结果

项目	氨氮/（mg/L）		总氮/（mg/L）		总磷/（mg/L）		叶绿素 a/（μg//L）	
	2023.09.18	2023.10.18	2023.09.18	2023.10.18	2023.09.18	2023.10.18	2023.09.18	2023.10.18
平均值	0.40	0.42	2.06	1.37	0.11	0.07	51.87	26.85
方差	0.45	0.77	5.96	2.48	0.01	0.01	3 589.02	656.30
标准差	0.67	0.88	2.44	1.57	0.12	0.09	59.98	25.62
平均绝对误差	0.49	0.57	1.71	1.20	0.07	0.05	39.55	18.57

时间	测试点位	经纬度	水质级别	水质污染直方图	时间	测试点位	经纬度	水质级别	水质污染直方图
2023年9月18日	N-PK01	114.424802,30.423026	IV类		2023年9月18日	N-PK01	114.424802,30.423026	IV类	
2023年9月18日	N-PK02	114.425485,30.423556	劣V类		2023年9月18日	N-PK02	114.425485,30.423556	V类	
2023年9月18日	N-PK03	114.426078,30.424287	IV类		2023年9月18日	N-PK03	114.426078,30.424287	IV类	
2023年9月18日	N-PK04	114.426455,30.425222	劣V类		2023年9月18日	N-PK04	114.426455,30.425222	劣V类	
2023年9月18日	N-PK05	114.424461,30.426467	IV类		2023年9月18日	N-PK05	114.424461,30.426467	IV类	
2023年9月18日	N-PK06	114.426491,30.427518	劣V类		2023年9月18日	N-PK06	114.426491,30.427518	IV类	
2023年9月18日	N-PK07	114.427317,30.428157	IV类		2023年9月18日	N-PK07	114.427317,30.428157	IV类	
2023年9月18日	N-PK08	114.428054,30.428172	IV类		2023年9月18日	N-PK08	114.428054,30.428172	III类	
2023年9月18日	N-PK09	114.428898,30.428733	劣V类		2023年9月18日	N-PK09	114.428898,30.428733	IV类	
2023年9月18日	N-PK10	114.429401,30.429542	IV类		2023年9月18日	N-PK10	114.429401,30.429542	III类	
2023年9月18日	N-PK11	114.429779,30.429823	IV类		2023年9月18日	N-PK11	114.429779,30.429823	III类	
2023年9月18日	N-PK12	114.430569,30.430585	IV类		2023年9月18日	N-PK12	114.430569,30.430585	IV类	
2023年9月18日	N-PK13	114.424549,30.424919	IV类		2023年9月18日	N-PK13	114.424549,30.424919	IV类	
2023年9月18日	N-PK14	114.424806,30.425863	IV类		2023年9月18日	N-PK14	114.424806,30.425863	IV类	
2023年9月18日	N-PK15	114.425407,30.426917	IV类		2023年9月18日	N-PK15	114.425407,30.426917	III类	
2023年9月18日	N-PK16	114.425536,30.428027	劣V类		2023年9月18日	N-PK16	114.425536,30.428027	III类	
2023年9月18日	N-PK17	114.428352,30.431164	IV类		2023年9月18日	N-PK17	114.428352,30.431164	IV类	
2023年9月18日	N-PK18	114.425042,30.428379	IV类		2023年9月18日	N-PK18	114.425042,30.428379	IV类	
2023年9月18日	N-PK19	114.424291,30.428397	IV类		2023年9月18日	N-PK19	114.424291,30.428397	IV类	
2023年9月18日	N-PK20	114.423776,30.428189	IV类		2023年9月18日	N-PK20	114.423776,30.428189	III类	
2023年9月18日	N-PK21	114.423176,30.427745	劣V类		2023年9月18日	N-PK21	114.423176,30.427745	劣V类	
2023年9月18日	N-PK22	114.422918,30.427338	劣V类		2023年9月18日	N-PK22	114.422918,30.427338	劣V类	
2023年9月18日	N-PK23	114.422671,30.42686	劣V类		2023年9月18日	N-PK23	114.422671,30.42686	劣V类	
2023年9月18日	N-PK24	114.421974,30.426592	劣V类		2023年9月18日	N-PK24	114.421974,30.426592	劣V类	
2023年9月18日	N-PK25	114.421384,30.426175	劣V类		2023年9月18日	N-PK25	114.421384,30.426175	劣V类	
2023年9月18日	N-PK26	114.42089,30.425639	IV类		2023年9月18日	N-PK26	114.42089,30.425639	IV类	
2023年9月18日	N-PK27	114.420429,30.425093	IV类		2023年9月18日	N-PK27	114.420429,30.425093	IV类	
2023年9月18日	N-PK28	114.418648,30.424205	II类		2023年9月18日	N-PK28	114.418648,30.424205	II类	
2023年9月18日	N-PK29	114.418197,30.422808	IV类		2023年9月18日	N-PK29	114.418197,30.422808	IV类	
2023年9月18日	N-PK30	114.417865,30.421152	IV类		2023年9月18日	N-PK30	114.417865,30.421152	III类	
2023年9月18日	N-PK31	114.4175,30.42031	IV类		2023年9月18日	N-PK31	114.4175,30.42031	III类	
2023年9月18日	N-PK32	114.417135,30.419533	IV类		2023年9月18日	N-PK32	114.417135,30.419533	V类	

图 7.29　上潭湖部分数据集（水质类）提取图

3. 上潭湖算法模型回归预测分析

使用 7.4 节构建的回归预测分析模型，分别对 4 种监测指标在时序上进行 1 d、30 d、90 d 后的回归预测，并与相应预测天数的实测结果进行比较，如图 7.30 所示。

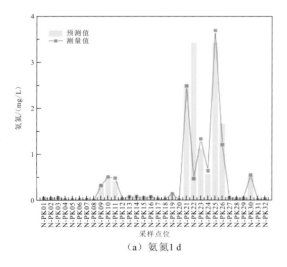

（a）氨氮 1 d

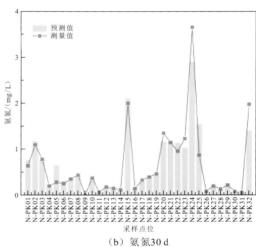

（b）氨氮 30 d

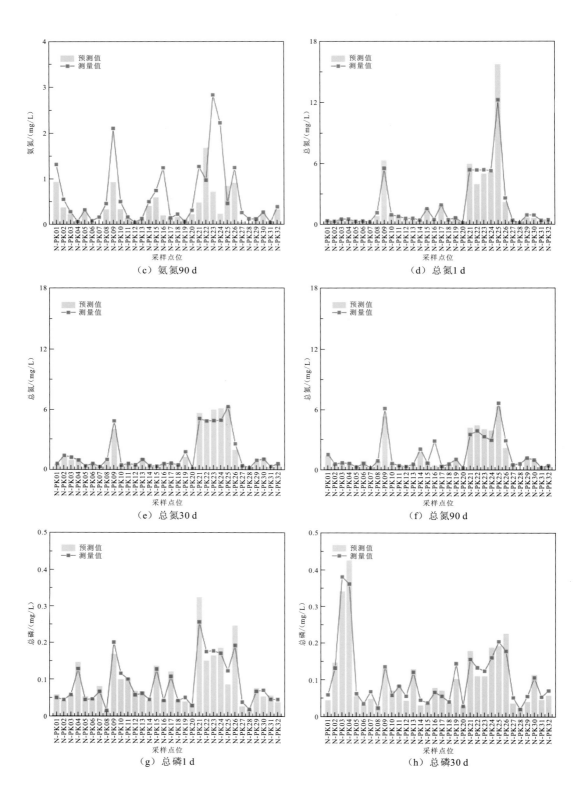

（c）氨氮90 d

（d）总氮1 d

（e）总氮30 d

（f）总氮90 d

（g）总磷1 d

（h）总磷30 d

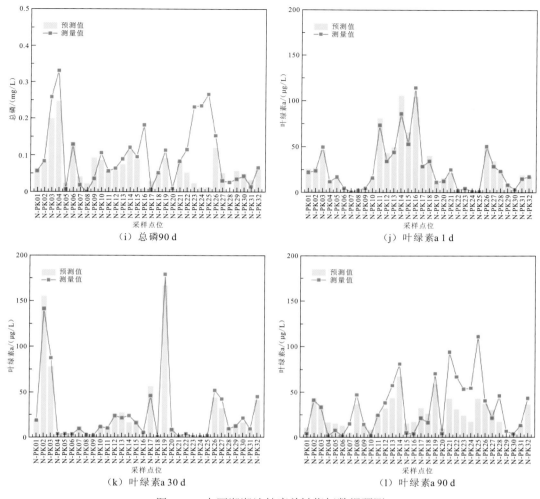

图 7.30　上潭湖湖泊健康关键指标数据预测

图 7.30 显示 1 d 的预测值与测量值的趋势基本保持一致，表明回归预测分析模型能较好地预测各指标的趋势与极值。但由于只能预测 1 d 后湖泊的健康状况，不能给予充分的预警缓冲及分析决策的时间。30 d 的预测值与测量值的趋势也基本保持一致，说明回归预测分析模型同样能较好地预测此时间节点的各指标数值，可为预警后的决策提供充分的时间，有利于制订措施，防止环境事故的发生。回归预测分析模型在对 90 d 指标数据的预测仍能与测量值有大致相同的趋势，但对指标的预测值与测量值还是有一定的差异，表明模型不太适用于较长时间的预测。

为更直观地评估回归预测分析模型的预测效果，表 7.10 所示为 1 d、30 d、90 d 模型的预测精度（测量值与预测值的差同测量值的比）。模型对 1 d 后所有监测指标的准确度均大于 85%，其中对氨氮、叶绿素 a 的预测较其余指标更为准确，其原因可能是氨氮、叶绿素 a 的极值波动相对较小，导致产生预测的结果误差波动相对较小。模型 30 d 后的预测准确度略有下降，但也能达到 80% 以上，其中模型对氨氮、总氮的预测效果要优于其余指标，其原因可能是氨氮、总氮的指标在前期模型调优时，如训练轮次的调整，超参数偏差系数的调优较为合适，未出现过拟合情况。回归预测分析模型对 90 d 后水质的氨氮、总氮、总磷、叶绿素 a 预测的准确度下降明显，分别为 56.49%、75.67%、67.68%、68.39%。其中模型对总氮的预测效果要显著优于其余指标，但整体预测准确度较低，出现欠拟合情况，可补充更多的时序数据集对模型进行强化训练，以提高对较长时间后水质参数的预测。

表 7.10　上潭湖回归预测分析模型的预测准确度　　　　　　　　　　（单位：%）

指标	1 d	30 d	90 d
氨氮	88.33	86.68	56.49
总氮	86.52	84.58	75.67
总磷	85.79	83.13	67.68
叶绿素 a	87.27	82.93	68.39

7.5.4　上潭湖高光谱监测数据反演

以 2023 年 10 月 25 日结果为例，将高光谱无人机模块的光谱数据与智能岛获取该时空的水质数据进行关联，并得到合适的拟合曲线，以便通过光谱数据快速地反映出湖泊的水质特征变化。高光谱飞行渲染如图 7.31～图 7.34 所示。

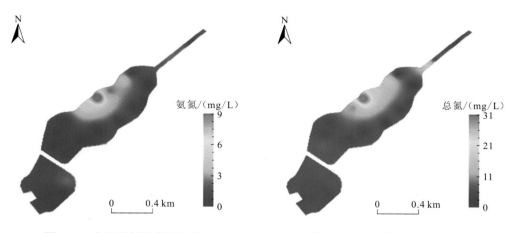

图 7.31　上潭湖氨氮高光谱图　　　　　　图 7.32　上潭湖总氮高光谱图

如图 7.31 和图 7.32 所示，点位 N-PK21～N-PK26 附近有大量的氮污染输入，浓度显著高于上潭湖其他点位，说明可能有外源污染的输入。图 7.33 显示总磷污染输入主要在点位 N-PK21～N-PK26，其污染趋势与氨氮、总氮类似。图 7.34 显示点位 N-PK17～N-PK18、点位 N-PK28～N-PK29 的叶绿素 a 浓度较高，其原因可能是上述点位区域的闸口关闭使湖水的流动性较差。

智能岛获取的湖泊光谱数据与水质数据类型并不是绝对的键值对形式，因此，需对光谱数据与实测水质数据建模型进行反演。传统无人机高光谱反演模型中单波段光谱构建难以取得较好的反演效果，故使用自带多种算法的高光谱处理软件 HSpectrum v3.1 对总

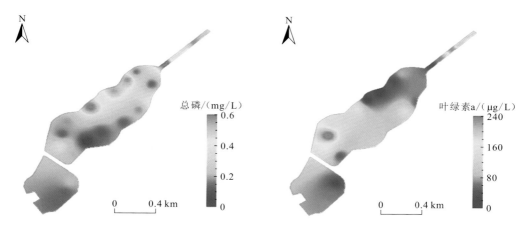

图 7.33 上潭湖总磷高光谱图 图 7.34 上潭湖叶绿素 a 高光谱图

氮、总磷、氨氮、叶绿素 a 浓度数据进行预处理，根据预处理得到的计算数据与实际监测水样数据构建多种函数反演模型，并对其进行精度验证得到各水质参数的最佳反演模型。同时，采用决定系数 R^2 判断数据的拟合程度，R^2 数值越靠近 1，数据的拟合精度越高。以 2023 年 10 月 25 日总磷浓度数据为例，测量值与计算值如表 7.11 所示。

表 7.11 2023 年 10 月 25 日上潭湖各点总磷浓度测量值与计算值

监测点位	计算值/（mg/L）	测量值/（mg/L）	监测点位	计算值/（mg/L）	测量值/（mg/L）	监测点位	计算值/（mg/L）	测量值/（mg/L）
N-PK01	0.13	0.57	N-PK12	0.32	0.15	N-PK23	0.31	0.44
N-PK02	0.13	0.01	N-PK13	0.89	0.40	N-PK24	0.31	0.28
N-PK03	0.19	0.62	N-PK14	0.43	0.41	N-PK25	0.29	1.53
N-PK04	0.47	0.42	N-PK15	0.48	0.17	N-PK26	0.30	0.52
N-PK05	0.40	0.14	N-PK16	0.47	0.17	N-PK27	0.44	0.13
N-PK06	0.38	0.37	N-PK17	0.70	0.09	N-PK28	0.45	0.14
N-PK07	0.34	0.61	N-PK18	0.49	0.51	N-PK29	0.47	0.13
N-PK08	0.33	0.05	N-PK19	0.36	0.45	N-PK30	0.49	0.12
N-PK09	0.30	0.58	N-PK20	0.33	0.14	N-PK31	0.65	0.42
N-PK10	0.37	0.21	N-PK21	0.40	0.12	N-PK32	0.44	0.08
N-PK11	0.89	0.09	N-PK22	0.29	0.46			

对上潭湖 32 组总磷浓度测量值和计算值进行皮尔逊相关性分析，两组数据在 0.01 级别上相关性系数为 0.799，说明显著相关，可进行回归模型构建。从上述 32 组数据中选取 26 组，以计算值为自变量，以测量值为因变量进行回归模型拟合，选择指数函数、线性函数、对数函数、多项式函数、幂函数等多种函数模型对上潭湖总磷浓度数据进行建模，如表 7.12 和图 7.35 所示。

表 7.12　上潭湖总磷浓度数据反演模型表

函数	模型表达式	R^2
指数函数	$y=0.620\ 2e^{-1.621x}$	0.074 9
线性函数	$y=-0.420\ 6x+0.503\ 2$	0.064 7
对数函数	$y=-0.173\ 9\ln x+0.161\ 0$	0.066 5
多项式函数	$y=1\ 761x^6-11.003\ 9x-0.620\ 9$	0.306 0
幂函数	$y=0.216\ 5x^{-0.420\ 4}$	0.057 0

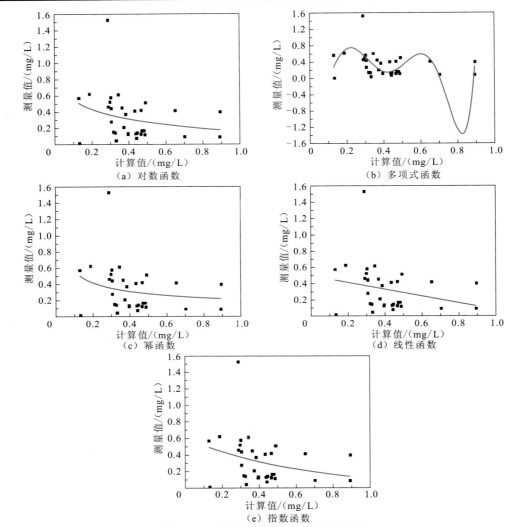

图 7.35　上潭湖总磷高光谱反演模型图

从图 7.35 和表 7.12 可知，构建的 5 种回归函数模型中，指数函数、线性函数、对数函数和幂函数的决定系数 R^2 分别为 0.074 9、0.064 7、0.066 5 和 0.057 0，相关性相对较弱；多项式函数模型相关性相对较高，为 0.306 0。故将剩下 6 组检验数据集分别代入进行精度验证得到最佳反演函数模型，最终优选出多项式函数模型为上潭湖最佳反演模型。

智能岛中高光谱模块能"不取样"而获取数据，获取数据速度远大于无人船的采样和自动终端的检测，但在数据的精度上有所欠缺。因此，智能岛中高光谱模块可以作为常规采测模块的补充，用于快速了解湖泊污染情况，通过大量的巡测获取湖泊健康相关指标的总体情况，再结合采样和监测模块常规化运行，获取湖泊健康的精准数据。

7.5.5　上潭湖健康评价与预测预警分析

本小节将前述的预测数据应用于上潭湖的健康评价，以实现对湖泊未来的健康状况的预测预警。依据《湖北省河湖健康评估导则》（DB42/T 1771—2021），结合表 7.3 中筛选出的指标，将各类水质限值作为判断依据，将赋分限值作为评价依据，同时建立数据与赋分之间的函数关系，在限值范围内，使用内插法均匀补充数值，通过对 4 个湖泊关键指标的单独评价赋分，将其平均加权后作为湖泊健康评估的得分。水质类别、叶绿素 a 浓度评估赋分标准和河湖健康状况分类分别如表 7.13～表 7.15 所示。

表 7.13　水质类别评估赋分标准

水质类别	赋分
I、II、III 类	100
IV 类	60
V 类	30
劣 V 类	0

表 7.14　叶绿素 a 浓度评估赋分标准

叶绿素 a 浓度/(μg/L)	赋分
≤3.4	100
≤10	80
≤26	60
≤160	40
≤400	20
>400	0

表 7.15　河湖健康状况分类标准

类别	健康状况	健康评估得分
一类河湖	非常健康	$90 \leqslant M \leqslant 100$
二类河湖	健康	$75 \leqslant M < 90$
三类河湖	亚健康	$60 \leqslant M < 75$
四类河湖	不健康	$40 \leqslant M < 60$
五类河湖	劣态	$0 \leqslant M < 40$

1. 上潭湖健康评价及预测

智能岛系统对上潭湖 1 d、30 d、90 d 的湖泊健康进行预测评价，根据上潭湖湖泊健康 4 项指标的赋分情况，最终得出 1 d、30 d、90 d 后的湖泊健康情况。上潭湖健康评价 4 项指标赋分情况如图 7.36 所示，智能岛对上潭湖健康评价赋分如图 7.37 所示。

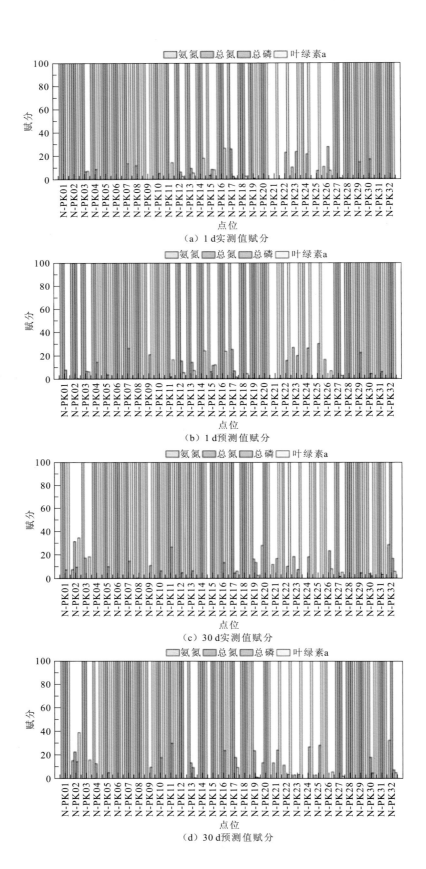

（a）1 d实测值赋分

（b）1 d预测值赋分

（c）30 d实测值赋分

（d）30 d预测值赋分

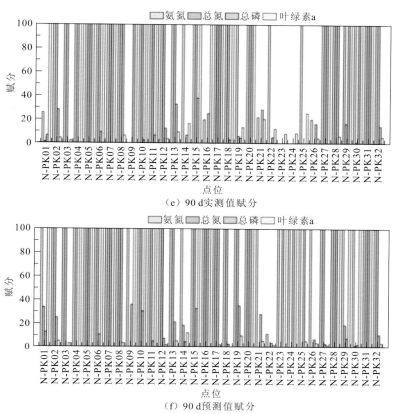

图 7.36 上潭湖健康评价各指标赋分情况

（e）90 d实测值赋分

（f）90 d预测值赋分

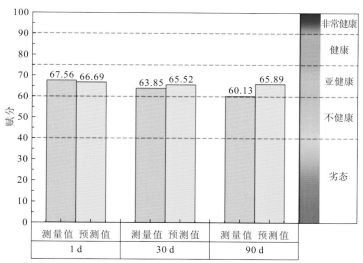

图 7.37 上潭湖健康评价赋分结果

由图 7.36 可知，比较 1 d 后通过实测值和预测值进行湖泊健康评价赋分的差异，发现 4 项指标实测值和预测值的赋分大致相同，只是在点位 N-PK01～N-PK04 叶绿素 a 指标项的预测值赋分偏低，可能是 1 d 的预测值对数据样本的响应不够。30 d 预测值的各指标项赋分也与测量值赋分大致相同，但点位 N-PK13 总氮、总磷、叶绿素 a 的预测值赋分偏低，效果较差，但对整体测量值的预测趋势较好，各指标的赋分趋势明显，说明30 d 的预测值对数据样本的响应较好。90 d 的预测值各指标赋分同实测值赋分差距较大，部分点位预测值赋分明显高于实测值赋分，说明对湖泊整体的健康评价比实际好，不利于健康预警。

由图 7.37 可知，上潭湖 1 d 预测值的健康评估赋分为 66.69，健康状况为亚健康。1 d 健康预测准确度达到 98.71%。30 d 预测值的健康评估赋分为 65.52，健康状况为亚健康，其健康预测准确度达到 97.38%。30 d 相较于 1 d 的健康预测准确度下降 1.33 个百分点，表明 1～30 d 时间范围内预测准确情况并无太大差异。模型对 90 d 后上潭湖健康情况的预测准确度达到 90.42%，相较于 30 d 准确度下降 6.96 个百分点，但对特征污染物的污染水平难以达到预测效果。综合考虑，选用 30 d 的预测尺度最为合适。

2. 智能岛在湖泊健康监测预警中的优势

智能岛在上潭湖健康监测预警中的应用情况，反映智能岛相较于现有环境监测评价具有如下优势。

（1）获取数据快速，节省时间。通过智能岛获取的数据是实时的，其中高光谱模块巡测获取整个区域的水质总体情况所消耗的时间不超过 1 h。使用智能岛采测模块按设置航线取样并检测，每个点位可在 0.5 h 内得到所关注指标的结果。此外，与人工取样监测相比，智能岛对湖泊水样的监测及时，水样无须长途运送至实验室分析，从而能更真实地反映水体的实际情况。

（2）全湖高频次监测，节省人力。智能岛采测模块可在 24 h 内获取 10 km² 湖泊中约 50 个点位的水质数据。与自动监测站相比，自动监测站只能反映湖泊某些断面的情况，而智能岛可获取全湖水质的实时情况。

（3）湖泊健康精准评价与预警，操作简单。智能岛通过对大量湖泊健康数据的挖掘，以及对湖泊健康的回归预测分析，得到湖泊健康在未来某一时间节点的点位水质指标的预测值，通过补充数据集与挖掘数据集特征，提升回归预测模型准确度，由此可对湖泊未来健康情况趋势进行科学研判，达到科学精准预警湖泊健康状况的目的，对维护湖泊健康的实际意义较大。

3. 案例分析小结

本节选取上潭湖为典型区域，研究了智能岛在湖泊健康监测预警中的实际应用效果。将智能岛布设于上潭湖周边藏龙号处，通过其操控平台对上潭湖的氨氮、总氮、总磷、叶绿素 a 设置了 28 d 的监测任务并执行监测。智能岛将各指标监测数据整合形成湖泊健康关键指标数据库，将数据库中高光谱和 4 种水质数据实测值进行关联得到上潭湖水质反演图。通过智能岛内置的回归预测模型和健康评价方案，以数据库中的数据集对上潭湖 1 d、30 d、90 d 后的健康情况进行预测，发现 30 d 与 1 d 的预测准确度差异不大，均高于 97%，表明智能岛对上潭湖 30 d 之后的预测情况较为准确，能使有关部门有充足时间对上潭湖管理措施进行调整，为维护上潭湖健康提供支撑。

第8章　水环境污染精准溯源与精细管控应用

随着流域（区域）经济社会的快速发展，虽然水污染防治攻坚工作不断深入实施，河湖流域水污染控制总体稳中向好，但仍面临诸多挑战。往往在投入巨资进行河湖流域水环境治理后，效果不明显，达不到工程设计水质目标。此外，国控（省控）考核断面或点位水质不达标或不稳定达标，整改难以到位，且流域（区域）工业、农业农村、城市生活等各类水污染源定量难、时空变化定量难度大等问题仍普遍存在。因此，实施科学、精准治理水污染变得迫在眉睫。对水环境进行精准溯源与精细监控是最重要最主要的基础性关键工作。本章结合近年来大量河湖水环境精准溯源与精细监控的实践，选取武汉市南湖—巡司河流域水环境污染精准溯源与精细监控作为典型案例研究。武汉市河网密布，河湖水系众多，城区40%为水域面积，是河湖特点显著的典型城市。为顺利推进"清源、清管、清流"行动，武汉市选取城区的"三河三湖"（即黄孝河、机场河、巡司河、南湖、汤逊湖、北湖）流域作为流域水环境治理示范区。其中，武汉市南湖—巡司河流域因受排水系统溢流污染和湖泊内源污染影响时间长，面临严重的水生态环境问题，总磷污染导致水体富营养化，使藻类过度生长、水质恶化、水生态系统失衡，成为"三河三湖"治理中的重点与难点。因此，在南湖—巡司河流域实施总磷污染精准溯源与监控，成为流域长治久安的重要措施。

8.1　武汉市南湖—巡司河流域概况

武汉市南湖—巡司河流域（图8.1）均属于汤逊湖水系，其中南湖流域面积为37.44 km²，南湖下游端有连通渠连通巡司河，南湖连通渠节制闸位于南湖连通渠起端，主要用来调控南湖水位（最高控制水位18.65 m）；巡司河流域面积为32 km²，南接青菱河，北至长江，全长10.6 km，其中洪山区明渠段全长9 km。武泰闸以北为暗涵至解放闸直抵长江长1.6 km；因解放闸封堵，巡司河中部设有节制闸连接江南二通道，主要用来调控巡司河水位（最高控制水位18.50 m）。南湖—巡司河最终都经江南二通道至长江江南泵站自流或抽排汇入江。南湖—巡司河流域范围内现有4座节制闸，分别为南湖连通渠节制闸、巡司河节制闸、二通道节制闸和武泰闸。非汛期时二通道闸处于开启状态，其他闸都处于关闭状态，经二通道闸自流入江；汛期时，达到最高控制水位，除武泰闸及解放闸关闭外，其余开闸放水。

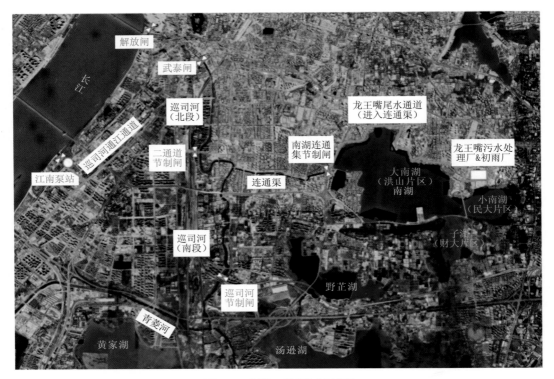

图 8.1 南湖—巡司河流域图

8.1.1 南湖流域现状与问题分析

南湖，因位于武昌之南而得名，是河流淤塞形成的淡水湖。南湖流域位于武昌区东南部，地理位置介于东经 114°20′～114°23′、北纬 30°28′～30°30′，南北最大纵距 4.18 km，东西最大横距 5.36 km，水域面积为 7.67 km²。南湖汇水区北临东湖水系，两者以珞喻路、高新大道为界，南侧通过南湖大道及三环线与野芷湖汇水区及汤逊湖汇水区分隔，西抵石牌岭路及柳园路，东到关山大道。由于城市建设扩张，南湖水域部分不断遭到侵蚀，城市建设活动一直延伸到湖滨区域，并逐渐侵占南湖水域和湖滨湿地。1980～1995 年，南湖流域部分湖湾水域被侵占开发，南湖西侧湖区与主湖区被填埋阻隔，南湖流域湿地和水域大幅度缩减，湖区西侧、北侧和东侧的湿地水域损失巨大，损失过程从南湖西北部开始，逐渐向东南部蔓延；城市建成区吞噬湖边绿地而继续扩张，南湖原有与东湖、野芷湖和长江的连通也被削弱。2000 年后南湖湿地水域损失的速度有所减缓，至 2010 年基本形成现状的水域边界。据统计，近 30 年内南湖流域内湿地水域面积累计减少 15.63 km²，南湖湖区水域面积则由 20 世纪 50 年代的 16.8 km² 逐渐缩减至 7.67 km²，缩减率达 54.3%，水体自然形态不存在，湖区调蓄能力下降，水域生态退化程度较为严重，流域内自然支流水系退化，排水通道被地下管涵所代替。流域内缺少自然过流通道，对雨水、污水和其他径流的调蓄缓冲能力大幅丧失。南湖湖泊变化过程如图 8.2 所示。

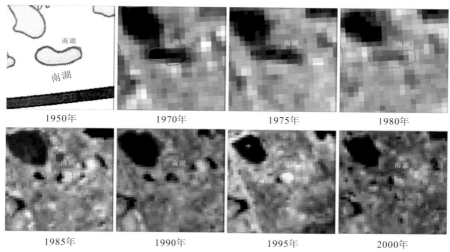

图 8.2　南湖 1950～2000 年湖泊变化过程

南湖目前的功能定位是具有生态景观调蓄功能的城市型湖泊，其水环境目标是水质达到地表水环境质量标准 IV 类，满足水功能区划管理目标，湖泊水生态系统得到恢复。南湖目前存在以下主要问题。

（1）南湖局部存在轻度黑臭现象，水体透明度低，感官效果差，水体有腥臭味，水质指标不能稳定达到 IV 类水环境标准，部分区域水质为劣 V 类，氨氮、总磷超标严重。

（2）污水管网有待完善，尚有部分污水管网空白区域，没有实现全收集。管网存在功能性和结构性缺陷较多，雨污分流不彻底，雨天混合溢流，排口溢流污染严重。

（3）内源污染严重，沉积物（底泥）氮磷污染含量高释放风险大，水体呈富营养化状态，夏季常有藻华暴发。

（4）湖滨生态退化，缓冲能力丧失，滨湖生态空间仅为 1.81 km²，湖岸带功能丧失，流域与湖泊之间缺少生态缓冲。

（5）湖泊生物多样性缺失，水体水生植物群落退化，湖泊自净与缓冲能力丧失。

（6）湖泊出水主要受闸坝调控，自然水文过程弱化，河湖排涝调度水位与生态水位缺乏协同。

（7）南湖水动力弱化，水体静缓，浅水湖湾较多，容易形成死水区域，加剧水体富营养化。

近年来，南湖流域实施一系列水环境综合治理工程，建设了沿湖初期雨水收集及处理工程，完善了部分市政污水管道工程，开展了排口生态治理与湖体水生态修复，实施了污水收集与处理工程，建设了初期雨水调蓄池，实施了管网提质增效工程（精细化雨污分流、老旧管网更新改造、管网混错接改造、管网隐患修复、高水位重淤积管网改造）等。虽然这些措施的实施对全面提升南湖水环境质量发挥了重要作用，但是目前南湖流域雨水排口溢流污染与湖泊内源污染治理任务仍然繁重，雨水排口溢流污染与湖泊内源污染时空变化大，精准监测难度高，精准高效治理南湖水污染必须精准溯源，对症施药，精细管控，确保长治久安。

8.1.2 巡司河流域现状与问题分析

巡司河位于武汉市南部地区，河道南接青菱河，北至长江，全长 10.6 km，以京广铁路为界，河道以北属武昌区，长 2.1 km，以南属洪山区，长 8.5 km。巡司河流域面积为 32 km²。为改善居住环境和交通条件，1996 年武昌区境内武泰闸至解放闸段 1.6 km 明渠改为"鲇鱼套箱涵"，是武昌地区一条重要的城市排涝通道。从武泰闸至青菱河的其余 9 km 河段仍保留为明渠，河道断面宽 30～50 m。

巡司河原为自然生态河流，承担着汤逊湖、南湖水系和长江水系内多个湖泊的水利联系与生态连通功能。20 世纪 80 年代，巡司河水质良好，清洁透明，可见鱼虾。随着城市发展，两岸工厂和居民增多，大量污水直排巡司河，水质开始恶化。暗涵段切断与长江的生态联系后，巡司河功能定位变为以行洪排涝为主的城市景观河流，承担城市汛期排涝，发挥水安全保障功能，生态景观廊道发挥生态服务功能。巡司河目前存在以下主要问题。

（1）河流黑臭问题较为突出，水质不达标、感官差，入河污染负荷高。

（2）部分区域末端厂、站污水处理措施缺失，截流倍数为零，雨季溢流污染严重，成为巡司河水污染控制的关键短板之一。

（3）排水系统问题突出，污水管网缺陷多、隐患大，雨污管网分流不彻底，混错接问题严重，部分排口直排污水仍然存在。

（4）面源污染无控制，雨季岸上、管道内存积的污染物进入河道，带来河道反复淤积，合流区和南湖连通渠情况较为严重，平均淤积深度达 0.6 m。

（5）南湖连通渠主要导入的是龙王嘴污水处理厂的尾水，污染负荷大，底泥氨氮、活性磷释放量较大。

（6）河道水动力不足，水生态脆弱。因河流出口解放闸的封堵和武泰闸的关闭，水系连通受人为闸控干扰剧烈，渠道水体流动性差。水生植被覆盖率较低，生物多样性降低。

巡司河承担区域城市排水通道功能，一是龙王嘴污水处理厂尾水通过南湖连通渠从东至西汇入巡司河中部，再向西经江南泵站排入长江；二是因解放闸的封堵和武泰闸的关闭，巡司河下游水无法进入长江，下游区域雨污水只能从北向南流动，到达南湖连通渠汇入口后，再向西经江南泵站排入长江；三是巡司河南接青菱河，接纳区域雨污水后，自南向北流动，到达南湖连通渠汇入口后，再向西经江南泵站排入长江；巡司河几乎全部由水闸控制，而且接纳了大量雨污水，有效治理巡司河水污染，必须按时空变化精准溯源，才能精准施策。

8.2 研究思路与技术路线

8.2.1 研究思路

武汉市南湖—巡司河流域是典型的城市河湖溢流污染、湖泊内源严重污染，流域内存在多种排水系统类型,管理与治理存在挑战。为解决南湖—巡司河流域水环境问题,武汉市先后投入巨资实施了污水处理厂达标尾水直接出江排放、初雨污染系统控制、晴天污水全面截流、污染底泥全面疏浚、生态系统科学构造、水系调度活水循环、长效智慧管理平台构建七大工程,提高了流域污、雨水处理能力和污水系统质效,水污染趋势得到有效遏制,水环境质量有所改善,但武汉市南湖—巡司河流域水质最突出的总磷污染问题仍未能解决。解决该问题的关键在于摸清流域总磷输入的时空变化、内源磷通量和形态变化规律及与天-地-水-泥-生态等多因子间的耦合响应关系。这首先要科学建立覆盖全流域的精细化监测网络,获取多工况、多层次、多形态、多来源大数据,精准找出总磷污染风险源;再针对外源输入特征,对沿河湖排口溢流污染进行精细化建模模拟分析,并针对内源(沉积物)溯源,开展磷存量、磷通量与河湖水环境质量耦合响应关系研究(Yuan et al.,2023)。通过构建南湖—巡司河流域总磷及不同形态磷动态变化预测模型,可以确定控制南湖磷存量和形态变化的关键因子,定量计算流域底泥沉积物-水界面磷转移扩散通量和底泥磷的释放速率,诊断总磷污染控制的关键问题和限制因子,并在此基础上提出水环境污染补短板治理策略,建立总磷协同控制关键技术体系和长效机制。

8.2.2　技术路线

根据总体研究目标与思路,结合武汉市南湖—巡司河流域的实际情况,提出典型案例研究技术路线,如图 8.3 所示。

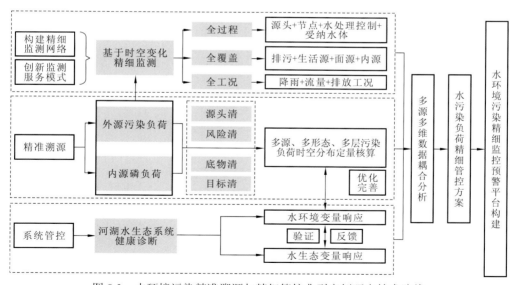

图 8.3　水环境污染精准溯源与精细管控典型案例研究技术路线

8.3　河湖总磷污染精准溯源技术体系

目前，武汉市南湖—巡司河流域水质不达标或不稳定达标的主要污染因子为总磷，总磷污染可导致河湖水体富营养化，引起藻华暴发。结合南湖—巡司河流域已有监测数据和治理的实际，提出总磷污染精准溯源技术体系，构建思路如下。

（1）精细管理水质达标削减任务。基于流域总磷稳定达标的管理需求，并通过长期监测数据统计对水污染削减任务进行合理分配，可做到截污治污精准发力，实现河湖长治久清。

（2）精准科学识别管理目标排口。溢流污染过程难以捕捉，因此排口水污染风险的认定不能仅仅靠几次测得的排放浓度或通量，还需对排口周边环境容量、水生态系统韧性、排口监管难度等因素进行综合评判。

（3）监测+预测联合锁定溢流来源。采用动态评估，随着巡测频次增加，对溢流概率、溢流影响的预测将趋于实际，通过掌握河湖污染时空变化规律，后续将管网覆盖面积与排口对应将会使排口溢流污染分配得更加精准。

（4）科学指导溢流污染应急处置。面对突发的溢流水污染，可根据排口附近的总磷分布迅速判断污染扩散态势，科学预测采用何种手段可实现总磷有效削减，使水体总磷平衡。

8.3.1　湖泊总磷污染精准溯源技术体系

根据湖泊水环境及总磷污染分布特征，构建湖泊总磷污染精准溯源技术体系。该技术体系主要分为前期踏勘，全工况、全过程采测，数据分析及风险精细管控 4 部分内容（图 8.4）。

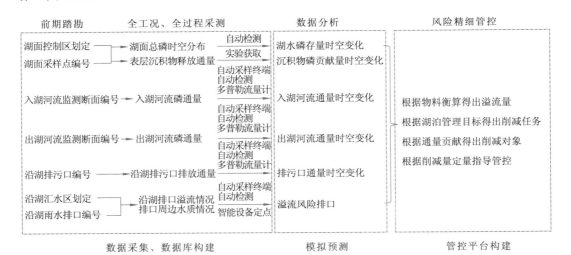

图 8.4　湖泊总磷污染精准溯源技术体系

1. 数据精准分析

（1）分析不同时段湖面各控制区的总磷存量（$M_{存量}$）

（2）分析表层沉积物在不同时段的总磷释放通量（$M_内$）

（3）分析不同时段入湖、出湖河流磷通量（$M_{入流}$、$M_{出流}$）

（4）分析不同时段沿湖排污口总磷通量（$M_{排放}$）

（5）降雨及降尘的总磷沉降量（$M_{沉降}$）可以引用当地环境背景值（Shen et al.，2024）。

（6）找出排口周边水域与湖面水质差别明显的排口，列为潜在风险源。

2. 风险精细管控

（1）通过长期巡测，沿湖排口溢流通量可以通过以下进行估算：

$$M_{溢流}=M_{存量}+M_{出流}-M_{入流}-M_内-M_{沉降}-M_{排放} \tag{8.1}$$

式中：$M_{溢流}$为沿湖排口溢流通量，kg；$M_{存量}$为湖泊总磷存量，kg；$M_{出流}$为出湖河流总磷通量，kg；$M_{入流}$为入湖河流总磷通量，kg；$M_内$为湖泊内源总磷释放通量，kg；$M_{沉降}$为降雨及降尘的总磷沉降量，kg；$M_{排放}$为沿湖排污口总磷通量，kg；$C_入$为入湖河流总磷浓度，mg/L；$Q_入$为入湖河流流量，m³/s；$C_水$为湖泊总磷平均浓度，mg/L；$V_水$为湖泊蓄水量，m³；$C_{出流}$为出湖河流总磷浓度，mg/L；$Q_{出流}$为出湖河流流量，m³/s。

（2）对应到湖内每个管控区，可以进一步将溢流通量分配到沿湖各汇水区及重点管控雨水排口。

（3）对应湖泊的管控目标，可以定量得出不同时段内总磷的削减任务。

（4）通过对各通量贡献进行分析，可以得出总磷削减对象，初步判断通过控制内源、外源能否达到管控目标。

（5）形成风险清单，对疑似存在溢流排口掌握溢流污染入湖和削减规律，并据此进行重点管控。

8.3.2 河流总磷污染精准溯源技术体系

河流的流动性较强，上游的污染排放将对下游断面的浓度有较大的影响，因此无法像湖泊一样计算存量进行分配，而主要通过断面进行通量分析判断污染来源（Wang et al.，2023）。基于河流的以上特征构建总磷污染精准溯源的技术体系（图 8.5）。

1. 数据精准分析

（1）分析不同时段河流各监测断面总磷通量（M_1、M_2）。

（2）分析天然沉积物在不同时段的总磷释放通量（$M_内$）。

（3）分析不同时段支流磷通量（$M_{支流}$）。

（4）分析不同时段沿河排污口总磷通量（$M_{排放}$）。

（5）找出排口周边水域与上下游水质差别明显的排口，列为潜在风险源。

图 8.5 河流总磷污染精准溯源技术体系

2. 风险精细管控

（1）通过长期巡测，沿河排口溢流通量可以通过以下进行估算：

$$M_{溢流} = M_2 - M_1 - M_{支流} - M_内 - M_{排放} \tag{8.2}$$

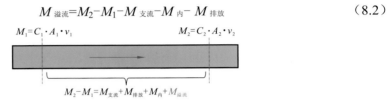

式中：$M_{溢流}$为沿河排口溢流总磷通量，kg；M_2、M_1为河流各监测断面总磷通量，kg；$M_{支流}$为支流总磷通量，kg；$M_{排放}$为沿河排污口总磷通量，kg；$M_内$为河流内源总磷释放通量，kg；C为河流总磷浓度，mg/L；v_1、v_2为河流监测断面流速，m^3/s；A_1、A_2为河流监测断面截面积，m^2。

（2）对应到河流每段监测区，可以进一步将溢流通量分配到沿河各重点管控雨水排口。

（3）对应河流的管控目标，可以上溯至主要贡献河段，并定量得出不同时段内总磷的削减任务。

（4）通过对各通量贡献进行分析，可以得出总磷削减对象，初步判断通过控制内源、外源能否达到管控目标。

（5）对于污染浓度突然升高的河段，应关注是否存在暗排口问题，若排除排口污染，则说明该区域内源贡献较大。

（6）形成风险清单，对疑似存在溢流排口掌握溢流污染入湖和削减规律，并据此进行重点管控。

8.4　全工况-全过程-全覆盖的精细化监测网络构建

基于河湖总磷污染精准溯源技术体系，要实现总磷污染动态化的监控，需要收集庞大的数据，而单纯人工采测无法满足全流域时空分布采样需求。因此需要采用自动采样终端、无人船、无人机、水质自动分析仪、AI自动水检系统等先进智能化手段构建监测网络。通过智能化采测获取大量水环境数据,应用大数据分析与模型技术支撑构建的科学联动应用,形成智能化大数据总磷污染监控数据体系,并构建可视化预测模型,可有效制定流域内总磷排放清单及锁定重点风险源,使之可以充分适用于各类流域环境复杂的城市河湖污染溯源工作。

8.4.1 精细化监测网络时空点位布设

为构建全工况-全过程-全覆盖的总磷精细化监测网络,结合南湖—巡司河流域存在的问题,分别对巡司河、南湖进行分区。

将南湖湖区分为大南湖、小南湖、子湖三部分。其中在南湖三个湖区沿湖排口、闸口共布设监测点位36个,包括大南湖8个、小南湖16个、子湖12个(图8.6)。湖面网格化布设21个采样点位、21个沉积物(底泥)采样点位,33个湖面生态采样点位(大南湖围隔内外加密12个点位)。

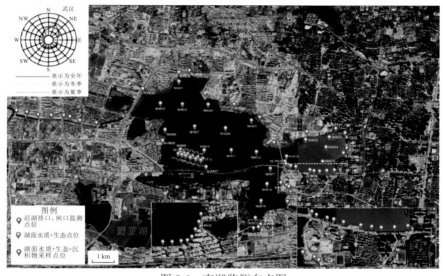

图 8.6 南湖监测布点图

将巡司河分为:北段(晒湖闸至连通渠与巡司河交汇处)、连通渠段(书城路口至连通渠与巡司河交汇处)、南段(青菱河口至连通渠与巡司河交汇处)。沿河共设置39个排口监测点位,其中北段9个(包含4个尾水排口,只进行常规监测,但不计入溯源)、连通渠段8个、南段22个,流量监测断面6个(图8.7)。

在监测任务设置上,巡司河沿线排口全年采测36次,涵盖高低温、各类雨情、风、雷暴等天气全工况。南湖全年湖面水质、沉积物、生态采测6次,涵盖丰平枯三季。南湖沿岸排口全年采测36次,涵盖高低温、各类雨情、刮风、雷暴等天气全工况。

8.4.2 智能化总磷污染监控大数据库构建

南湖—巡司河流域总磷数据库以"一张网、一套数、一张图"的思路进行构建。通

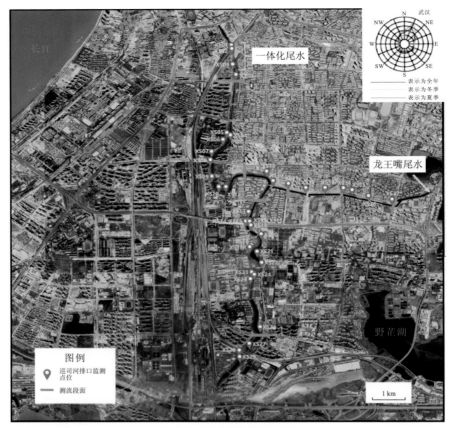

图 8.7　巡司河监测布点图

过一张监测网的感知层来采集各类环保要素信息数据进入各类业务支撑系统。通过采测，数据库已收集录入数据 2 742 组，合计 21 936 条，并将全流域的水质情况进行了可视化。数据库页面如图 8.8 所示。数据平台可视化"一张图"如图 8.9 所示。

图 8.8　数据库页面

图 8.9　数据平台可视化 "一张图"

8.5　南湖—巡司河流域总磷污染精准溯源与精细控制

8.5.1　南湖总磷污染精准溯源与精细控制

1. 南湖湖面汇水分区

南湖属于封闭型湖泊，目前沿湖已进行了管网改造，封堵原有的直排口，全湖现存36个雨水排口。因此，南湖污染的来源主要由雨水排口溢流、内源污染释放、大气沉降贡献。为了实现精准溯源，根据南湖周边的管网现状，并结合规划排水通道、道路竖向高程、相关上位规划及相关调查资料，将南湖流域细分为12个汇水分区（图8.10），流域内雨水根据自然地势通过管涵分散排入南湖。

2. 南湖湖面水质时空变化分析

根据南湖控制分区，划定采取网格法进行监测，在湖面共布设21个采样点，湖面水样采集具体时间为2023年2月、4月、6月、8月、9月、10月，共采样6次。由表8.1可知，湖面采样点总磷质量浓度的月均值在0.089~0.163 mg/L，且浓度最高区域2月、4月在子湖，6月、8月、9月、10月在大南湖。再进一步对各湖区水中总磷存量进行时空分布分析（表8.2）。

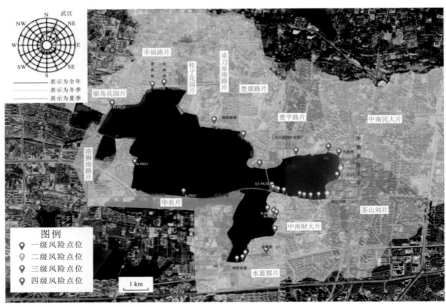

图 8.10　南湖流域汇水分区

表 8.1　湖面总磷质量浓度时空分布　　　　（单位：mg/L）

采样时间	全湖均值	湖区			总磷浓度排序
		大南湖	小南湖	子湖	
2 月	0.089	0.086	0.087	0.094	子湖＞小南湖＞大南湖
4 月	0.094	0.092	0.092	0.099	子湖＞小南湖、大南湖
6 月	0.103	0.132	0.093	0.085	大南湖＞小南湖＞子湖
8 月	0.102	0.123	0.095	0.089	大南湖＞小南湖＞子湖
9 月	0.163	0.181	0.177	0.132	大南湖＞小南湖＞子湖
10 月	0.150	0.155	0.151	0.145	大南湖＞小南湖＞子湖

表 8.2　湖面总磷存量时空分布　　　　（单位：kg）

采样时间	全湖均值	湖区			总磷存量排序
		大南湖	小南湖	子湖	
2 月	979.4	454.7	388.6	136.1	
4 月	762.1	476.4	172.8	112.9	
6 月	1 035.9	702.1	174.9	158.9	大南湖＞小南湖＞子湖
8 月	3 290.5	2 283.8	660.8	345.9	
9 月	1 688.7	1 009.6	445.6	233.5	
10 月	1 138.9	643.3	299.2	196.4	

3. 南湖底质释放时空变化分析

1）表层沉积物释放时空变化规律

上覆水磷主要来自表层沉积物中磷的释放（Ji et al.，2024）。因此，着重对表层（0～5 cm）沉积物的总磷及磷形态时空分布进行分析。在南湖设置 10 个采样点，在 2023 年 2 月、4 月、6 月、8 月、9 月、10 月分别对沉积物样品进行采集。由图 8.11 可知，南湖表层沉积物磷含量随月份呈现先降低后升高的趋势，在夏季含量最低。从不同湖区来看，大南湖及小南湖表层沉积物磷含量明显高于子湖。

由于不同形态磷对上覆水的贡献存在差异，进一步对表层沉积物中的磷形态组成进行研究。从整体来看，表层沉积物中有机磷含量随月份呈现出先升高后降低的趋势（图 8.12），在 8 月含量最高；铁结合态磷在 2～6 月明显降低，9～10 月略有升高；从全年来看，钙结合态磷总体上变化不明显。这与上覆水在 8 月总磷浓度最高结果相符。

（a）2 月

（b）4 月

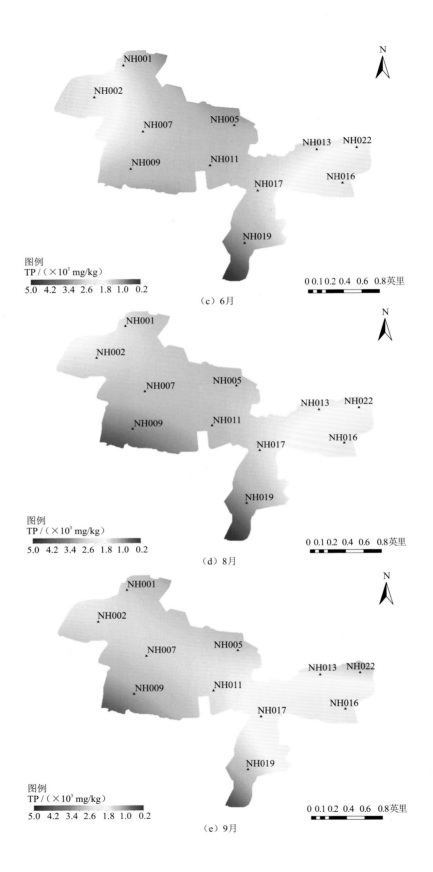

（c）6月

图例
TP /（×10³ mg/kg）
5.0 4.2 3.4 2.6 1.8 1.0 0.2

0 0.1 0.2 0.4 0.6 0.8英里

（d）8月

图例
TP /（×10³ mg/kg）
5.0 4.2 3.4 2.6 1.8 1.0 0.2

0 0.1 0.2 0.4 0.6 0.8英里

（e）9月

图例
TP /（×10³ mg/kg）
5.0 4.2 3.4 2.6 1.8 1.0 0.2

0 0.1 0.2 0.4 0.6 0.8英里

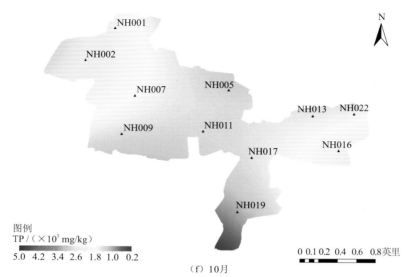

（f）10月

图 8.11　不同月份 0～5 cm 南湖沉积物总磷分布特征

1 英里≈1.609 千米

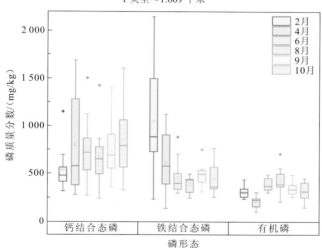

图 8.12　不同月份表层（0～5 cm）沉积物磷形态分布特征

表层沉积物总磷及磷形态随月份变化趋势与上覆水总磷变化趋势相反，表明表层沉积物中磷释放进入上覆水中。

2）表层沉积物释放对南湖总磷贡献

沉积物中磷分解后进入上覆水，通过上覆水进一步对湖面总磷形成贡献，同时藻类暴发也会将表层沉积物中的磷直接带入水体。通过对上覆水磷通量的研究，得到表层沉积物对南湖总磷贡献，如表 8.3 所示。

表 8.3　表层沉积物对南湖总磷贡献　　　　　　　　　　（单位：kg）

采样时间	全湖总值	湖区			排序
		大南湖	小南湖	子湖	
2 月	335.8	232.7	74.2	28.9	大南湖＞小南湖＞子湖

采样时间	全湖总值	湖区			排序
		大南湖	小南湖	子湖	
4 月	289.4	257.4	16.5	15.5	大南湖>小南湖>子湖
6 月	409.9	373.3	11.6	25.0	大南湖>子湖>小南湖
8 月	548.0	379.7	112.1	56.2	大南湖>小南湖>子湖
9 月	597.9	493.5	54.9	49.5	大南湖>小南湖>子湖
10 月	430.2	354.4	38.7	37.1	大南湖>小南湖>子湖

4. 沿湖排口污染概率统计分析

对南湖排口进行现场踏勘，对研究监测的 36 个排口所属汇水分区、排口大小及排口布设情况进行统计，以评估排口监管和治理难度。由于溢流污染的不确定性，通过对排口周边水质进行长期巡测，对排口周边水质出现劣 V 类的概率进行统计，得出需重点关注的排口。随着巡测次数的增加，排口的污染概率将趋于真实，对排口污染概率的分类如下。

（1）总磷、总氮、氨氮出现劣 V 类概率大于 80% 的排口设为一级重点关注点位。

（2）总磷、总氮、氨氮出现劣 V 类概率大于 60%～80% 的排口设为二级重点关注点位。

（3）总磷、总氮、氨氮出现劣 V 类概率在 40%～60% 的排口设为三级重点关注点位。

（4）总磷、总氮、氨氮出现劣 V 类概率低于 40% 的排口设为四级重点关注点位。

通过现场踏勘及排口周边水质的长期巡测，可以进一步通过打分的原则，估算出各排口溢流污染比例，相应的赋分原则如表 8.4 所示。

表 8.4　排口溢流污染赋分

序号	赋分项	赋分原则	权重/%
1	排口类型	闸口 100 分，直径>1.5 m 大排口 50 分，直径 1.0～1.5 m 排口 40 分，直径<1.0 m 排口 20 分	20
2	排口位置	水下 100 分，半淹没 80 分，水面 60 分	20
3	湖区	大南湖 100 分，小南湖 80 分，子湖 60 分	30
4	污染概率等级	一级 100 分，二级 80 分，三级 60 分，四级 40 分	30

5. 南湖汇水区各排口贡献度分析

目前南湖入湖外源主要来自雨水管网溢流污染（Li et al., 2022）。采用物料平衡的方式对各控制分区内的排口溢流通量进行计算。其中，大气沉降的磷贡献可以通过武汉历年的观测经验值 4.32 kg/km^2 进行估算。南湖总磷来源逐月的比例如图 8.13 所示。

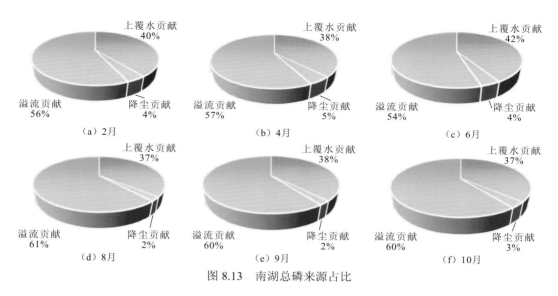

图 8.13 南湖总磷来源占比

结合南湖各湖区汇水区域面积、排口分布、排口形状对各排口的溢流污染排放情况逐月进行计算。从统计结果（表 8.5）得出，目前主要存在溢流排放污染贡献的排口（超过 10%贡献）分别为：大南湖的 N-PK07 排口和小南湖的 N-PK27、N-PK28 排口。

表 8.5　南湖各排口溢流贡献

序号	所属湖区	排口编号	溢流排放量/kg						总磷排放量/kg	占比/%
			2 月	4 月	6 月	8 月	9 月	10 月		
1	大南湖	N-PK16	5.8	7.3	7.0	3.0	13.8	8.4	45.3	1.3
2	大南湖	N-PK07	29.1	38.6	58.9	75.6	92.1	56.6	350.9	10.2
3	大南湖	N-PK04	0.4	0.6	1.4	0.3	0.8	1.5	5.0	0.1
4	大南湖	N-PK25	0.3	0.4	0.9	0.2	0.5	1.0	3.3	0.1
5	大南湖	N-PK05	7.5	13.9	23.4	12.4	63.1	33.6	153.9	4.5
6	大南湖	N-PK06	6.9	13.0	21.7	11.5	58.6	31.2	142.9	4.2
7	大南湖	N-PK01	17.9	18.0	49.3	19.5	43.8	18.1	166.6	4.9
8	大南湖	N-PK29	11.3	13.2	31.9	19.8	19.5	25.4	121.1	3.5
9	小南湖	N-PK26	57.9	28.0	29.3	102.3	72.3	47.7	337.5	9.8
10	小南湖	N-PK27	79.6	38.5	40.3	140.7	99.5	65.6	464.2	13.5
11	小南湖	N-PK28	79.6	38.5	40.3	140.7	99.5	65.6	464.2	13.5
12	小南湖	N-PK24	24.1	11.6	12.2	42.6	30.1	19.8	140.4	4.1
13	小南湖	N-PK12	2.0	1.0	1.0	3.5	2.5	1.6	11.6	0.3
14	小南湖	N-PK23	18.9	9.6	9.6	33.4	23.7	15.6	110.8	3.2
15	小南湖	N-PK11	1.7	0.8	0.9	3.0	2.1	1.4	9.9	0.3
16	小南湖	N-PK10	1.6	0.8	0.9	3.0	2.1	1.4	9.8	0.3
17	小南湖	N-PK12+1	1.6	0.8	0.8	2.9	2.0	1.3	9.4	0.3

序号	所属湖区	排口编号	溢流排放量/kg						总磷排放量/kg	占比/%
			2月	4月	6月	8月	9月	10月		
18	小南湖	N-PK15	16.6	8.0	8.4	29.4	20.8	13.7	96.9	2.8
19	小南湖	N-PK14	14.9	7.2	7.5	26.3	18.6	12.3	86.8	2.5
20	小南湖	N-PK09	1.4	0.7	0.7	2.5	1.8	1.2	8.3	0.2
21	小南湖	N-PK09+1	1.4	0.7	0.7	2.5	1.8	1.2	8.3	0.2
22	小南湖	N-PK09+2	1.3	0.6	0.7	2.3	1.7	1.1	7.7	0.2
23	小南湖	N-PK09+3	1.4	0.7	0.7	2.5	1.8	1.2	8.3	0.2
24	小南湖	XZ-PK30	1.3	0.5	0.5	1.8	1.2	0.8	6.1	0.2
25	子湖	N-PK22	3.5	4.8	4.6	6.5	4.3	6.4	30.1	0.9
26	子湖	XZ-PK31	3.6	5.0	4.8	6.7	4.4	6.6	31.1	0.9
27	子湖	N-PK20	3.5	4.8	4.6	6.5	4.3	6.4	30.1	0.9
28	子湖	N-PK21	3.3	4.5	4.4	6.1	4.1	6.0	28.4	0.8
29	子湖	N-PK17	3.3	4.5	4.4	6.1	4.1	6.0	28.4	0.8
30	子湖	N-PK18	3.3	4.5	4.4	6.1	4.1	6.0	28.4	0.8
31	子湖	N-PK19	3.3	4.5	4.4	6.1	4.1	6.0	28.4	0.8
32	子湖	N-PK08	4.3	6.0	5.7	8.1	5.3	7.9	37.3	1.1
33	子湖	N-PK03	13.6	18.8	18.1	25.5	16.8	25.1	117.9	3.4
34	子湖	N-PK02+1	13.1	18.2	17.6	24.7	16.3	24.3	114.2	3.3
35	子湖	N-PK02	10.1	14.0	13.5	18.9	12.5	18.6	87.6	2.6
36	子湖	N-PK8+1	11.8	16.4	15.8	22.2	14.7	21.9	102.8	3.0

6. 南湖水质达标管控策略

1）排口削减量统计

根据之前确定的各湖区的管控削减任务，进一步对沿湖汇水分区每个排口进行总磷削减（表8.6）。

表8.6 南湖各排口总磷削减任务

序号	所属湖区	排口编号	达标削减量/kg						削减量小计/kg	占比/%
			2月	4月	6月	8月	9月	10月		
1	大南湖	N-PK16	-2.3	1.0	-2.6	1.5	32.6	5.7	35.9	2.0
2	大南湖	N-PK07	-16.8	-8.3	17.8	40.0	83.8	34.3	150.8	8.3
3	大南湖	N-PK04	0.7	-0.5	2.8	5.5	1.4	0.4	10.3	0.6
4	大南湖	N-PK25	1.0	-0.8	4.2	8.1	2.0	0.5	15.0	0.8
5	大南湖	N-PK05	7.5	13.9	23.4	12.4	63.1	33.6	153.9	8.5
6	大南湖	N-PK06	6.9	13.0	21.7	11.5	58.6	31.2	142.9	7.9

序号	所属湖区	排口编号	达标削减量/kg						削减量小计/kg	占比/%
			2 月	4 月	6 月	8 月	9 月	10 月		
7	大南湖	N-PK01	1.6	−14.2	44.4	24.2	46.2	44.4	146.6	8.1
8	大南湖	N-PK29	−9.1	−8.5	27.9	15.3	51.5	47.2	124.3	6.9
9	小南湖	N-PK26	39.6	−6.1	−11.8	84.7	45.4	22.5	174.3	9.6
10	小南湖	N-PK27	54.5	−8.3	−16.2	116.5	62.5	31.0	240.0	13.3
11	小南湖	N-PK28	54.5	−8.3	−16.2	116.5	62.5	31.0	240.0	13.3
12	小南湖	N-PK24	16.5	−2.5	−4.9	35.2	18.9	9.4	72.6	4.0
13	小南湖	N-PK12	1.4	−0.2	−0.4	2.9	1.6	0.8	6.1	0.3
14	小南湖	N-PK23	13.0	−3.9	−3.9	27.7	14.9	7.4	55.2	3.1
15	小南湖	N-PK11	1.2	−0.2	−0.3	2.5	1.3	0.7	5.2	0.3
16	小南湖	N-PK10	1.1	−0.2	−0.3	2.5	1.3	0.7	5.1	0.3
17	小南湖	N-PK12+1	1.1	−0.3	−0.3	2.4	1.3	0.6	4.8	0.3
18	小南湖	N-PK15	11.4	−1.7	−3.4	24.3	13.1	6.5	50.2	2.8
19	小南湖	N-PK14	10.2	−1.6	−3.0	21.8	11.7	5.8	44.9	2.5
20	小南湖	N-PK09	1.0	−0.1	−0.3	2.1	1.1	0.6	4.4	0.2
21	小南湖	N-PK09+1	1.0	−0.1	−0.3	2.1	1.1	0.6	4.4	0.2
22	小南湖	N-PK09+2	0.9	−0.1	−0.3	1.9	1.0	0.5	3.9	0.2
23	小南湖	N-PK09+3	1.0	−0.1	−0.3	2.1	1.1	0.6	4.4	0.2
24	小南湖	XZ-PK30	0.9	−0.1	−0.2	1.5	0.8	0.4	3.3	0.2
25	子湖	N-PK22	−0.3	−0.3	−1.0	3.0	0.7	3.0	5.1	0.3
26	子湖	XZ-PK31	−0.3	−0.3	−1.1	3.1	0.7	3.1	5.2	0.3
27	子湖	N-PK20	−0.3	−0.3	−1.0	3.0	0.7	3.0	5.1	0.3
28	子湖	N-PK21	−0.3	−0.3	−1.0	2.8	0.7	2.8	4.7	0.3
29	子湖	N-PK17	−0.3	−0.3	−1.0	2.8	0.7	2.8	4.7	0.3
30	子湖	N-PK18	−0.3	−0.3	−1.0	2.8	0.7	2.8	4.7	0.3
31	子湖	N-PK19	−0.3	−0.3	−1.0	2.8	0.7	2.8	4.7	0.3
32	子湖	N-PK08	−0.4	−0.4	−1.3	3.7	0.9	3.7	6.2	0.3
33	子湖	N-PK03	−1.2	−1.2	−4.0	11.7	2.7	11.7	19.7	1.1
34	子湖	N-PK02+1	−1.1	−1.2	−3.9	11.3	2.6	11.4	19.1	1.1
35	子湖	N-PK02	−0.9	−0.9	−3.0	8.6	2.0	8.7	14.5	0.8
36	子湖	N-PK8+1	−1.0	−1.1	−3.5	10.2	2.4	10.2	17.2	1.0

经任务分解，得到总磷削减压力最大的排口（占总削减量10%以上）为小南湖的N-PK27、N-PK28排口。

2）达标管控策略

经梳理，按等级划分，南湖各排口的总磷溢流污染风险源分布如图8.14所示。

图8.14　南湖总磷溢流污染风险源分布

通过与南湖水的 IV 类管理目标进行比较，发现每月各湖区的管控压力存在明显不同。总体而言总磷削减压力呈现先上升后下降的趋势，由图8.15可知，在8~9月时存在较高的总磷削减压力。对应到各沿岸排口溢流削减量均表现为在8~9月达到峰值。同时也发现，南湖湖区全年表现为削减量＜溢流排放量，表明通过外源污染控制手段降低溢流排放量，管控溢流排口，即可满足总磷达标管控需求。

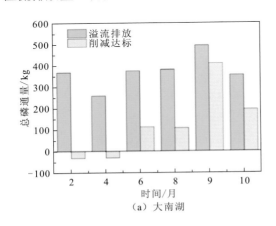

（a）大南湖

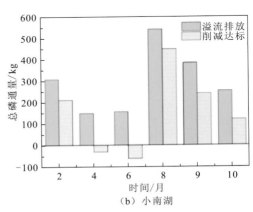

（b）小南湖

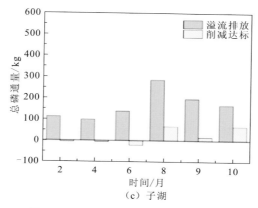

图 8.15 南湖各湖区总磷管控任务

8.5.2 巡司河总磷污染精准溯源与精细控制

1. 巡司河区域控制分区

巡司河总污染的来源主要由雨水排口溢流和污水处理厂尾水排放贡献。流域内雨水根据自然地势通过管涵分散排入河道。对应汇水入流现状及《巡司河流域水环境综合治理规划》，将巡司河流域所研究区域划分为 5 个汇水分区（公园九里片、湖工大片、南湖连通渠片、农科院片、南湖花园片）。为了实现精准溯源，根据巡司河周边的管网现状及巡司河水流方向，划分为 3 个控制分区（北段、南段、连通渠）。巡司河流域控制分区如图 8.16 所示。

2. 巡司河排口污染概率统计分析

对巡司河排口进行现场踏勘，主要围绕研究监测的 39 个排口（含临时一体化处理设施尾水排口）情况进行统计，对是否便于监管和治理进行评估。

通过连续巡测，除尾水排口 XS01～XS03、XZ01 外，将重点溢流污染排口辨识如下。

（1）巡司河一级风险点位：XS11、XS13、XS30；

（2）巡司河二级风险点位：XS04、XS05、XS06、XS07、XS09、XS14、XS15、XS16、XS17、XS18、XS21、XS31、XS27；

（3）巡司河三级风险点位：XS08、XS10、XS19；

（4）巡司河四级风险点位：XS12、XS18R、XS20、XS22、XS23、XS24、XS25、XS26、XS28、XS29、XS32、XS33、XS34、XS35、XS36、XS37。

3. 巡司河各分段排口贡献度分析

巡司河上游来水共有三个方向，分别是北侧武泰闸方向来水、南侧青菱河上游来水、东侧南湖连通渠来水。巡司河三河段分区上下游断面逐月总磷贡献比例如图 8.17 所示。

结合各管控分区内汇水区域面积、排口分布、排口形状对各排口的溢流污染排放情况逐月进行计算。从统计结果（表 8.7）来看，主要存在溢流排放污染贡献的排口分别为：南湖连通渠的 XS30、XS31 和南段农科院片的 XS16、XS17、XS21、XS27 排口。

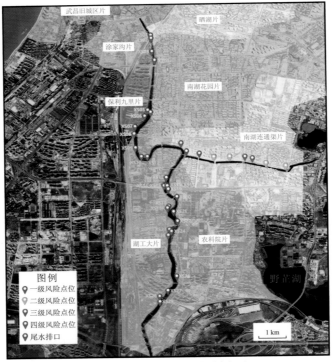

图 8.16　巡司河流域控制分区

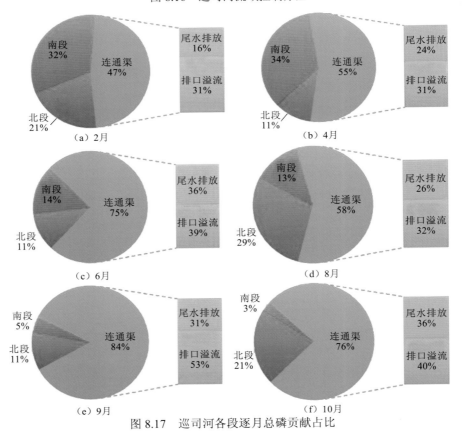

图 8.17　巡司河各段逐月总磷贡献占比

表 8.7 巡司河各排口溢流贡献

序号	排口编号	所属河段	汇水分区	溢流排放量/kg						排放量小计/kg	占比/%
				2 月	4 月	6 月	8 月	9 月	10 月		
1	XS05	北段	公园九里片	26.0	30.8	7.5	25.6	36.1	15.5	141.5	0.9
2	XS06	北段	公园九里片	26.0	30.8	7.5	25.6	36.1	15.5	141.5	0.9
3	XS07	北段	公园九里片	26.0	30.8	7.5	25.6	36.1	15.5	141.5	0.9
4	XS03	北段	南湖花园片	38.8	45.9	11.1	38.1	53.9	23.1	210.9	1.4
5	XS11	北段	南湖花园片	49.9	59.1	14.3	49.0	69.4	29.7	271.4	1.8
6	XS08	南段	湖工大片	34.0	40.2	9.7	33.4	47.2	20.2	184.7	1.2
7	XS09	南段	湖工大片	47.6	56.3	13.6	46.8	66.1	28.3	258.7	1.7
8	XS10	南段	湖工大片	34.0	40.2	9.7	33.4	47.2	20.2	184.7	1.2
9	XS12	南段	湖工大片	20.4	24.1	5.8	20.0	28.3	12.1	110.7	0.7
10	XS13	南段	湖工大片	61.2	72.4	17.5	60.1	85.0	36.4	332.6	2.2
11	XS14	南段	湖工大片	47.6	56.3	13.6	46.8	66.1	28.3	258.7	1.7
12	XS15	南段	湖工大片	47.6	56.3	13.6	46.8	66.1	28.3	258.7	1.7
13	XS18	南段	湖工大片	47.6	56.3	13.6	46.8	66.1	28.3	258.7	1.7
14	XS18R	南段	湖工大片	20.4	24.1	5.8	20.0	28.3	12.1	110.7	0.7
15	XS23	南段	湖工大片	6.8	8.1	2.0	6.7	9.5	4.1	37.2	0.2
16	XS25	南段	湖工大片	20.4	24.1	5.8	20.0	28.3	12.1	110.7	0.7
17	XS28	南段	湖工大片	20.4	24.1	5.8	20.0	28.3	12.1	110.7	0.7
18	XS16	南段	农科院片	163.6	193.6	46.9	160.7	227.3	97.4	889.5	5.8
19	XS17	南段	农科院片	163.6	193.6	46.9	160.7	227.3	97.4	889.5	5.8
20	XS19	南段	农科院片	116.9	138.3	33.5	114.8	162.4	69.6	635.5	4.1
21	XS20	南段	农科院片	70.1	83.0	20.1	68.9	97.4	41.7	381.2	2.5
22	XS21	南段	农科院片	163.6	193.6	46.9	160.7	227.3	97.4	889.5	5.8
23	XS22	南段	农科院片	70.1	83.0	20.1	68.9	97.4	41.7	381.2	2.5
24	XS24	南段	农科院片	23.4	27.7	6.7	23.0	32.5	13.9	127.2	0.8
25	XS26	南段	农科院片	70.1	83.0	20.1	68.9	97.4	41.7	381.2	2.5
26	XS27	南段	农科院片	163.6	193.6	46.9	160.7	227.3	97.4	889.5	5.8
27	XS29	南段	农科院片	70.1	83.0	20.1	68.9	97.4	41.7	381.2	2.5
28	XS30	连通渠	南湖连通渠片	352.3	416.9	100.9	346.1	489.4	209.7	1 915.3	12.5
29	XS31	连通渠	南湖连通渠片	274.0	324.2	78.5	269.2	380.7	163.1	1 489.7	9.7
30	XS32	连通渠	南湖连通渠片	117.4	139.0	33.6	115.4	163.2	69.9	638.5	4.2
31	XS33	连通渠	南湖连通渠片	117.4	139.0	33.6	115.4	163.2	69.9	638.5	4.2
32	XS34	连通渠	南湖连通渠片	39.1	46.3	11.2	38.5	54.4	23.3	212.8	1.4
33	XS35	连通渠	南湖连通渠片	39.1	46.3	11.2	38.5	54.4	23.3	212.8	1.4
34	XS36	连通渠	南湖连通渠片	117.4	139.0	33.6	115.4	163.2	69.9	638.5	4.2
35	XS37	连通渠	南湖连通渠片	117.4	139.0	33.6	115.4	163.2	69.9	638.5	4.2

4. 巡司河水质达标管控策略

1）巡司河水环境容量

河流水环境容量是河流容纳污染物的负荷量，是衡量河流纳污能力的重要指标，不同河流由于其流量及自身的水功能区划不同而具有不同的水环境容量，城市河流水环境容量不仅反映了河流水体的水质目标，也对城市区域的经济发展有着重要影响（Li et al.，2023）。对城市河流来说，由于其深度较浅、流量较小但长度相对较长，可以采用一维模型计算城市河流水环境容量（Fukushima et al.，2022）。

$$W = W_{稀释} + W_{自净} = Q(C_s - C_0) + KVC_s \qquad (8.3)$$

经整理得

$$W = 86.4Q(C_s - C_0) + 0.001KVC_s \qquad (8.4)$$

式中：W 为城市河流水环境容量，kg/d；Q 为河流流量，m^3/s；C_s 为规划目标浓度，mg/L；C_0 为水体背景浓度，mg/L；V 为河流容积，m^3；K 为降解速率，1/d。

参考巡司河水环境功能区水质现状，以《地表水环境质量标准》（GB 3838—2002）规定的 V 类污染物浓度限值为巡司河浓度限值，采用巡司河各段实测平均流量作为流量值；参考《全国水环境容量核定技术指南》，巡司河总磷降解系数选取 0.05。将相关参数作为条件输入巡司河水环境容量模型计算结果得到巡司河北段、南段和连通渠的环境容量。

2）排口削减量统计

根据巡司河各河段的管控削减任务（表 8.8），进一步根据沿河岸汇水分区对每个排口进行总磷削减。

表 8.8　巡司河各排口总磷削减任务

序号	所属河段	排口编号	达标削减量/kg						削减量小计/kg	占比/%
			2 月	4 月	6 月	8 月	9 月	10 月		
1	北段	XS05	70.0	90.2	-114.9	58.7	-99.5	-75.7	-71.2	-0.2
2	北段	XS06	70.0	90.2	-114.9	58.7	-99.5	-75.7	-71.2	-0.2
3	北段	XS07	70.0	90.2	-114.9	58.7	-99.5	-75.7	-71.2	-0.2
4	北段	XS08	48.6	305.8	-33.3	-28.3	-46.6	-52.2	194.0	0.7
5	北段	XS04	104.5	134.6	-171.5	87.5	-148.5	-113.0	-106.4	-0.4
6	北段	XS11	134.3	173.0	-220.5	112.5	-190.9	-145.3	-136.9	-0.5
7	北段	XS09	68.1	428.1	-46.6	-39.7	-65.3	-73.0	271.5	0.9
8	北段	XS10	48.6	305.8	-33.3	-28.3	-46.6	-52.2	194.0	0.7
9	北段	XS12	29.2	183.5	-20.0	-17.0	-28.0	-31.3	116.4	0.4
10	南段	XS13	87.5	550.4	-60.0	-51.0	-83.9	-93.9	349.1	1.2
11	南段	XS14	68.1	428.1	-46.7	-39.7	-65.3	-73.0	271.5	0.9
12	南段	XS15	68.1	428.1	-46.7	-39.7	-65.3	-73.0	271.5	0.9
13	南段	XS16	234.0	1 471.5	-160.4	-136.3	-224.3	-251.0	933.5	3.1

序号	所属河段	排口编号	达标削减量/kg						削减量小计/kg	占比/%
			2 月	4 月	6 月	8 月	9 月	10 月		
14	南段	XS17	234.0	1 471.5	−160.4	−136.	−224.	−251.0	933.5	3.1
15	南段	XS18	68.1	428.1	−46.7	−39.7	−65.3	−73.0	271.5	0.9
16	南段	XS18R	29.2	183.5	−20.0	−17.0	−28.0	−31.3	116.4	0.4
17	南段	XS19	167.2	1 051.1	−114.6	−97.4	−160.	−179.3	666.8	2.2
18	南段	XS20	100.3	630.7	−68.8	−58.4	−96.1	−107.6	400.1	1.3
19	南段	XS21	234.0	1 471.5	−160.4	−136.	−224.	−251.0	933.5	3.1
20	南段	XS22	100.3	630.7	−68.8	−58.4	−96.1	−107.6	400.1	1.3
21	南段	XS23	9.7	61.2	−6.7	−5.7	−9.3	−10.4	38.8	0.1
22	南段	XS24	33.4	210.2	−22.9	−19.5	−32.0	−35.9	133.3	0.4
23	南段	XS25	29.2	183.5	−20.0	−17.0	−28.0	−31.3	116.4	0.4
24	南段	XS26	100.3	630.7	−68.8	−58.4	−96.1	−107.6	400.1	1.3
25	南段	XS27	234.0	1 471.5	−160.4	−136.	−224.	−251.0	933.5	3.1
26	南段	XS28	29.2	183.5	−20.0	−17.0	−28.0	−31.3	116.4	0.4
27	南段	XS29	100.3	630.7	−68.8	−58.4	−96.1	−107.6	400.1	1.3
28	连通渠	XS30	1 239.8	3 383.2	339.4	438.9	990.0	105.9	6 497.2	21.9
29	连通渠	XS31	964.3	2 631.4	264.0	341.4	770.0	82.4	5 053.5	17.0
30	连通渠	XS32	413.3	1 127.7	113.1	146.3	330.0	35.3	2 165.7	7.3
31	连通渠	XS33	413.3	1 127.7	113.1	146.3	330.0	35.3	2 165.7	7.3
32	连通渠	XS34	137.8	375.9	37.7	48.8	110.0	11.8	722.0	2.4
33	连通渠	XS35	137.8	375.9	37.7	48.8	110.0	11.8	722.0	2.4
34	连通渠	XS36	413.3	1 127.7	113.1	146.3	330.0	35.3	2 165.7	7.3
35	连通渠	XS37	413.3	1 127.7	113.1	146.3	330.0	35.3	2 165.7	7.3

经任务分解，得到总磷削减压力最大的排口（占总削减量 10%以上）分别为连通渠的 XS30、XS31 排口。

3）达标管控策略

经梳理，巡司河各排口的总磷溢流污染风险源分布如图 8.18 所示。巡司河各河段总磷管控任务如图 8.19 所示。

通过与巡司河的 V 类管理目标进行比较，发现每月各河段的管控压力存在明显不同。总体而言总磷削减压力呈现先上升后下降的趋势，在 4 月存在较高的总磷削减压力。同时也发现巡司河在 2 月、4 月存在溢流排放量小于削减目标的情况，这就不仅需要控制溢流污染，还要对内源进行控制，如采用清淤、底泥原位控制等手段对河段总磷进行削减，或对流域内污水处理厂进行尾水提标改造，才能满足管控需求。

图 8.18　巡司河总磷溢流污染风险源分布

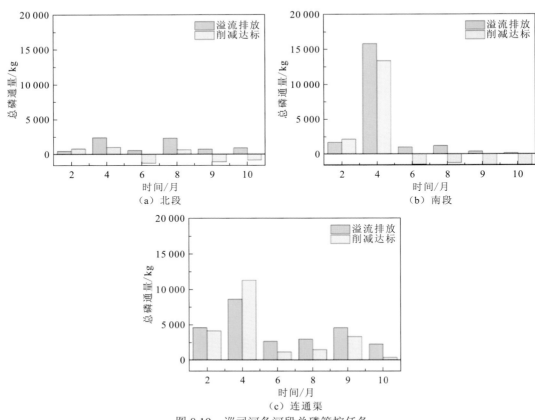

图 8.19　巡司河各河段总磷管控任务

8.5.3 南湖—巡司河流域水环境污染精准治理策略建议

按照外源污染控制、内源污染控制及水生态系统修复三个方面系统梳理现有可行性的工程措施及处理效果，结合南湖—巡司河流域总磷污染时空分布特征，对各措施的实施条件明确细化，形成南湖—巡司河流域水生态环境系统治理策略。

（1）根据进出水水量平衡分析，因为龙王嘴污水处理厂尾水不入湖，南湖的水源主要通过沿湖溢流排口和降雨得到补充。据此分析，南湖的水质管理目标可以通过控制入湖水量的方式来实现。由于南湖补水水量较小，换水周期较长，污染物容易在湖内积累，不利于水体氮磷含量的进一步减小，加大南湖补水量与补水频率非常必要。为改善南湖的水质，有必要对入湖管网进一步整治，以减少溢流污染物进入南湖。此外，已规划的水系连通项目有必要尽快开展实施，以缩短南湖的换水周期，进一步减少污染物在湖内的积累。因此，为实现南湖水质管理目标，需要综合考虑入湖水量的控制和入湖管网的整治等方面的工程措施。同时，也需要加强水质监测和评估，及时掌握南湖水质的动态变化，为采取相应的管理措施提供科学依据。

（2）南湖的水质、沉积物和入湖污染物通量在时空上的分布特征表明，不同湖区的生态状态存在显著的差异。因此，为有效地进行生态修复，需要针对不同湖区采取不同的修复措施。在小南湖区域，表层沉积物中的氮磷含量较高，而且氮磷的释放潜力较大。针对这种情况，采取底泥环保清淤的方式是开展生态修复的合适选择。这种措施可以有效地减少底泥中的营养盐释放，从而降低水体富营养化的风险。在小南湖和南湖西部靠近连通渠的区域，夏季容易暴发水华和堆积蓝藻。为了治理这一问题，采取机械清除的方法是有效的。这种方法可以迅速清除水体中的蓝藻，防止其进一步繁殖和扩散，从而保持水体的清澈和生态平衡。在南湖南岸和北岸水深适宜的区域，水体中的氮磷浓度较低，水下光照条件较好，具备了水植被恢复的基本条件。经过简单的基底改造后，这些区域适合开展水生植物修复。通过种植适宜的水生植物，可以提高水体的自净能力，改善水质，并促进水生态系统的恢复和稳定。

（3）巡司河作为龙王嘴污水处理厂排江通道的重要组成部分，承担污水处理厂的全部尾水，具有水体氮磷浓度较高的特点。此外，巡司河还承担了河道沿线多处溢流排放。根据河道现有水质、年入河道污染物总量、河道两面的物理结构及底泥易于悬浮的物理特征，该河道的修复措施应以沿河管网改造控制溢流排放和河道底泥原位固化的物理修复为主。目前，正在开展的巡司河底泥清淤工程对巡司河高有机质的底泥清除效果并不理想，很难实现河道底部污染物的全部清除，且河道底泥垂向分布差异不大，无论是在工程效果上还是经济上都不是最合适的选择。采用底泥原位固化和覆盖技术可以在不干扰底泥的情况下，减少底泥中的氧气交换，有效地减少底泥中的污染物释放，使其结构变得稳定，污染物被固定在底泥中，不再释放到水体中。

8.6 南湖水环境精细监控预警管理系统构建

根据南湖精准溯源结果，结合南湖水环境精细管控与及时预警的要求，以"先诊后治，治中有诊，治后巡诊"的理念为指导，确保整个水环境监管溯源得到全面而高效的实现，构建的南湖水环境精细监控预警管理系统具有如下功能：①精细监控南湖水环境变化、水污染物总量及贡献率变化，及时发现或预测南湖水环境问题；②南湖沿湖雨水排口溢流污染动态排放情况监管与预警；③水污染溯源精准监管，及时、精准发现问题与解决问题；④南湖流域水环境治理与管理各业务部门及责任单位业务有效协同；⑤南湖流域统筹管理，满足南湖流域水务系统在日常运行、强降雨、突发水污染事件等不同场景下的调度管理需求，并对南湖流域内相关监测、预警、方案制订与优化、全流程全流域统筹调度控制。

8.6.1 系统构建总则

1. 技术路线

主要围绕入湖污染构建智慧监控体系，通过构建涵盖各类敏感目标的实时监测手段，形成水环境综合监管平台，实现"源、厂、网、河/湖"一体化时空监控，为污染预警体系及预警机制建设提供前提条件。通过前期污染物入湖规律及分布特征成果，形成污染监控预警及响应方案，支撑环境预警、溯源、治理、评价、调度等工作，同时探索南湖长治久清的运维机制。南湖水环境精细监控预警管理系统构建技术路线如图8.20所示。

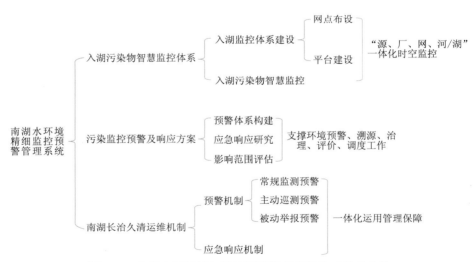

图 8.20　南湖水环境精细监控预警管理系统构建技术路线

2. 主要内容

根据南湖流域环境现状与生态环境管理问题及需求，总体建设可以归纳为"三个中心、五大服务"。三个中心即智慧监控中心、大数据分析中心和指挥调度中心，五大服务即按照属地责任纵向线和行业监管横向线建设：综合监测服务、综合监管服务、综合溯源服务、综合分析服务、综合调度服务。业务范围主要覆盖"水资源"业务体系，预留未来向土壤噪声、危废、垃圾转运处理等更多环境管理要素延伸的服务接口。

（1）智慧监控中心建设，完善南湖流域生态环境监测网络建设。鉴于南湖流域当前的监测状况及存在的问题，系统规划和布置水环境监测感知设备。采用在线监测、自动采样结合检测服务、无人机、无人船、遥感技术、视频记录及水下机器人等多样化的监测手段，完善南湖流域水环境监测网络布局，构建一个高密度、高频次、高精度的数据感知层，提升南湖流域水环境监控的自动化程度、标准化水平及信息化能力。

（2）大数据分析中心建设，构建水环境容量数据分析资源库。将环境要素与监测要素整合构建环境大数据预警中心，与市、区级业务对接与数据共享，实现南湖全流域水资源"一张图"。以大数据为基础，构建南湖及周边管网、汇流、堤岸的水力学模型、水环境容量模型，实现对流域水务运营过程中的问题进行溯源追踪、量化诊断、动态评估和实时预警，为科学治理、科学建设、科学发展提供服务支撑。

（3）指挥调度中心建设，实现远程指挥调度。构建精准高效的指挥调度体系，充分应用水环境分析预警功能的综合协同平台，对南湖流域的水环境因素及工况进行深度评估、预警、反演及预测，通过可视化技术，实时展现水环境事件预警、水污染溯源、仿真推演，使有关部门在处理不同问题与工况时，依托 GIS 可视化工具进行挂图作战，实现精准决策与高效指挥，推动水环境精细化管理模式的全面跃升。

3. 亮点特色

（1）采用全新采+测模式，实现大范围、高密度、高频次、高质量监测。通过全新的智能采样终端实现动态采样，基于其成本低、占地小、安装限制条件少，可在全区大面积铺设；利用公共物流或专业化送样团队对样品进行运输；再通过自动化检测实验室进行统一规范化自动测样。通过以上采测一体化服务的流程及全过程溯源系统，可对样品从采样、送样到测样的整个过程进行追溯，保证了样品的代表性、真实性，以及测出数据的准确性、有效性。

（2）大数据分析服务技术。使用大数据/AI/云计算等先进技术，建立数据挖掘算法，从海量数据中快速提取有效数据，保证提供给用户的信息具有实时性，达到预警预报的效果。结合实际问题建立数据模型，对监测数据、水文数据和遥感数据进行建模分析得出结论，生成相应专题报告，为解决各种环境问题提供科学依据。

（3）数字可视化展示技术。基于低延时+GIS 技术构建环境监测数字可视化体系，实现在虚拟场景下的远程诊断和远程质控，实现了多源、多维度数据时空展示和分析应用，解决了传统人机交互水平薄弱、时空数据信息关联度不高、环境预测预报能力薄弱等问题。

8.6.2 系统总体规划

1. 智慧监控中心建设

建设南湖流域智慧监控中心，从"水""陆""天"基三个方面全面完善南湖流域水环境监测网络，具体如下。

1）"水"基监测网络

以浮船站、浮标站、人工采测、藻类（种类与密度）智能分析仪、环境 DNA 技术等为技术节点构建南湖"水"基监测网络（图 8.21）。

首先接入南湖市控的已建浮船站自动监测数据、浮标站数据、人工采测数据、藻类打捞监测数据等，实时掌握南湖各关键点位的水环境质量与水生态演变，针对水质突变、异常情况，及时进行预警预报。

2）"陆"基监测网络

以智能"采+测"系统、固定式水站、移动监测车、AI视频识别、人工采测、水污染负荷通量监测系统为核心节点，构建"陆"基监测网络（图8.22）。

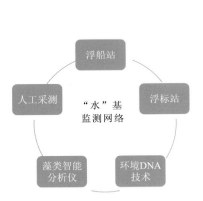

图8.21　南湖"水"基监测网络

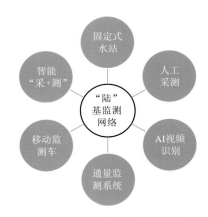

图8.22　南湖"陆"基监测网络

为全面监控南湖流域及其周边的水环境状况和水污染风险，"陆"基监测网络接入南湖沿湖雨水排口截流井水质自动站数据、月度例行人工采测数据、水污染源信息、气象数据、水文流量数据及地理信息数据等多元数据源，同时接入固定式水站监测数据；针对固定式水站无法覆盖的排水管网及其他场景，采用智能"采+测"系统作为补充监测手段，同时适当配置雨量计、水位计、传感器等辅助设备同步监测，构建通量监测体系，获取通量数据，核算污染物迁移总量、各水污染源排污负荷，明确各污染物贡献；在强降雨和汛期等关键时段，采用智能"采+测"系统及移动监测车等方式，实现各类要素和场景的全覆盖采样，确保监测数据的全面性和准确性。

3）"天"基监测网络

（1）以携带高光谱和高清摄像头的无人机监测为核心，在南湖湖面及入湖排口、水污染源溯源关联区域，采用无人机自定义巡航及固定路径巡航两种方式相结合，对南湖流域及重点水利水务设施进行智慧化全方位巡查，构建"人防＋技防""空中＋地面"全覆盖工作模式，及时精准发现南湖流域水环境问题，从而实现前方图像实时传输、后方指令实时传达，保证问题反馈的即时性，也为南湖部分区域合理布设蓝藻打捞、精准扫除打捞盲区、污染溯源，以及对重点工程的建设、运行情况分析诊断提供新的视角和数据支持。

（2）以卫星遥感技术为辅助，重点解决容易受到强风、雷雨等恶劣天气影响，以及部分区域受无人机空域管制等存在水环境监测的盲区。依托卫星遥感可获取南湖流域大范围水域总体情况；结合历史影像分析掌握规律，通过遥感影像解译获取监测数据。

2. 大数据分析中心建设

建设大数据分析中心，构建水环境容量数据分析资源库。将环境要素与监测要素整合构建环境大数据预警中心，与武汉市、区级业务对接与数据共享，实现南湖全流域水资源"一张图"，以大数据为基础，构建南湖及周边管网、汇流、排口的水力学模型、三维水环境容量模型，实现南湖流域水务运营过程中水污染问题及时溯源追踪、量化诊断、动态评估和实时预警，为科学治理、精准治理、精细管控南湖流域水环境提供精准服务支撑。

1) 大数据资源中心

大数据资源中心是南湖水环境治理与管理数字化平台建设的基础。开展南湖流域大数据资源中心建设，本质是按需采集、汇聚多源数据并对原始数据进行有效的组织、管理和映射，形成原始数据、基础数据、专题数据，支撑南湖流域物理空间同步的数字孪生体系建设（图 8.23）。

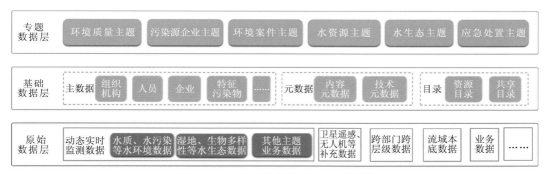

图 8.23　南湖大数据分析中心示意图

（1）在各部门已建监测网的基础上，遵循统一标准规范，按需集成南湖流域湖体、水系、河网等的水陆天监测数据。

（2）基于业务需求，按需补盲、加密遥感、无人机、视频监控、地基传感器等监测手段，扩大南湖流域监测范围、监测对象、监测频次等，完善水陆天一体化态势感知"一张图"。

（3）围绕水环境、水生态、水资源、水安全等主题业务需求，纵向接入湖北省、武汉市相关区，横向接入水利水务、生态环境、自然资源、水文气象等各部门的相关数据资源成果，如基础地理信息数据、相关业务数据等。

对采集汇聚的多源数据，通过建设数据引擎，开展数据治理、数据挖掘、数据服务，构建统一数据资源管理、统一数据目录管理、统一数据共享交换能力，形成原始数据、基础数据和专题数据，实现系统内数据治理整合、系统外数据获取和共享交换，全面支撑南湖流域水环境治理与管理。同时，面向湖北省、武汉市相关区相关部门和社会公众提供历史数据、实时数据、预报成果等数据服务，以及水质、水量、南湖水华预警等模型的计算服务。

2) 污染溯源模型

开展湖泊污染源解析，实现对流域排放量和入湖量的解析，构建流域溯源模型。溯源模型采用自主研发的基于水动力水质模型的污染通量贡献模型，能实现对入河湖排口断面的污染来源的贡献分析，精确分析超标断面污染来源，动态化模拟溯源路径，最终精准动态锁定不同日期、不同月份中对断面水质有贡献的责任体。

污染溯源模型可以通过占比图、动画等方式，展示每个断面的水污染来源及贡献比。基于水污染贡献计算结果，模型能自动生成每个水质断面的污染源动态贡献清单，清单中包括水质断面的名称、位置及在不同日期、不同月份中影响该断面的所有污染源的名称、不同指标的贡献值。

3. 指挥调度中心建设

建设指挥调度中心，实现远程指挥调度。基于分析预警系统建立准确可靠的综合指挥调度平台，实现对南湖流域内各水务要素和场景的评估、预警、反演及预测，结合实际业务管理需求进行专题分类，实现事件预警、污染溯源、仿真推演的可视化呈现（图 8.24）等，用户可针对不同问题、不同场景，通过 GIS 可视化实现挂图作战，精准施策，全景指挥，完成从纠正式管理到预防式管理，再到精细化管理的整体能力提升。

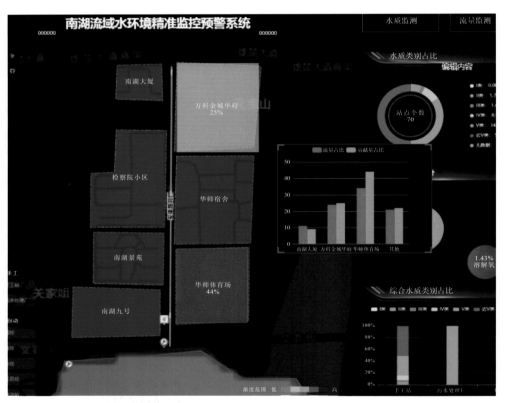

图 8.24　水污染溯源可视化

1）突发水污染事故应急模拟展示

建立突发水污染事故应急模拟展示。对于污染事故应急，系统通过水污染模拟展示，帮助环境应急决策部门及时、准确和形象地了解流域突发性重大水环境污染事故中污染团发展态势，帮助决策者在发生事故时做到判断准确、处置及时和措施有效。基于Web-GIS 技术，动态显示污染物的迁移转化过程、污染物的浓度、重点断面污染物达标时间、超过指定阈值的污染带时空分布。生成相关预警信息报告及图表，使数据的展现更加直观、方便、准确。系统将实现突发性水污染事故的识别，提炼出流域研究区内可能作用于突发性水污染事故影响的作用因子和作用类型，并通过定量计算或定性分析的方法对事故的影响后果进行预报，预测事故对环境敏感因子的影响程度和影响范围，包括影响城市、发生时间、影响面积、影响人口、威胁饮用水水源安全的超标情况等。

2）智库调度引擎

为提升监管部门对生态环境事件等的响应速度、精准度等，建立武汉南湖流域知识库管理模块，包括指挥调度规则库、专家经验库、数字化预案库、智能算法和调度智能引擎等。

（1）指挥调度规则库。建立一套指挥调度规则，包括事件响应流程、指挥和协调规范等，以便监管部门能够按照统一的规则进行调度和指挥。

（2）专家经验库。收集整理相关领域专家的经验知识，包括生态环境保护、水质治理、应急处置等方面的专业知识和问题解决经验。监管部门可以通过查询专家经验库获取专业建议和参考。

（3）数字化预案库。对预案进行数字化并嵌套到事件处置流程中，实现基于流程节点、节点权限的处置，使处置流程可视、可控，为上层业务智能应用的知识积累、经验提炼和分析研判等基础能力提供支撑。具体而言，将预案进行数字化处理，将不同类型的生态环境事件对应的预案存储于预案库中。监管部门在处理事件时可以根据事件类型快速查询并采用相应的预案进行处理。

（4）智能算法和调度智能引擎。利用智能算法和调度智能引擎对收集到的数据进行分析和处理，提取关键信息并进行合理的调度和决策，可快速评估事件影响、响应措施和调度资源等，提高响应速度和精准度。

通过构建南湖水环境治理数字化平台智库调度引擎，可实现对知识积累、经验提炼和分析研判等基础能力的支撑，为相关监管部门提供更准确和可视化的处置流程，提升应对南湖突发水环境事件的能力。此外，模块提供的智能算法和调度引擎可帮助相关监管部门做出更科学、更高效的决策。

南湖流域水环境精细监控预警系统围绕流域水环境监测、科学监管、精准溯源、治理评价、责任划分五大需求统筹推进。以结果为导向，整体涵盖采样、测样、溯源、应急监测，包含水质流量监测设备、智能采样终端、自动化实验室、无人机等技术装备，南湖流域内水体流态调查及水环境大数据分析监控平台的构建，完成对南湖全湖水环境质量系统体检。定期汇总分析南湖各类监测数据，评价报告南湖流域内不同时期的水环境问题，厘清污染贡献责任，提出南湖水环境整改方向及下一步水环境质量监测关注点位与时段，精准指导水环境综合治理工程发挥作用，助力南湖全流域水质稳定达到 IV 类水水质标准。

8.6.3　点位布设方案

按照南湖流域代表性、可比性、整体性、前瞻性与稳定性兼具的原则，结合南湖流域水污染和水环境的实际情况，重点针对城市生活污染源、重要排水管网节点、截污井、分散式污水排口、沿湖雨水排口、降雨点位等进行监测点位系统布设，如表 8.9 和图 8.25 所示。

表 8.9　南湖流域监测点位布设方案

序号	监测类型	点位数量	备注
1	智能采样终端	405	新建
2	雨量计	4	新建
3	排口截污井在线监测	12	初雨监测，采用已有点位
4	污水处理排口	6	采用已有点位
5	浮标船	3	采用已有点位
	合计	430	

图 8.25　南湖流域各类监测点位分布

1. 城市生活污染源

南湖沿线有众多小区和高校，人口密度大，但由于管网建设滞后，且破损、雨污混错接等问题不少，部分小区和高校的生活污水未经处理直排进入南湖，是南湖水质恶化的主要污染源。南湖流域范围内共有 262 个居住社区和公建单位，19 所高校，依据区域特点，按照小区的雨水、污水排放口全面实时监控，精准掌握小区污染贡献度的要求，设置生活源及相关高校点位共 281 个，点位分布如图 8.26 所示。

2. 重要排水管网节点

在南湖流域小区污染区块化管理模式下，选择区域内重要排水管网节点能够代表区域变化特点的排放监测指标，通过自动化采测方式实现对特定指标物的变化情况描述，进而通过区域污染物的变化情况，界定各个区块的管理责任及企业定责问题。对南湖流域重要污水、雨水管网节点（图 8.27）布设 100 套智能采样终端，开展排水量、水质监

图 8.26　南湖大流量管网点位及社区排污口点位分布

图 8.27　南湖重要排水管网节点分布

测，水质监测通过自动采样装置定期采样及实时触发采样并进行水质自动化检测实验室分析。监测项目包括流量、COD_{Cr}、氨氮、总磷、总氮。每个节点日均采样 2 次，水量监测根据排口类型和现场具体条件，合理选择触发和测量方法。

3. 截污井

根据龙王嘴污水处理厂尾水治理及初雨收集工程，针对沿湖 12 个（采用已有点位，点位分布如图 8.28 所示）生态排口实施在线监测，旱季及时截污，雨季观测初雨污染实时响应，及时截污引流。

图例
⊙ 生态排口

图 8.28　南湖沿湖排口已有截污井在线监测点位

4. 分散式污水处理排口

按照污水处理进出口同步进行水质水量监测，全面掌握污水处理能效，为南湖流域拦污截流、污水提质提供依据的要求，南湖流域内建有 6 个分散式处理设施（图 8.29），分别为洪山高中西侧分散式处理设施（规模 5 000 t/d）、绣球山分散式处理设施（规模 5 000 t/d）、中南财大分散式处理设施（规模 4 000 t/d）、玫瑰湾分散式处理设施（规模 1 000 t/d）、幸福闸分散式处理设施（规模 5 000 t/d）、名都闸分散式处理设施（规模 3 000 t/d）。

图例
🏭 分散式污水
处理排口

图 8.29　南湖沿湖已有分散式污水处理排口分布

5. 南湖沿湖雨水排口

南湖沿湖共有雨水排口 36 个，其中 12 个生态化排口截流井已设置在线监测点位，按照监测全覆盖的要求，新增 24 个雨水排口监测点位。根据前期大数据监测统计，36 个雨水排口（图 8.30）中单个排口污染负荷排放量和削减量任务占全湖 10% 以上的一级风险排口有 8 个；污染负荷排放量和削减量任务占全湖 5%～10% 的二级风险排口有 2 个；污染负荷排放量和削减量任务占全湖 1%～5% 的三级风险排口有 17 个；污染负荷排放量和削减量任务占全湖 1% 以下的四级风险排口有 9 个。

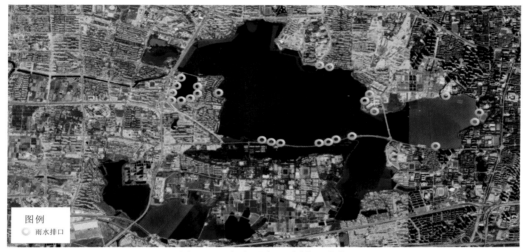

图 8.30　南湖沿湖雨水排口分布

6. 降雨监测点位

按照南湖全流域关键点位进行降雨监测，摸清降雨与南湖水环境变化规律，分析初雨对环境影响的要求，结合南湖全域降雨的实际情况，布设 4 个降雨监测点位（图 8.31），掌握降雨量对南湖的污染贡献。

图 8.31　南湖降雨监测点位分布

7. 南湖湖心浮标船监测点位

针对南湖湖心进行水质、水位、气象监测，利用已有的 3 个浮标船监测点位（图 8.32）进行数据并网，同时扩展气象及水位参数，以掌握南湖湖心水质受岸上水污染的影响。

图 8.32　南湖湖心浮标船监测点位分布

8.6.4　总体监测方案

1. 技术路线

围绕南湖水资源、水安全、水环境统筹需求，把水质水量分级分区监控，开展预警预测支撑决策，依托湖长制落实管理政策保障，构建水生态环境监测体系。围绕项目的实际需求统筹推进，把水环境质量监测向纵深方向发展。通过引入新型的"水质自动采样装置采样+水质自动化检测实验室检测"方式对生活源、工业源、管网、面源（雨水排口）、污水处理设施、湖周污水直排口、湖内等水环境要素进行布点监控，数据接入水环境精细监控预警管理平台，以数据为导向，将数据推送至相关单位和部门，让数据活起来，做到精细化管控。

2. 监测原则

按"因地制宜、服务到位"原则，以南湖整体水资源、水安全、水环境问题及需要为根本，推行整个项目的实施。

在南湖周边布设多个采样终端、雨量及流量测量设备，匹配不少于 26 项监测参数的自动化实验室，在节省资金成本的同时，借助目前环保行业先进监测手段，形成高密度、高频次、高质量的水环境监测体系。

3. 监测点位确定

对入湖的生活源、工业源、管网、面源（雨水排口）、污水处理设施、湖周污水直排口、湖内等水环境要素合理评估监测，分级分类确定按月监测点位数量、按周监测点位数量、按日监测点位数量及需要更密集的监测频次，如果原来已有监测站点，则直接采用；如果没有，则新增监测点位。采取自动/手工采样，通过水质自动化检测实验室及固定式监测系统进行分析监测，以达到实时、连续掌握水质动态情况，达到自动在线监控的效果。监测项目包括流量、pH、溶解氧、透明度、化学需氧量、氨氮、高锰酸盐指数、总磷、总氮等。

4. 监测指标选取

结合各监测断面环境管理需求、监测目标、仪器设备适用性等条件，各断面监测指标选取主要考虑以下因素。

（1）根据各监测断面水质管理需求，将可直接反映水质特性的pH、温度、浊度、电导率、溶解氧，反映水体有机物污染程度的COD、高锰酸盐指数，反映水体营养盐含量的总氮、总磷、氨氮共计10项指标纳入监测站点的必测指标。

（2）重点关注入湖排口的水质与主要污染物通量实时监控，把主要污染物通量监测结果作为水资源配置的重要依据。因此可根据水环境管理需求，在入湖排口流量较大的点位增加流量指标，以开展污染物通量监测。

5. 监测频次确定

自动采样装置+水质自动化检测实验室实现每2天采样并监测1次。自动监测站按每4h采样并监测1次，具体点位监测频次根据水环境管理需求进行灵活调整。

8.6.5 管控平台系统构建

根据南湖流域水环境精细监控预警的基本要求，构建一套南湖流域水环境精细监控预警管理平台（图8.33）。从顶层统筹和支撑南湖"水环境、水资源、水生态"的协同

图8.33 南湖流域水环境精细监控预警管理平台

预警、促进其生态环境管理模式的优化创新。南湖流域水环境精细监控预警管理平台主要包含南湖流域大数据资源中心、水环境业务管理系统和水环境业务应用系统。大数据资源中心实现对涉及的海量数据进行融合，提供统一的服务；水环境业务管理系统实现南湖流域水环境数据采集、传输、入库、实时展示和"采、运、测"全流程分析管理，满足各类日常业务管理需求，为大数据分析与展示提供有效的各类基础监测数据；水环境业务应用系统实现南湖流域水环境监测、水污染物通量计算应用和分项应用监测与评估。

1. 预警体系架构

南湖流域水环境预警体系是基于现有 4G 通信网络，集在线监测系统、便携式自动分析仪、GIS 地理信息、自动采样终端、GPS 定位、视频、遥感、应急辅助决策等功能于一体的可视多元化指挥调度通信系统（图 8.34），通过集成地理信息、数据库、计算机、网络、通信、多媒体等技术，利用大比例尺的电子地图、现场监测数据、重点污染源及管网等，进行污染物扩散模拟和环境污染事故仿真，为南湖流域水环境应急指挥部门提供决策支持，提高对突发水环境污染事故的处置能力。南湖水环境预警内容主要包括南湖周边点源污染物超标预警、水处理超负荷预警、南湖水环境超标预警和南湖水华暴发水生态预警。

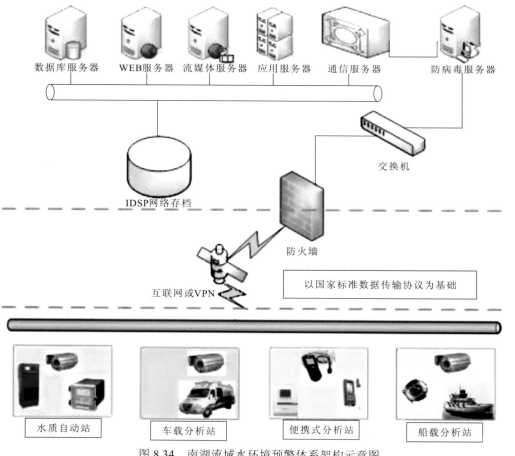

图 8.34 南湖流域水环境预警体系架构示意图

2. 系统功能架构

南湖水环境精细监控预警管理平台以完善的水环境感知体系建设为基础，通过水质、水文、管网等多元化的监测手段为水环境监测系统提供数据保障与技术支撑；通过标准的规范体系建设完善水环境相关的数据采集、传输、存储、应用；再将各类水环境相关的数据资源有机整合形成综合数据资源库；进而将各类水环境相关的数据通过统一的应用系统进行数据处理、分析、预警、决策。系统功能架构包括以下三部分。

1）大数据资源中心

通过水环境相关大数据采集、传输形成包含水环境质量、水生态环境、水资源数据、管网、流量等南湖水环境相关的大数据。海量的数据来源复杂、格式多样，需要对海量的数据进行抽取、转换、加载形成真实、全面、格式统一的数据，构建大数据资源中心，提供统一的数据服务。采用主流成熟的技术、分层解耦的体系结构来构建大数据应用架构，可分为数据接入、数据存储、数据计算、数据服务 4 个层次（图 8.35），其中：数据接入层，使用关系型数据库数据抽取、分布式消息队列、日志采集传输等技术手段实现数据的接入；数据存储层，使用分布式文件系统、分布式关系型数据库、分布式列数据库、对象存储等技术实现结构化、半结构化、非结构化数据的存储；数据计算层，使用离线计算、实时计算、流式计算等技术来实现数据的处理；数据服务层，可使用数据库转应用程序接口（application programming interface，API）、文件服务、消息分发、数据鉴权等技术来构建数据服务。

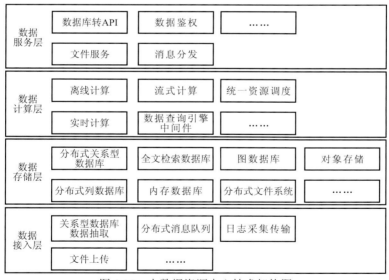

图 8.35　大数据资源中心技术架构图

2）水环境专业管理系统

水环境专业管理系统是以大数据资源中心为基础，通过收集、存储、分析和展示与水环境相关的数据来支持水环境专业化管理服务和决策支持。为提升水环境专业管理系统应用能力，需对系统全过程进行规范化建设：①水环境监测感知层标准化，包括规范现场监测终端建设、规范数据传输要求和规范数据质量保障体系；②水环境关联信息标准化，包括环境信息应用标准化、环境信息应用支撑标准化、数据结构标准化、网络技术设施标准化、管理标准化；③安全保障体系标准化，包括网络安全体系标准化、系统安全保障体系标准化、服务安全体系标准化、认证安全体系标准化、应急安全体系标准化；④环境数据资源目录标准化，构造统一的环境信息资源目录管理系统，通过规范化接口实现数据共享、资源检索、资源分析、环境决策。通常水环境专业管理系统有地表水综合监测系统、污染源风险源综合监管系统、入湖排口监管系统、水文通量监测系统、重点闸站监管系统、管网监测监管系统、水生态多样性监测系统、综合监测一张图、应急预警响应一张图、水污染智能逐级溯源等类别，针对南湖流域的实际情况，构建以下水环境专业管理系统。

（1）地表水综合监测系统。南湖流域地表水综合监测系统集南湖流域现场监测工况模拟、数据展示与报表、水质分析评价、自动与手工监测数据融合、汛期污染强度监测五大模块，实时监控南湖湖体水质、沿湖排口区域水质变化情况、汛期污染强度和南湖排口溢流污染等，实现南湖沿湖排口、湖体关键点位等基础感知对象的全覆盖监控监管。系统组成如图 8.36 所示。

（2）污染源风险源综合监管系统。汇集南湖沿湖排口水污染物排放监测数据、南湖水体内源污染排放监测数据、雨水排口水量数据、排口污染普查数据、水文气象数据等多源数据，实现对南湖沿湖排口（重点风险源排口）、内源等污染源排放规范性监测、污染普查信息动态监管、排口污染源"一口一档"、数据统计分析等分析展示。系统组成如图 8.37 所示。

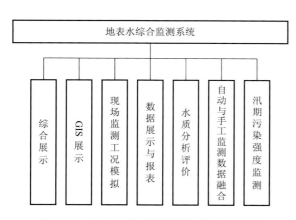

图 8.36　地表水综合监测系统组成示意图

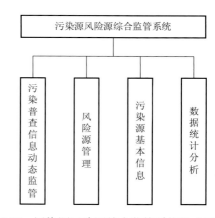

图 8.37　污染源风险源综合监管系统组成示意图

（3）入湖排口监管系统。为对南湖沿湖排污口实现统一规范管理，建设入湖排口监管系统，接入现有入南湖排口系统数据，以信息化手段对南湖排污口分类、建立档案、信息利用分析进行全要素统一管理，环境管理部门可以依托该系统，通过数据综合分析、污染溯源、动态更新、可视化管控"一张图"等功能对入南湖排污口开展监测、预警、整治、日常监管等，提高南湖沿湖排污口管理精细化水平，为生态环境管理部门提供决策支持。系统组成如图 8.38 所示。

（4）水文通量监测系统。实现南湖沿湖各排污口通量核算与排名、污染物占比分析、时间变化趋势分析、辅助污染物溯源、污染物迁移分析、辅助调水补水分析、降雨污染变化趋势分析、风险评估、通量可视化展示等功能，精准核算各排污口污染物通量变化及重点入湖排污口污染物排放量贡献率。系统组成如图 8.39 所示。

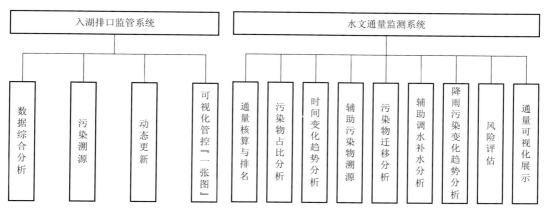

图 8.38　入湖排口监管系统组成示意图　　　图 8.39　水文通量监测系统组成示意图

（5）重点闸站监管系统。南湖流域重点节制闸站监管系统是一种用于管理和监控闸站运行的系统。通过集成和分析南湖流域节制闸的数据，实现对南湖流域节制闸运行状态的实时监测、故障预警和运维管理的支持。通过南湖流域重点节制闸监管系统的应用，可提高节制闸的运行安全性、可靠性和效率，减少潜在风险和故障损失，提供可靠的供水、排水和水资源调度管理服务。系统组成如图 8.40 所示。

（6）管网监测监管系统。根据南湖流域厂-网-湖水质水量动态监测、水环境污染溯源、排水管网问题精准修复的需求，开展南湖流域雨污管网的水质、水位、流量、降雨、小区供排水、污水处理厂进出水等监测，及时排查雨污管道混接，管道淤积堵塞，偷排漏排，雨水污水入渗、泄漏、溢流和内涝等现象，同时结合污染溯源模型、厂网湖调度等模型实现对南湖流域管网运行状态评估、水质水量模拟预测、污染预警溯源、科学调度等，有力支撑南湖流域水环境治理。系统组成如图 8.41 所示。

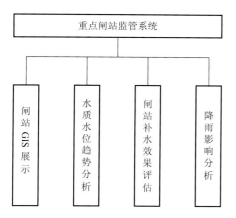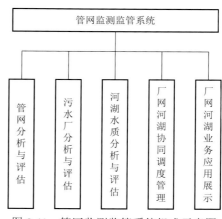

图 8.40　重点闸站监管系统组成示意图　　　图 8.41　管网监测监管系统组成示意图

（7）水生态多样性监测系统。满足南湖流域鱼类群落结构、高等水生植物群落结构、浮游动物群落结构、浮游植物群落结构、底栖动物群落结构和微生物群落结构等水生态

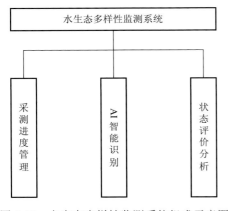

图 8.42　水生态多样性监测系统组成示意图

监测全过程的规范化管理，综合分析水生态状况，识别水生态问题，评估南湖水生态系统的质量和稳定性，采用水生态智能监测仪动态监控南湖叶绿素 a 和藻类变化，实时管控南湖水华暴发风险和水环境质量，精确指导南湖水环境治理与水生态保护修复，改善南湖水生态系统的健康状况。系统组成如图 8.42 所示。

（8）综合监测一张图。综合监测一张图实现对南湖水环境预警监控监测的前端感知设备的统一管理、快速查看及直观展示。在 GIS 地图直观地显示南湖流域所有监测站点的地理位置和运行状态。

（9）应急预警响应一张图。根据南湖水环境精细监控预警管理平台的数据分析，以及相关信息的实时预警，实现南湖动态污染负荷分布预警及应急响应，针对南湖水环境超标等各类行为制定相应的响应机制及流程（图 8.43），同时制定出相对应的处置应急预案。

图 8.43　南湖监测预警应急流程示意图

（10）水污染智能逐级溯源。利用南湖流域水环境监测大数据及耦合相关数据，采用水污染溯源数学模型和算法，精准识别水污染物来源、位置和动态排放情况；通过计算模拟结果和实测数据，应用逆向溯源算法，反推污染源的可能位置和特征，按照正向可追踪、反向可溯源的原理，通过模拟与实际情况比对和分析，精准确定污染物的来源和定量贡献率。

参 考 文 献

白小梅, 李悦昭, 姚志鹏, 等, 2020. 三维荧光指纹谱在水体污染溯源中的应用进展. 环境科学与技术, 43(1): 172-180, 193.

陈大友, 2013. 渔洞水库水体透明度与富营养化关系探讨. 水资源研究(1): 39-41.

崔保山, 赵翔, 杨志峰, 2005. 基于生态水文学原理的湖泊最小生态需水量计算. 生态学报, 25(7): 1788-1795.

郭效琛, 李萌, 杜鹏飞, 等, 2022. 排水管网在线监测布点数量的确定. 中国给水排水, 38(2): 122-131.

郝芳华, 程红光, 杨胜天, 2006. 非点源污染模型: 理论方法与应用. 北京: 中国环境科学出版社.

胡开明, 董锦云, 冯彬, 等, 2021. 河流水质时空变化特征及污染源解析研究: 以斗龙港大团桥断面为例. 环境科学与管理, 46(1): 37-42.

黄羽, 幸悦, 孙晓玉, 等, 2023. 河湖水生态系统服务价值核算研究及应用展望. 水生态学杂志, 44(1): 1-8.

黄羽, 袁文博, 郭丹阳, 等, 2022. 水资源配置工程突发性水污染事故预警体系构建研究. 环境污染与防治, 44(8): 1115-1120.

黄羽, 邹兵兵, 何调林, 等, 2021. 珠江三角洲水资源配置工程水污染事故应急防控体系构建研究. 广东化工, 48(10): 119-123, 141.

黎育红, 史岩, 黄求洪, 等, 2020. 面向智慧水务的城市河道水质实时监测系统. 水电能源科学, 38(11): 49-53.

李晨虹, 凌岚馨, 谭娟, 等, 2023. 环境 DNA 技术在水生生物监测中的挑战、突破和发展前景. 上海海洋大学学报, 32(3): 564-574.

李原园, 郦建强, 李云玲, 等, 2021. 水资源承载力评价理论与应用. 北京: 中国水利水电出版社.

李祝, 熊文, 2022. 图解长江保护法. 武汉: 长江出版社.

梁鸿, 王文霞, 蒋冰艳, 等, 2021. 水污染预警溯源技术应用案例研究. 环境影响评价, 43(2): 56-60.

刘春莲, 杨建林, 白雁, 等, 2003. 珠江三角洲全新统横栏组淤泥沉积中的有机碳、总氮和碳氮比值记录. 中山大学学报(自然科学版), 42(1): 127-128.

刘辉, 胡林娜, 朱梦圆, 等, 2019. 沉积物有效态磷对湖库富营养化的指示及适用性. 环境科学, 40(9): 4023-4032.

刘佳, 刘永立, 叶庆富, 等, 2007. 水生植物对水体中氮、磷的吸收与抑藻效应的研究. 核农学报, 21(4): 393-396, 332.

刘永兵, 贾斌, 李翔, 等, 2013. 海南省南渡江新坡河塘底泥养分状况及重金属污染评价. 农业工程学报, 29(3): 213-224.

吕清, 徐诗琴, 顾俊强, 等, 2016. 基于水纹识别的水体污染溯源案例研究. 光谱学与光谱分析, 36(8): 2590-2595.

吕荣辉. 厦门西港和九龙江口水体的自净能力及其现状. 海洋环境科学, 7(4): 2228-2233.

麻琦, 王毅博, 冯民权, 等, 2023. 微电解强化微生物菌种对高氨氮低碳氮比黑臭水的脱氮研究. 环境污染与防治, 45(1): 19-26.

马荣华, 唐军武, 段洪涛, 等, 2009. 湖泊水色遥感研究进展. 湖泊科学, 21(2): 143-158.

毛旭锋, 魏晓燕, 2015. 富营养化湖泊叶绿素 a 时空变化特征及其影响因素分析. 中国环境监测, 31(6): 65-70.

牛城, 张运林, 朱广伟, 等, 2014. 天目湖流域 DOM 和 CDOM 光学特性的对比. 环境科学研究, 27(9): 998-1007.

欧阳潇然, 赵巧华, 魏瀛珠, 2013. 基于 FVCOM 的太湖梅梁湾夏季水温、溶解氧模拟及其影响机制初探. 湖泊科学, 25(4): 478-488.

彭凌云, 逄超普, 李恒鹏, 等, 2020. 太湖流域池塘养殖污染排放估算及其空间分布特征. 湖泊科学, 32(1): 70-78.

彭强辉, 陈明强, 蔡强, 等, 2009. 水质生物毒性在线监测技术研究进展. 环境监测管理与技术, 21(4): 12-16.

秦大庸, 陆垂裕, 刘家宏, 等, 2014. 流域"自然-社会"二元水循环理论框架. 科学通报, 59(4-5): 419-427.

秦柳, 朱江龙, 龚汇泉, 等, 2020. 南湖污染源解析与污染负荷核算. 湖北大学学报(自然科学版), 42(3): 298-305.

邵全琴, 郭兴健, 李愈哲, 等, 2018. 无人机遥感的大型野生食草动物种群数量及分布规律研究. 遥感学报, 22(3): 497-507.

宋睿, 姜锦林, 耿金菊, 等, 2011. 不同浓度铵态氮对苦草的生理影响. 中国环境科学, 31(3): 448-453.

宋梓菡, 崔嵩, 付强, 等, 2020. 哈尔滨市主城区河流污染物入河量初步估算与来源分析. 灌溉排水学报, 39(3): 134-144.

苏东旭, 徐刚, 林健, 等, 2021. 城市智慧流域管控系统研究: 以梧桐山河流域为例. 三峡大学学报(自然科学版), 43(6): 37-43.

田颖, 郭婧, 颜旭, 等, 2021. 紫外-可见指纹图谱溯源技术及应用研究. 环境污染与防治, 43(7): 843-846, 863.

汪心雯, 刘子琦, 郭琼琼, 等, 2021. 贵州黄洲河流域水质时空分布特征及污染源解析. 环境工程, 39(9): 69-75.

王浩, 贾仰文, 2016. 变化中的流域"自然-社会"二元水循环理论与研究方法. 水利学报, 47(10): 1219-1226.

王陆军, 廖晓芬, 2005. 渭河宝鸡段水环境质量综合评价分析. 宝鸡文理学院学报(自然科学版), 35(2): 220-223.

王萍, 王克勤, 李太兴, 等, 2011. 反坡水平阶对坡耕地径流和泥沙的调控作用. 应用生态学报, 22(5): 1261-1267.

王巍, 2024. 湖泊健康感知智能岛构建与应用研究. 武汉: 湖北工业大学.

王现领, 2013. 滞缓流河湖水体自净能力影响因素研究. 海河水利(4): 34-36.

王中根, 刘昌明, 黄友波, 2003. SWAT 模型的原理、结构及应用研究. 地理科学进展, 22(1): 79-86.

魏潇淑, 陈远航, 常明, 等, 2022. 流域水污染监测与溯源技术研究进展. 中国环境监测, 38(5): 27-37.

翁笑艳, 2006. 山仔水库叶绿素 a 与环境因子的相关分析及富营养化评价. 干旱环境监测, 20(2): 73-78.

熊文, 黄思平, 杨轩, 2010. 河流生态系统健康评价关键指标研究. 人民长江, 41(12): 7-12.

熊文, 李志军, 黄羽, 等, 2021. 中华人民共和国长江保护法要点解读. 武汉: 长江出版社.

熊文, 彭贤则, 等, 2017. 河长制河长治. 武汉: 长江出版社.

熊文, 孙晓玉, 黄羽, 2020a. 城市静态小水体生态修复措施与生态服务价值评估研究. 水生态学杂志,

41(2): 29-35.

熊文, 孙晓玉, 彭开达, 等, 2020b. 汉江下游平原典型区域水生态系统服务价值评价. 人民长江, 51(8): 71-77.

熊文, 陶江平, 陈小娟, 等, 2020c. 面向江河湖库生态安全的水库群调度关键技术. 北京: 中国水利水电出版社.

熊文, 幸悦, 孙晓玉, 等, 2022. 长江经济带重点区域农田生态系统服务价值评价. 人民长江, 53(12): 56-62, 74.

徐清, 杨天行, 刘晓端, 等, 2003. 密云水库总磷的富营养化分析与预测. 吉林大学学报(地球科学版), 33(3): 315-318.

杨丽仙, 林奕, 邓珊珊, 等, 2021. 影响河湖水体总磷测定方法的分析探讨. 农业灾害研究, 11(2): 159-160, 163.

杨水化, 彭正洪, 焦洪赞, 等, 2020. 城市富营养化湖泊的外源污染负荷与贡献解析: 以武汉市后官湖为例. 湖泊科学, 32(4): 941-951.

杨鑫鑫, 朱兆洲, 张晶, 2020. 抚仙湖入湖河流氮磷的时空分布特征. 天津师范大学学报(自然科学版), 40(5): 37-43.

袁文博, 2023. 城市河流污染精准溯源技术应用研究. 武汉: 湖北工业大学.

张强, 王美荣, 张书函, 等, 2020. 城市降雨径流监测自动采样技术研发与应用. 环境工程, 38(4): 141-144, 150.

张宗祥, 朱宇芳, 2010. 地表水中浮游植物叶绿素 a 的测定. 污染防治技术, 23(2): 73-74.

赵磊, 杨逢乐, 袁国林, 等, 2015. 昆明市明通河流域降雨径流水量水质 SWMM 模型模拟. 生态学报, 35(6): 1961-1972.

赵晏慧, 李韬, 黄波, 等, 2022. 2016-2020 年长江中游典型湖泊水质和富营养化演变特征及其驱动因素. 湖泊科学, 34(5): 1441-1451.

赵宇, 周思聪, 沈汇超, 等, 2020. 泗洪洪泽湖湿地底泥中氮、磷特征及其与水体富营养化关系. 环境科技, 33(3): 24-27.

周梅, 李政, 熊文, 等, 2024. 分区监测诊断方法在城镇排水管网排查中的应用研究. 水利水电快报: 1-14. [2024-07-11]. http://kns.cnki.net/kcms/detail/42.1142.TV.20240418.1630.016.html.

周晓磊, 房萌, 刘枢, 等, 2020. 基于大数据的水生态承载力分析模型. 计算机系统应用, 29(5): 69-75.

朱广伟, 秦伯强, 张运林, 等, 2018. 2005—2017 年北部太湖水体叶绿素 a 和营养盐变化及影响因素. 湖泊科学, 30(2): 279-295.

Abbott B W, Bishop K, Zarnetske J P, et al., 2019. Human domination of the global water cycle absent from depictions and perceptions. Nature Geoscience, 12: 533-540.

Baker A, Tipping E, Thacker S A, et al., 2008. Relating dissolved organic matter fluorescence and functional properties. Chemosphere, 73(11): 1765-1772.

Basu N B, Dony J, Van Meter K J, et al., 2023. A random forest in the Great Lakes: Stream nutrient concentrations across the transboundary Great Lakes Basin. Earth's Future, 11, e2021EF002571.

Borisover M, Laor Y, Saadi I, et al., 2011. Tracing organic footprints from industrial effluent discharge in recalcitrant riverine chromophoric dissolved organic matter. Water, Air, & Soil Pollution, 222(1): 255-269.

Bouraoui F, Benabdallah S, Jrad A, et al., 2005. Application of the SWAT model on the Medjerda River Basin

(Tunisia). Physics and Chemistry Earth, Parts A/B/C, 30(8-10): 497-507.

Britto D T, Kronzucker H J, 2002. NH_4^+ toxicity in higher plants: A critical review. Journal of Plant Physiology, 159(6): 567-584.

Chen B T, Mu X, Chen P, et al., 2021. Machine learning-based inversion of water quality parameters in typical reach of the urban river by UAV multispectral data. Ecological Indicators, 133: 108434.

Fukushima T, Matsushita B, Sugita M, 2022. Quantitative assessment of decadal water temperature changes in Lake Kasumigaura, a shallow turbid lake, using a one-dimensional model. Science of the Total Environment, 845: 157247.

Furtado A P F V, de Almeida Monte-Mor R C E, de Aguiar Do Couto E, 2021. Evaluation of reduction of external load of total phosphorus and total. Journal of Environmental Management, 296: 113339.

Guimarães T T, Veronez M R, Koste E C, et al., 2019. Evaluation of regression analysis and neural networks to predict total suspended solids in water bodies from unmanned aerial vehicle images. Sustainability, 11(9): 2580.

Guo X J, Li Q, Jiang J Y, et al., 2014. Investigating spectral characteristics and spatial variability of dissolved organic matter leached from wetland in semi-arid region to differentiate its sources and fate. CLEAN – Soil, Air, Water, 42(8): 1076-1082.

Howladar M F, Chakma E, Jahan K N, et al., 2021. The water quality and pollution sources assessment of Surma River, Bangladesh using, hydrochemical, multivariate statistical and water quality index methods. Groundwater for Sustainable Development, 12: 100523.

Hu Y S, Chen M L, Pu J, et al., 2024. Enhancing phosphorus source apportionment in watersheds through species-specific analysis. Water Research, 253: 121262.

Ji P P, Chen J H, Chen R J, et al., 2024. Nitrogen and phosphorus trends in lake sediments of China may diverge. Nature Communications, 15: 2644.

Keller S, Maier P M, Riese F M, et al., 2018. Hyperspectral data and machine learning for estimating CDOM, chlorophyll a, diatoms, green algae and turbidity. International Journal of Environmental Research and Public Health, 15(9): 1881.

Kohl D H, Shearer G B, Commoner B, 1971. Fertilizer nitrogen: Contribution to nitrate in surface water in a corn belt watershed. Science, 174(4016): 1331-1334.

Kutser T, Paavel B, Verpoorter C, et al., 2016. Remote sensing of black lakes and using 810 nm reflectance peak for retrieving water quality parameters of optically complex waters. Remote Sensing, 8(6): 497.

Li Y Y, Wang H, Deng Y Q, et al., 2023. Applying water environment capacity to assess the non-point source pollution risks in watersheds. Water Research, 240: 120092.

Li Y P, Zhou Y X, Wang H Y, et al., 2022. Characterization and sources apportionment of overflow pollution in urban separate stormwater systems inappropriately connected with sewage. Journal of Environmental Management, 303: 114231.

Maruyama T, Noto F, Murashima K, et al., 2010. Analysis of the nitrogen pollution load potential from farmland in the Tedori River Alluvial Fan Areas in Japan. Paddy and Water Environment, 8(3): 293-300.

Meghdadi A, Tavar N, 2018. Quantification of spatial and seasonal variations in the proportional contribution of nitrate sources using a multi-isotope approach and Bayesian isotope mixing model. Environmental

Pollution, 235: 207-222.

Mostofa K M G, Yoshioka T, Konohira E, et al., 2005. Three-dimensional fluorescence as a tool for investigating the dynamics of dissolved organic matter in the Lake Biwa watershed. Limnology, 6(2): 101-115.

Nigro A, Sappa G, Barbieri M, 2017. Strontium isotope as tracers of groundwater contamination. Procedia Earth and Planetary Science, 17: 352-355.

Nimptsch J, Pflugmacher S, 2007. Ammonia triggers the promotion of oxidative stress in the aquatic macrophyte *Myriophyllum mattogrossense*. Chemosphere, 66(4): 708-714.

O'Brien D A, Deb S, Gal G, et al., 2023. Early warning signals have limited applicability to empirical lake data. Nature Communications, 14: 7942.

Oki T, Kanae S, 2006. Global hydrological cycles and world water resources. Science, 313(5790): 1068-1072.

Puig R, Soler A, Widory D, et al., 2017. Characterizing sources and natural attenuation of nitrate contamination in the Baix Ter aquifer system (NE Spain) using a multi-isotope approach. Science of the Total Environment, 580: 518-532.

Shen Q K, Du X Y, Kang J H, et al., 2024. Atmospheric wet and dry phosphorus deposition in Lake Erhai, China. Environmental Pollution, 355: 124200.

Štambuk-Giljanović N, 2006. The pollution load by nitrogen and phosphorus in the Jadro River. Environmental Monitoring and Assessment, 123(1): 13-30.

Wang Y L, Feng Y Y, Chen Y L, et al., 2023. Annual flux estimation and source apportionment of PCBs and PBDEs in the middle reach of Yangtze River, China. Science of the Total Environment, 885: 163772.

Wei L F, Wang Z, Huang C, et al., 2020. Transparency estimation of narrow rivers by UAV-borne hyperspectral remote sensing imagery. IEEE Access, 8: 168137-168153.

Wu J, Pons M N, Potier O, 2006. Wastewater fingerprinting by UV-visible and synchronous fluorescence spectroscopy. Water Science and Technology, 53(4-5): 449-456.

Xu H X, Gao Q, Yuan B, 2022. Analysis and identification of pollution sources of comprehensive river water quality: Evidence from two river basins in China. Ecological Indicators, 135: 108561.

Yi D, Zhao X M, Guo X, et al., 2019. Evaluation of carrying capacity and spatial pattern matching on urban-rural construction land in the Poyang Lake urban agglomeration, China. The Journal of Applied Ecology, 30(2): 627-636.

Yuan H Z, Chen P Y, Liu E F, et al., 2023. Terrestrial sources regulate the endogenous phosphorus load in Taihu Lake, China after exogenous controls: Evidence from a representative lake watershed. Journal of Environmental Management, 340: 118016.

Zhou K, Wu J X, Liu H C, 2021. Spatiotemporal variations and determinants of water pollutant discharge in the Yangtze River Economic Belt, China: A spatial econometric analysis. Environmental Pollution, 271: 116320.

Zhu Q Y, Gu A, Li D, et al., 2021. Online recognition of drainage type based on UV-vis spectra and derivative neural network algorithm. Frontiers of Environmental Science & Engineering, 15(6): 136.

后　记

　　《水环境污染精准溯源与精细管控》书稿付梓之际，回顾筚路蓝缕探究水环境精准监控研究过程，矢志不渝投身长江生态环境大保护工作经历，不禁感慨万千，作为本书主要策划人和牵头撰写人，我深深地感受到科研创新的来之不易。自 1990 年大学毕业，三十多年以来，我先后在水生态环境管理部门、水生态环境规划设计部门、水行政主管部门、水生态环境科研院所和高等院校等不同类型的单位工作，从一名生态环境管理工作者成为一名大学教授；从水利部国家环境保护局长江流域水资源保护局（现转隶为生态环境部长江流域生态环境监督管理局）、水利部长江水利委员会，再到水利部中国科学院水工程生态研究所以及现今湖北工业大学，从"中央管理单位"到"湖北省属高校"工作人员身份的转变；始终不变的是殚精竭虑、兢兢业业，围绕"水环境，水资源，水生态"，坚持做好"水"文章。

　　在长期的工作实践中，牵头组织编制了大量国家和长江流域生态环境相关规划，通过规划约束与引领，有效保护了水生态环境；主持完成了大量重大、特大工程生态环境论证与设计，有效减缓了工程生态环境影响；主持完成了一大批国家重大生态环境科研项目，有力支撑了水生态环境保护科技创新；编制完成了多项技术标准规范，强力支持了水生态环境保护行业技术管理与推广应用。自 2017 年进入湖北工业大学后，主要承担环境科学与工程专业科研与教学工作，组建的研究团队重点聚集长江生态环境大保护，学校成立由我负责牵头组建的科研机构长江经济带大保护研究中心，以此为基础，2019 年 6 月，生态环境部批准湖北工业大学为国家长江生态环境修复联合研究中心主要共建单位；2022 年 7 月，经国家工程研究中心主管单位批复同意，湖北工业大学成为水环境污染监测先进技术与装备国家工程研究中心共建单位，其依托机构是由我负责组建的湖北工业大学河湖水系与城镇管网水环境监控预警评估研究院（简称水环境院），水环境院主要立足于国家河湖水系与城镇管网水环境长效监控的现实需求，以研发精准监测与精细管控条件构建技术、多要素同步天-地-水立体智能化监测技术、多时空全链条溯源采测与精细管控技术为重点，紧盯当前水环境监测监管领域存在的痛点与难点，以水环境污染精准溯源与水环境精细管控为主攻方向，应用智能化的系统分析设备及技术，实现水环境时空变化精准监控，构建水环境智慧化"大平台、大数据、大系统、大安全"监控系统。借助国家工程研究中心科研大平台优势和实力，在总结过去三十余年水环境监控研究理论与实践成果的基础上，近年来组织研究团队在河湖水系与城镇管网精细监测、精准溯源、精细管控这一细分领域开展大量理论深化研究与先进技术和装备应用研发，获得了一些科研成果，经分析归纳、凝练提取、案例剖析、示范应用，组织研发团队与国家工程研究中心技术与装备相关研发人员撰写完成了《水环境污染精准溯源与精细管控》这部专著，一则作为以前研发工作的全面总结，二则作为后续研发工作的新起点，为后续研发抛砖引玉。"山有百藏而不言，水润万物而不语"，水环境污染精准溯源与精细管控关键技术与装备研发离不开相关科研骨干长期以来的无私奉献和辛勤探索，为了维护水生态环境优良，水环境污染精准溯源与精细管控创新发展永远在路上。

熊　文

2024 年 6 月 5 日